面向“工程教育认证”计算机系列教材

区块链概论

微课视频版

焦敏 周小明 陈旺 舒金才 杜澎 编著

清华大学出版社
北京

内容简介

本书全面介绍区块链的相关背景、政策、概念、原理及主流的平台、技术和应用案例。全书共8章，包括初识区块链、区块链的进化、区块链技术基础、开源区块链、区块链开放平台、区块链的产业化应用、区块链的未来和区块链实战。

本书内容选材新颖，表述通俗，语言精练，图文并茂，系统性强，与新技术紧密结合。

本书可作为高等院校计算机科学与技术、数据科学、金融科技等专业的教材，也可供区块链、数字货币等领域的研究人员、技术人员或对区块链感兴趣的普通读者参考。

图书在版编目(CIP)数据

区块链概论：微课视频版/焦敏等编著. —北京：清华大学出版社，2023.4(2024.8重印)
面向“工程教育认证”计算机系列教材
ISBN 978-7-302-62769-2

Ⅰ. ①区…　Ⅱ. ①焦…　Ⅲ. ①区块链技术—教材　Ⅳ. ①TP311.135.9

中国国家版本馆CIP数据核字(2023)第031779号

责任编辑：付弘宇
封面设计：刘　键
责任校对：焦丽丽
责任印制：沈　露

出版发行：清华大学出版社
网　　址：https://www.tup.com.cn, https://www.wqxuetang.com
地　　址：北京清华大学学研大厦A座　　**邮　　编**：100084
社 总 机：010-83470000　　**邮　　购**：010-62786544
投稿与读者服务：010-62776969，c-service@tup.tsinghua.edu.cn
质量反馈：010-62772015，zhiliang@tup.tsinghua.edu.cn
课件下载：https://www.tup.com.cn，010-83470236
印 装 者：三河市君旺印务有限公司
经　　销：全国新华书店
开　　本：185mm×260mm　　**印　　张**：14.75　　**字　　数**：356千字
版　　次：2023年5月第1版　　**印　　次**：2024年8月第2次印刷
印　　数：1501～2300
定　　价：49.00元

产品编号：090031-01

前言

新一轮科技革命和产业变革带动了传统产业的升级改造。党的二十大报告强调“必须坚持科技是第一生产力、人才是第一资源、创新是第一动力，深入实施科教兴国战略、人才强国战略、创新驱动发展战略，开辟发展新领域新赛道，不断塑造发展新动能新优势”。建设高质量高等教育体系是摆在高等教育面前的重大历史使命和政治责任。高等教育要坚持国家战略引领，聚焦重大需求布局，推进新工科、新医科、新农科、新文科建设，加快培养紧缺型人才。

2019 年 10 月 24 日，中共中央政治局就区块链技术发展现状和趋势进行第十八次集体学习。习近平总书记在主持学习时强调，“把区块链作为核心技术自主创新的重要突破口”“加快推动区块链技术和产业创新发展”，由此可见，区块链技术已上升到国家发展战略。那么，什么是区块链？区块链的内部技术原理是什么？区块链技术在现阶段及未来有什么应用场景？针对上述问题，本书进行了详细而透彻的讲解。

作为 21 世纪重大的、革命性的信息技术之一，区块链来自于比特币等加密货币的实现，具有独特的技术架构。广义上讲，区块链技术是利用“区块＋链”式的数据结构来存储并验证数据、利用分布式共识机制维护数据、利用密码学及智能合约编程保证数据安全性的全新架构，在分布式账本、加密技术、共识及智能合约方面进行了技术创新。2008 年，中本聪第一次提出“区块＋链”的概念，拉开了区块链 1.0 时代的序幕，直到各种加密货币井喷式发展，通过提炼底层技术，逐渐形成了区块链项目平台，也就是目前的区块链 2.0 时代，拥有了更多的去中心化应用。对于区块链 3.0 时代，本书暂不做解释，因为技术层面上还未达到。

本书由浅入深、层层递进地讲述了区块链技术的各个方面。以区块链技术的基本概念开篇，通俗易懂地介绍了区块链的不同发展阶段，让不懂计算机技术的区块链爱好者也能对区块链有基本了解。之后详细介绍区块链技术的原理，透彻地讲解区块链底层技术，使读者熟悉原本感觉神秘的区块链运行过程。

本书在开源区块链和区块链开放平台这两部分内容中，介绍了 BTH、EOS、Fabric 等主流的开源区块链以及国内 BATJ、新华三等科技企业在区块链技术领域所搭建的开放平台，读者学习后可以轻松搭建属于自己的联盟链。

本书对区块链的讲解并没有停留在原理层面，而是更进一步地针对各行各业的特点分析了区块链产业化所带来的巨大价值，包括区块链在金融交易系统、司法与政务、版权保护、商品溯源等领域的应用，由此推动“信息互联网”向“价值互联网”变迁。以往的科技革命均以发展生产力为动力，区块链时代将通过改变生产关系来促进发展。反观历史发展趋势，中心化的生产关系必然制约生产力的发展，区块链在未来将是去中心化和解决信任问题的最具革命性的探索。

本书没有完全聚焦在区块链的某一技术特征或领域，而是点面俱到。本书不仅适用于希望入门区块链技术的高等院校学生和普通读者，也适用于已经对区块链有一定了解的相关从业人员。

本书是编者根据多年来对区块链技术的研究和使用经验，在新华三集团区块链技术团队的支持下，在多次讨论、验证的基础之上完成的。其中焦敏负责全书的总体架构设计与统筹协调，第1、2、3章由中国人民大学周小明主笔，第4、5章由中国人民大学舒金才和焦敏主笔，第6、7章由中国人民大学陈旺主笔，第8章由新华三集团杜澎主笔。编者在编写过程中不断进行内部沟通交流和外部调研，听取了许多有益的意见并不断完善，在此向参与研究、讨论的学者表示感谢。

编者在写作的过程中尽可能将区块链的技术原理讲解得通俗易懂，力求普适性，但由于编者学识尚浅，书中必有不足之处，还望各位同行指正。

本书配套PPT课件、教学大纲、微课视频、程序源码等教学资源，读者关注封底的微信公众号“书圈”，即可下载相关资源。读者扫描封底的“文泉云盘防盗码”，绑定微信账号，即可扫描书中的二维码观看微课视频。此外，读者可以扫描下方二维码获取区块链实战平台的使用权限和本书程序源码。读者如有关于本书及配套资源的问题，请联系404905510@qq.com。

实战平台

源码下载

编　者

2023年1月

目录

第1章

初识区块链

本章思维导图

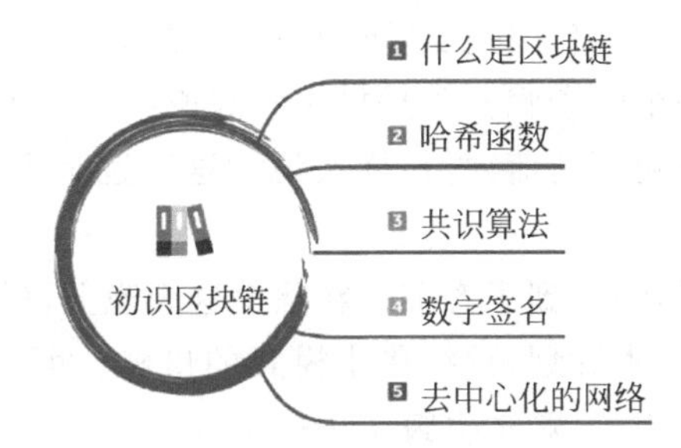

区块链的小故事

看了上面的思维导图，可能很多小伙伴都会问“区块链是啥？是本书吗？”“哈希是谁？是外国人吗？”“数字签名有啥用？还买笔干啥？”，可谓“灵魂三问”。而在生活中，我们还经常会遇到下面的问题。

问题1——陌生人之间如何实现相互信任？

身在北京的小明同学想租房子，房东告诉小明他的房子很新，而且各种设施完善，家具如果损坏都可以免费更换，租金还便宜。遇到这么好的事，小明心里肯定要掂量掂量：这房东是不是在“唬”我？

同样，小明还想买辆二手车，但是卖家可能会虚报车子的里程数，甚至谎称车子没有经历过事故和维修，小明该如何判断卖家所说的真伪呢？

问题2——如何保证已经发生的交易记录不被篡改？

小旺居住在H国，很多年来一直住在自家房子里。某天，小旺遭到法院传讯，原来小红向法院申请将小旺从他居住多年的房子中驱逐出去。经查证，小旺的房子在H国产权局登记的却是小红的名字，于是小红拆毁了房屋。后来经过法院核查，房子其实就是小旺的，但不动产已经毁了，小旺只能默默流泪……

不仅是小明和小旺遇到窘境，在这个世界上某个封闭的“比特村”里，村民也遇到了同样的问题。这个村子很原始，目前还处在用金条作为货币来进行商品交换的时期。然而金条那么重，带着金条跑来跑去很不方便，金条存放在家里又占地方。

有一天，村长想出了一个好主意。这一年的年初，村长在“比特村”的村口召开全村大会，宣布要在自己家设立一个大账本，村民们上交金条，村长就在账本上做记录。此后，如小张拿两根金条换小李的一头牛时，就给村长打个电话说明情况。村长查看账本，先确定小张是否真的有两根金条，如果有就划归到小李名下，再打电话告诉小李。而小李得知转账成功后，就把牛给小张。村民们都很信任德高望重的村长，于是纷纷把金条交给村长，村长的大账本正式运营起来了。

春天过去了，一切交易都井然有序地进行着，只是村长一个人渐渐应付不了繁多的记账和电话，就雇佣了几个账房先生管理账本。可是没想到这年夏天出了事故，一个账房先生被人发现偷偷把别人家的金条记在自己家的账上，群情激愤之下村长只得当机立断，开除了这个账房先生，并宣布自己亲自监督和审查每一笔交易，这才稳住了民心。

秋天是收获季节，盛产庄稼的比特村和盛产水果的隔壁东村开始进行频繁的商品交易，村民懒得换现金，就请求村长把账本业务拓展到东村。没想到，当村长拿着账本到了东村界，东村村长根本不认可比特村的账："俺们村也有账本，但不是这么记的。你们这种记法俺们看不懂。"这让比特村的村民有点沮丧。

这年冬天，村长的家门口突然来了个小孩，他声称自己的妈妈小丽意外过世，他想把妈妈存着的金条全部拿走，另谋生路。村长这下犯难了，之前从来没有见过这孩子啊，莫不是小丽的"私生子"？可万一是个骗子呢？于是村长只好说："只有你证明小丽是你妈，我才能把钱给你。"小孩拿出一封小丽写的信，村长挠头说，"这字迹是可以伪造的啊！"万般无奈之下，小孩愤而离去。

虽然经历了种种波折，但终于到了春节。在除夕这天晚上，村长又在村口召开了村民联欢晚会，想要回顾这一年的账本计划，重振账本模式的口碑。可是还没等他说完，他家的宝贝儿子就因为玩鞭炮把他家炸了，账本也毁了……

全村人都傻了，连村长都不值得信任了，今后到底该咋办？

这时候，一个叫中本聪的聪明人突然站出来说："我来给你们提个解决方法吧，我叫它区块链。这个方法已经在我开发的比特币体系中实践和应用了，刚好可以拿来解决你们村的问题。"中本聪的提议并不复杂，各家还是把现金转换成账本上的记录，但是从此就不再在大账本上记账了。

当张三要拿两根金条换李四的一头牛时，中本聪悬赏一定的金额让大家帮着检验记账，第一个验证出"张三确实有两根金条并且确实把两根金条给了李四"的人被授予"矿工"称号并获得一定奖赏。

"矿工"需要把这一笔交易写在一张编号 001 的纸条上；第二天李四拿出一根金条找王二买一只鸡，村民们便抢着翻阅大账本和编号 001 的纸条，验证成功后把交易内容写在编号 002 的纸条上，并在纸条上写"之前交易内容见 001"……以此类推。

这时候，只要账本的"初始状态确定"，而且每张纸条的记录"公开可验证并有时序"，那么当前每个人持有的金条数都是可以推算出来的。

于是我们发现，在由以下规则构成的区块链共识机制下，问题迎刃而解。

(1) 区块链方案中所有的规则都是公开透明的（建立的数学算法），所以村民都取得了共识，可以相互之间达成信任。

(2) 如果账本只在村长或者账房先生手上，造假的可能性就非常高，但区块链共识机制下每个人手里都有一本账本，除非你能说服整个村里超过 51% 的人都更改某笔账目，否则你的篡改是无效的。另外，即使某个人手里的账本损坏，其他人手里都有副本，完全不用担心。

(3) 更进一步地，除了账目，还可以把个人身份按照同样的原则记录在案，在需要核实的时候进行查询，实现自证的目的。

听到这里，村民明白了区块链的本质：区块链是一个公开透明的、可信赖的账务系统，它能安全地存储交易数据，并且不需要任何中心化机构的审核，因为这个过程完全是由整个网络来完成的。

看了上面的故事，拿着本书的你是否明白了什么是区块链、区块链有什么作用？之前提出的“灵魂三问”你能回答吗？

接下来看看到底什么是区块链。

1.1　什么是区块链

区块链是一种新型的分布式数据库，由一个个基本的数据块（区块）串联而成。相比于传统的数据库，区块链最大的不同在于其数据不是只有一个特殊的参与方（即所谓的“中心”）有权力收集、维护、整理和更新，而是所有参与者都有平等的权利完成这项工作（即所谓的“去中心化”）。一个区块链系统的所有数据面向全体参与者公开，单个参与者对数据库的任何行为必须得到全体成员（严格来讲应为“大多数参与者”，后文中出现的“全体成员”均为此意）的认可才能生效。因此，一旦某数据经全体成员确认而写入区块链，篡改将变得极其困难，这极大地提高了区块链存储数据的安全性。

1.2　哈希函数

哈希(hash)函数并非是区块链独有的技术，但在区块链中起到极其重要的作用。区块链中的哈希函数是这样的一个函数，它将一段任意长度的字符串作为输入进行处理，生成一段固定长度的字符串（该字符串称为原字符串的哈希值）。同时，这个函数还具有以下两大特点。

(1) 不存在两条不同的字符串，它们的哈希值相同。这里的“不存在”并不是指数学意义上的不存在。事实上，由于哈希函数的输入值可以是任意长度而输出值却是固定长度，可能的输入值的数量要远远超过可能的输出值的数量，因此必定存在不同的字符串使得它们的哈希值相同。但对于目前区块链领域所使用的哈希函数（曾经使用 MD5 哈希函数，科学家对其进行多年的研究后找到了两条本身不同但其哈希值相同的字符串，因此这个函数现在已不再用于区块链），人们还没有找到这样的两条字符串，同时也没有找到可行的寻找方法。当我们发现两条字符串的哈希值相同时，由于这两条字符串不同的可能性微乎其微，因此我们有充足的把握认为这两条字符串不相同。

(2) 已知某字符串的哈希值，不可能求出这个字符串（即哈希函数的不可逆性）。这里的“不可能”同样也不是指数学意义上的“不可能”，而是指目前人们还没有找出可行的求出或者逼近这段字符串的方法，只能通过类似于穷举的方法一次次产生随机的字符串并计算它的哈希值进行尝试。由于输入值是任意长度的，这种方法将花费巨大的时间和计算资源，以至于在实践中根本不可行。同样，给定一个非常小的哈希值取值范围，我们只有通过大量的穷举试验，才最终有可能找到一段字符串，使它的哈希值落在这个取值范围内。

哈希函数的这些特点赋予了它很多的用处。例如要检查两块很大的数据是否相同，只需要检查它们的哈希值是否相同。又如，我们只需要记住一块数据的哈希值，就可以防止它被篡改。一旦这块数据被人篡改，它的哈希值也将随之变化，与我们手中的哈希值无法对应。

哈希函数承担着将一个个区块串联成链的工作。在区块链里，每个区块都包含上一个区块的哈希值。因此若某人想篡改某个区块的内容而不被发现，就必须篡改下一个区块的内容，从而必须对这个区块之后的每个区块进行篡改。所以只要记录好最后一个区块的内容，就可以对整个区块链所存储数据是否被篡改进行验证。

1.3 共识算法

设想在一个区块链网络中有一个特殊的参与者，他负责如下任务：

① 向每一个参与者提供当前区块链中存储的所有数据；

② 收集并验证网络中其他参与者所发布的新数据，将它们打包成区块，添加到当前区块链的尾端。

如果这个参与者是可靠的，那么这个区块链数据库就是可靠的：普通用户可以向该参与者提交新数据、查询旧数据；该参与者则主要负责区块链的维护和更新工作。事实上，这样的"区块链"在协作方式上和传统的数据库没有任何区别。就像本章开头的"比特村"故事一样，村民都依赖于一个中心——一个特殊的负有"维护和更新数据库"责任的参与者，也就是村长，其他参与者直接和中心进行数据交流。

而在一个去中心化的网络里，完成数据库的维护和更新工作异常困难。在一个去中心化的网络里，没有那个负有特殊责任的参与者，网络中的所有参与者都可以收集大家发布的数据，在一个已经存在的区块之后连上打包而成的新区块。这样从第一个区块（也就是故事中的001，也称为"创世区块"）起每个区块后将有若干区块相连，所有的区块共同构成区块树，如图1-1所示。我们需要一个算法，让全体成员同意将某条从根区块到叶区块的路径中所包含的数据作为历史数据。换句话说，从一个所有成员都认可的历史版本的数据库出发，不同的参与者对该数据库应该添加哪些数据意见不一，这些数据可能截然相反，完全无法兼容。我们需要一个算法，让全体成员对添加哪些数据达成共识。这就是一个区块链项目的核心——共识算法。如果共识无法达成，那么区块链将永久分叉出两个子链，参与者在各自支持的链上继续制造新的区块，这就是区块链的"分叉"。

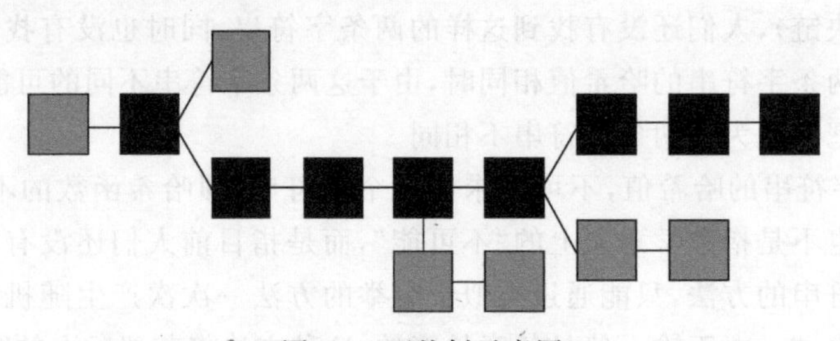

图1-1 区块树示意图

从区块链的概念第一次出现以来，区块链从业者相继发明了工作量证明（PoW）机制、权益证明（PoS）机制、股份授权证明（DPoS）机制等共识算法。这些共识算法各有不同，但总体来讲，都必须回答以下几个问题。

① 如何确保参与者制造符合要求、数据真实的区块？这个问题不难解决。由于整个网

络去中心化，每个参与者都要检验他所接收的新区快。不合法的区块无法被检验通过，自然不会被接受。因此每个参与者如果不想浪费时间和精力，必定选择制造合法区块。因此，本文后面关于共识算法的具体分析，不再讨论区块不合法的情况。

② 如何使全体成员对某个版本的数据库达成共识？这是一个共识算法需要解决的关键问题。

③ 如何使全体成员达成共识所需的时间尽可能短？区块链出现暂时性分叉时，哪个版本的数据库为全体成员最终认可的版本尚无定论，用户自然不放心使用他所见到的数据库中的内容，即区块链的分叉现象不利于用户使用。一个成熟的共识算法应尽可能地减少分叉现象的出现，保持数据库以一条区块链的形式不断延伸。

④ 如何保持数据库的稳定？当全体成员改变共识，抛却当前主链而选择认可一条分叉链时，数据库的部分内容会被认为非法而遭到舍弃。这会给使用这些被舍弃内容的用户带来不便，甚至有可能造成巨大经济损失。因此，一个成熟的共识算法必须维持全体成员共识的稳定，要在尽可能多的参与者"蓄意"分叉的情况下维持主链被大多数成员认可。

比特币作为第一个成功的区块链项目，采用工作量证明机制的共识算法。这种共识算法要求制造区块的人解决一个计算量巨大的难题来证明其制造区块过程中耗费大量精力。但这种共识算法因为计算量大(耗费电能)、数据更新速度慢、容易被拥有更多计算资源的参与者控制等问题而被人诟病。

为解决工作量证明机制的种种问题，权益证明机制和股份授权证明机制分别被提出，这些共识算法将会在 3.5 节详细介绍。

1.4　数字签名

在真实世界里，为了确认某数据确实由某人授权，通常需要这个人在记录数据的公文上签名，其他人通过验证签名来确保数据的真实性。同样地，在虚拟世界里，数据的发布者也需要在数据上签署数字签名以便他人验证数据的真实性。

数字签名和传统签名有相同之处。对于不同的签名人，无论所签的数据是否相同，数字签名必须不同。但二者又有区别。传统签名由于直接签在对应的公文上，无法被复制伪造。而在虚拟世界里，所有的内容本质上都是一条字符串。别有用心的人完全可以复制某条数据上的签名并将其附着于其他数据上以伪造签名。因此对于不同的数据，签名人相同的情况下，传统签名可以相同但数字签名必须不同，这是一种数字签名技术必须满足的条件。

非对称加密算法就是用于解决这个问题。在非对称加密算法中，参与者可以通过一定的过程产生一对公钥和私钥，公钥作为区块链网络里自己的身份，被全网知晓。私钥则用于签名，需要保密。当参与者想发布一条数据时，可用私钥对这条数据加密从而得到数字签名，然后将数据与数字签名一同在全网广播。验证者通过数据发出者的公钥对数字签名进行解密，将解密的结果与接收到的数据相比对，如果相同则验证成功，如果不同则验证失败。对于想要伪造他人发布数据的人，由于他无法获得伪造对象的私钥，无法伪造对应的数字签名，因此他广播的数据将无法被验证，自然不会得逞，如图 1-2 所示。

然而还有一个问题，当某人想发布一条很长的数据时，加密和解密的过程将变得十分复杂。现在通常采取的方法是充分利用哈希函数输出值为固定长度的优势，数据发布者改为

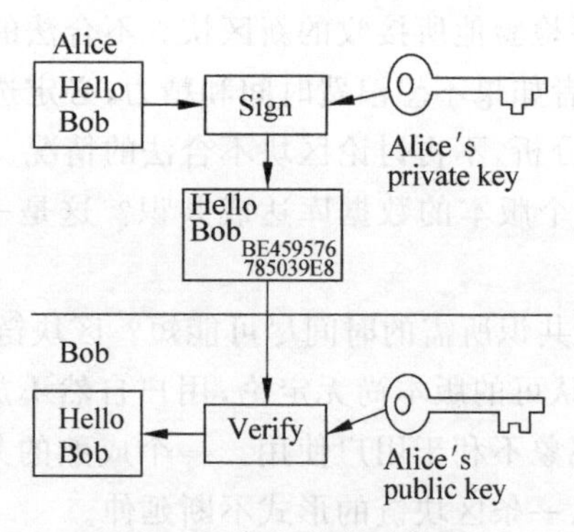

图 1-2 数字签名示意图

对数据的哈希值进行加密，验证者通过比对收到数据的哈希值和解密出来的哈希值是否相同，来判断该数据是否为真。

1.5 去中心化的网络

区块链在一个去中心化的网络上运行。所谓去中心化的网络，即点对点网络，与传统的中心化网络结构完全不同。在传统的中心化网络结构里，有一个特殊的"中心"参与者，想要登录到该网络的用户只需要和这个中心进行连接。中心化网络中的参与者若想要上传数据库任何数据，只需要将数据告诉中心，由中心代为上传。如果他想获取当前的数据库内容，只需要向中心索取。而在去中心化的网络中，所有参与者人人平等，每个参与者只与其中一些参与者建立连接。去中心化的网络中用户登录、上传数据、查询数据的过程要复杂一些。

当一个新用户想要登录到这个去中心化网络时，他只需要与已知的处于登录状态的其他用户建立连接。如果他想扩大自己连接的用户数量，可以向已连接的用户询问他们所连接的其他用户，再与那些用户进行连接。当他想上传一条数据时，需要向他已连接的其他用户广播这条数据，然后其他用户又会把这条数据广播给他们连接的用户，这样的过程持续下去，最终这个网络中想要制造区块的参与者都会接收到这条数据。而当他想获取当前数据库内容时，只需要询问与他连接的其他在线用户，如图 1-3 所示。

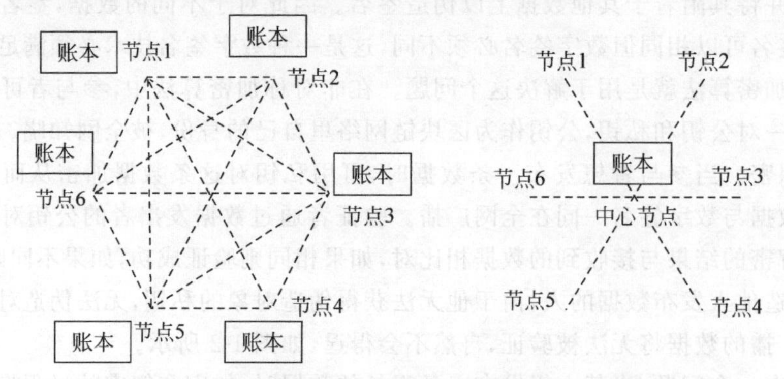

图 1-3 去中心化网络（左）和中心化网络（右）示意图

注意，参与去中心化网络的用户没有义务一定向他人代为广播数据(他可以只接收数据而不向他人继续广播，甚至向他人广播虚假数据)，也没有义务一定回答其他用户查询的要求(他可以闭口不言，也可以答非所问)。但由于这样做并不能给他带来任何直接利益，因此可以认为这样损人不利己的用户只占少数。只要每个用户连接到足够多其他的用户，那么他一定连接到足够多"行为正常"的用户，从而确保自己的行为不受干扰。

由此可见，去中心化网络的数据上传和查询效率比中心化网络差许多。但是去中心化网络比中心化网络更加稳定、安全。中心化网络的运行严重依赖于中心的情况，中心承载着网络中所有数据的上传、查询工作，这要求中心的网络设备性能足够优秀。一旦中心的网络设备发生故障，整个网络将面临瘫痪。此外，该网络的运行也严重依赖于中心处参与者的"道德水平"。一旦该参与者随意上传虚假数据，整个数据库将面临瘫痪。而在去中心化网络中，在一小部分参与者"肆意破坏"或者他们的设备发生故障的情况下，数据库仍然能保持安全并正常更新。这是去中心化网络无可比拟的优点。

1.6　习　　题

1. 下列对区块链技术的理解中，不正确的是(　　)。

   A. 区块链是一种去中心化基础架构与分布式计算范式，算法相对安全，但未来有可能被破解

   B. 数据以块链结构存储，受到互联网多方用户监督，任何第三方机构都无法进行修改

   C. 为支撑共享经济，在网上建立起点对点之间的可靠信任关系，去除了中介的干扰

   D. 既公开信息又保护隐私，既共同决策又保护个体权益，是实现共享经济的理想方案

2. 哈希函数，又称散列函数或散列算法，是一种从任何数据中创建小的数字"指纹"(又称摘要)的方法。也就是说，输入任何长度、任何内容的数据，哈希函数将输出固定长度、固定格式的结果。这个结果类似于输入数据的指纹，只要输入发生变化，那么指纹一定会发生变化。不同的内容通过哈希函数得到的指纹不一样。那么哈希函数在区块链中能够起到什么作用？

3. 数字签名是维护数据信息安全的重要方法之一，可以解决伪造、抵赖、冒充和篡改等问题。简述数字签名的作用。

第2章

区块链的进化

本章思维导图

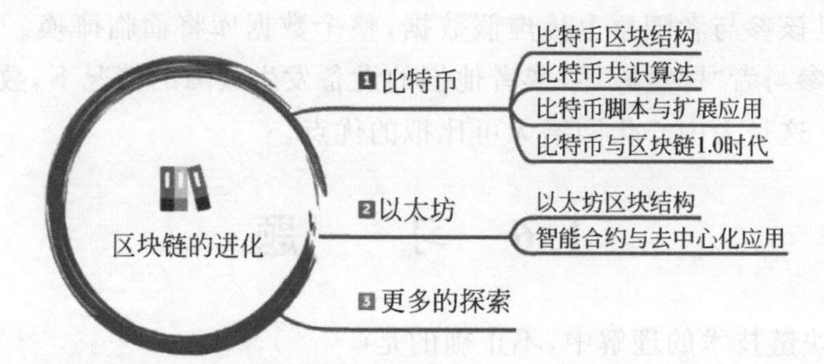

时钟拨回到2008年,全世界与半个世纪以来最严重的全球经济衰退鏖战正酣,这次非同寻常的冲击造成严重的贸易瘫痪,导致多个大型的金融机构倒闭。由于全球一体化以及各种设计精巧的金融产品的发展,世界金融体系已形成相互依存的"铁索连环"生态,危机发展有如"火烧连营",各国央行一筹莫展。

为了刺激经济,各国央行施行宽松的货币政策,部分金融机构为了追求短期利益高杠杆运营,加剧和放大了金融风险。

此后,各国快速启动金融危机后的经济复苏,进入了货币宽松时代。世界上多数国家所发行的货币远超历史上的平均水平,全球资产价格随之开始新一轮上涨,造成通货膨胀和产能过剩。

为了改变这样的金融环境,人们需要做新的尝试。

计算机技术与现代通信技术的普及应用,将人类社会推进到数字化的信息时代,使我们生产生活方式发生了巨大变革。我们受益于此,在互联网上聊天、阅读、游戏、购物、社交,完成工作和生活,打发无聊、寂寞的时光,一些优秀而伟大的公司由此诞生。

超文本传输协议(Hypertext Transfer Protocol,HTTP)是互联网上应用最广泛的一种网络协议,所有的WWW文件都必须遵循这个标准。尽管TCP/IP协议是互联网上应用最广泛的,HTTP协议并没有规定必须使用它和基于它的层。事实上,HTTP可以在任何其他互联网协议或者其他网络上实现。

仔细学习HTTP状态码。HTTP 404错误是在客户端浏览网页时,服务器无法正常提供信息,或是服务器无法回应而且不知道原因时所返回的页面。与404 Not Found状态码相距不远,能找到很少见的402 Payment Required,对它的描述是"留作以后使用",并且被标注为"需要支付"才能访问。其实在网络设计之初,设计者们就希望能够提供一种传输价值的方式。不同于信息的自由分享,在网络上自由交换价值并不是一件容易的事,价值不是可以随意"复制和粘贴"的数据。这个梦想只能被无限期搁置,落寞地被标注成"留作以后使用”,将难题留给有足够智慧解决问题的人。

加密货币的种子其实早早就已种下。20世纪80年代,“密码朋克”组织就有了加密货币的最初设想。有人梦想建立一个充满秘密的市场,爆料者可以获得不可追踪的电子加密货币作为奖励。设计奖励的难点在于如何建立大家都认可的共识,也就是莱士利·兰伯特(Leslie Lamport)等人于1985年提出的拜占庭将军问题(Byzantine Generals Problem),即将让各地军队彼此取得共识、决定是否出兵的过程延伸至计算领域,建立有容错性的分布式系统,即使部分节点失效仍可确保系统正常运行,可以让多个基于零信任基础的节点达成共识,并确保信息传输的一致性。

1998年,“密码朋克”戴伟(Wei Dai)提出了匿名的、分布式的电子加密货币系统B-money,分布式思想成为新一代加密货币的精神向导。思想碰撞,岁月激荡,“密码朋克”们孜孜以求,从非对称加密技术、点对点网络技术、哈希现金(Hashcash)算法直至可复用的工作量验证(Reusable Proofs of Work)机制,技术日臻成熟。

2008年11月1日,“密码学邮件组”里出现了一个新帖子“我正在开发一种新的电子货币系统,采用完全点对点的形式,而且无需第三方信托机构”,该帖子的署名正是中本聪(Satoshi Nakamoto)。

2009年1月3日,中本聪发布了开源的第一版比特币客户端,宣告了比特币的诞生。他在位于芬兰赫尔辛基的一个小型服务器上通过“挖矿”得到了50枚比特币,产生第一批比特币的区块叫作“创世区块”(Genesis Block)。中本聪将当天《泰晤士报》的头版标题“The Times 03/Jan/2009,Chancellor onbrink of second bailout for banks”(2009年1月3日,财政大臣正站在第二轮救助银行业的边缘)刻在了创世区块上。

2.1 比特币——首个成功实现的加密货币

早期的区块链项目以加密货币交易系统的形式存在。这种情况下,区块链作为一种加密货币的交易记账本,记录着每个账户拥有的加密货币资产和历史交易记录。比特币是公认最早的具有实践意义的加密货币,也是目前为止最得到认可的加密货币。本节将以比特币为例,介绍早期的区块链项目。

2.1.1 比特币区块结构

代码演示——比特币区块

比特币区块由区块头和主体数据两大部分组成。区块头作为这个区块的概要,由上一个区块的区块头的哈希值PrevHash、本区块的时间戳(Timestamp,可通俗地理解为本区块被制造的时刻)、MerkleRoot和Nonce值四部分组成。MerkleRoot作为本区块数据部分的概要,其具体含义将在后文说明。Nonce值没有特殊意义,只是由于共识算法的需要而存在,其具体作用也将在后文说明。由哈希函数的特点可知,两个区块即使包含的数据相同,但由于它们所连接的上一个区块不同则其内容不同。

比特币区块的主体数据区域记录着在上一个区块和本区块产生时刻之间(平均来讲相差10分钟)的比特币交易数据(严格来讲并非在这一时间段的所有数据均被记录其中,没有被记录的数据可等待被下一个区块记录)。考虑到10分钟内产生的交易数据十分庞大,必须采用一种合理的数据结构记录它们。比特币交易系统采用MerkleTree数据结构来记录这些交易数据。建立一棵 MerkleTree 记录交易数据的过程如下所述：首先计算出所有交易数据的哈希值，然后将所有的哈希值排成一行，相邻两项进行配对；然后将两两配对的哈希值对作为一个整体，计算它们的哈希值，这样就得到了数量为原来一半的若干哈希值；然后再将这些哈希值两两配对，计算每一对的哈希值。重复上述过程，最终剩下一个哈希值，即区块头中的 MerkleRoot，如图 2-1 所示。

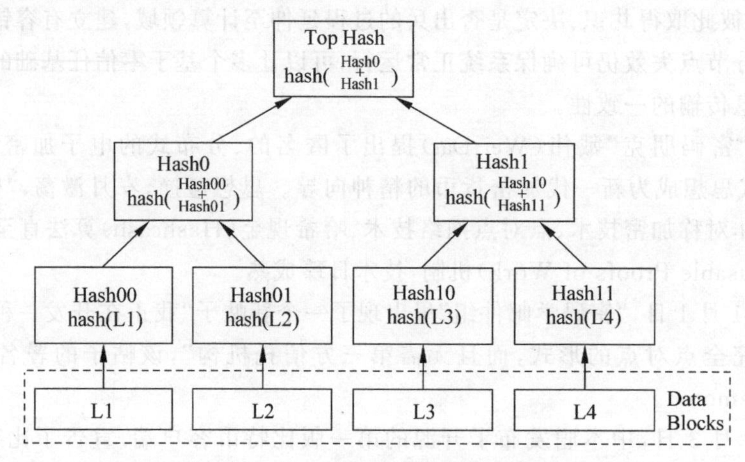

图 2-1 MerkleTree 数据结构示意图

由哈希函数的特点可知，只要 MerkleTree 底部某一条数据被篡改（如图 2-1 中的 L2），那么从这条数据沿途向上经过的所有哈希值都需要修改（如图中的 Hash01、Hash0、Top Hash）。因此只要记录下这棵树的 Top Hash，就能保证整棵树存储的所有数据不被篡改。同时，由于修改某一条数据将导致沿途的所有哈希值都会发生改变，因此可以从 Top Hash 沿着一路发生改变的哈希值，快速定位到被修改的数据，大大提高了寻找被修改数据的效率。

用 MerkleTree 存储数据还有其他优点。当给定一棵 MerkleTree 的 Top Hash 值和一个数据时，只要能够提供从这个数据沿路向上的所有哈希值和每一个哈希值产生时所必备的另一个数据，且最后得到的哈希值与 Top Hash 值相等，就说明该数据存储在这棵树中，而不需要提供这棵树的所有数据。如图 2-2 所示，为了证明中间区块记录了 TX3 交易数据，只需要提供沿路向上的所有哈希值 Hash3、Hash23、MerkleRoot 和产生它们必备的 Hash2、Hash01，只要其中所有的哈希运算都正确，那么 TX3 必定被记录在内。

同时，在建立 MerkleTree 时，如果将所有数据按照一定的顺序（如按照字母表顺序）排成一行，那么对于给定的一条数据 A，只要能出示两条在二叉树中紧邻的数据，且其中一条数据顺序先于 A，另一条数据顺序后于 A，那么就能够证明数据 A 不在这棵 MerkleTree 中。

大体上讲，每一条交易数据由若干条输入数据和若干条输出数据组成。输入数据记录有多少比特币转出账户，输出数据记录有多少比特币转入哪个账户。每一条交易数据拥有的多条输入数据、输出数据，表示一次交易活动由若干账户向其他若干账户共同转账完成。每一条输出数据都包含一个数值（即一定数量的比特币）和一个账户地址（即收款人的公钥）。而每一条输入数据都会引用一个已经被记录的一条交易数据中的一条输出，表示那条

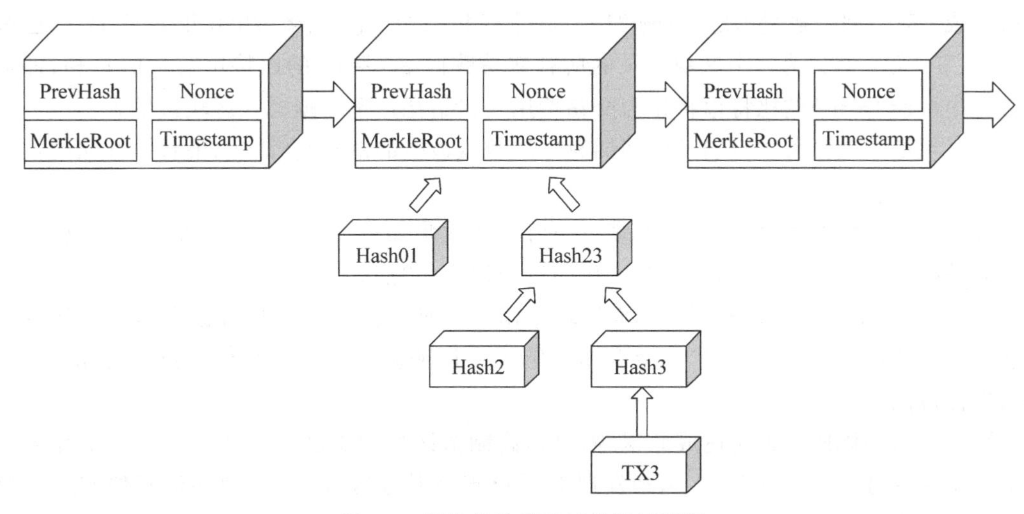

图 2-2 简化的比特币区块链示意图

输出对应的比特币金额将会被转出对应的账户。同时,每一条输入数据还需要附上对应的转出比特币的账户关于本条交易数据的数字签名,以保证这次交易活动确实由账户所有者授权。

由此可见,比特币区块并没有直接记录每一个账户的余额,而是直接记录每一条交易数据。对于一个特定的账户,在某一个特定区块之前拥有多少比特币,取决于从第一个区块(创世区块)到这个区块之间所有未被某条输入数据引用的向这个账户地址转账的输出数据。换句话说,比特币交易系统中并没有独立的"比特币"的概念,只有未被引用的交易输出。一个账户拥有多少未被引用的交易输出,再对每一个这样的输出含有的数值求和,所得结果就是拥有的比特币数量。若验证某条交易数据是否合法,只需要验证三点:第一,对于该条交易数据包含的每一条输入数据,找到它引用的输出数据,从该输出数据所在的区块到当前区块之间没有其他输入数据引用该输出数据(事实上,每一个试图制造区块的参与者通常在本地维护一个所有未被引用的交易输出的集合。当他需要确认某一条输入数据所引用的输出数据之前未曾被引用时,只需要检验这条输出数据是否在集合中,而不需要遍历区块链进行查找);第二,每一条输入数据包含的数字签名是真实的;第三,所有输入数据引用的输出数据记录的比特币数量之和不少于所有输出数据的比特币数量之和。可能多余的比特币的用途将在 2.1.2 节介绍。

2.1.2 比特币共识算法

代码演示——PoW 机制

比特币采用工作量证明(PoW)机制,以使全网络的参与者对比特币历史交易数据达成共识。其具体内容如下所述:一个合法的区块除了要求其数据部分的交易数据真实合法之外,其区块头的 nonce 值也必须合适,使得区块头整体的哈希值小于一个给定的阈值。

全体成员认可的区块的制造者,将会得到一定数量的比特币奖励。该奖励机制如下所述:该参与者需要在制造的区块中写入一条特殊的交易数据,这条交易数据的输入部分不引用任何之前的输出数据,输出部分为将一定数量的比特币转账给该参与者指定的账户地址(显然,一般情况下该参与者会把比特币转账给自己的账户地址)。这份比特币奖励由两部分组成：第一部分数量固定，每隔 210 000 个区块（约四年）减半，2020 年 5 月 12 日已减少到 6.25；第二部分为这个区块记录的所有交易数据中“多余”的比特币数量的总和，即交易数据中可能“多余”的比特币将作为交易费用支付给把这条数据写入区块链的人。

当区块链出现分叉时，最长链（即拥有区块数量最多的链）为合法链，最长链存储的数据内容被认为是合法内容。

在比特币奖励的激励下，会有很多参与者试图收集新的交易数据，制造新的区块（这些参与者被称为“矿工”，而试图制造新区块的行为被称为“挖矿”）。这使得区块链的记账权去中心化，不被某个特殊个体垄断。然而区块中用于奖励的交易数据只有被全体成员认可才合法。在区块链出现分叉时，矿工会选择在最长链上制造区块，以使全体成员认可他的区块的可能性最高。

为了使得全体成员迅速达成共识，需要提高制造区块的难度。这样当一个矿工在某区块 A 后正在制造一个新的区块 B，却发现 B 后已连有其他区块 C 时，他知道其他矿工已经在 C 后继续制造区块，此时即使他将 B 成功制造出来，因为大多数矿工从 C 往后挖矿，C 比 B 集中了更多的算力，从 A 由 B 出发的分叉链的长度大概率无法超过从 A 由 C 出发的分叉链的长度，所以他继续制造只是在浪费精力。那么，理性的矿工必然会放弃当前 B 的制造工作，转而从 C 往后制造区块。由上述分析可知，第三条内容的另一个表述是集中全网络最高算力的链为合法链，或者更进一步，凝聚全网络更高认可度的分叉链为合法链。

第一条便是为了提高制造区块的难度。由哈希函数的不可逆性可知，为了制造出合法的区块，矿工只能采用穷举的方式，一遍一遍地随机试探 nonce 值，直到整个区块头的哈希值小于给定的阈值。这个过程由于穷举的空间过于庞大，矿工必须耗费一定的时间和大量的算力，使得制造区块的速度大大下降。当有若干分叉链存在时，每一个矿工由于算力有限，必定只选择在一个分叉链上延伸（因为在一个分叉链上成功制造出区块已属不易，如果还要分割自己的算力，同时延伸两条分叉链，那么制造出区块的可能性更小，这不是一个理性参与者的选择），因此理性的矿工必定选择在最长链上制造区块。最长链势必拥有全网络大多数算力来延伸自己，比其他链的延伸速度快许多，使得全体成员迅速对于认可这条链的数据内容达成共识。

当某个参与者试图篡改数据库内容，改变全体成员的共识时，他需要在这个区块之前另开出一条分叉并让这个分叉链的长度超过主链。由于主链集中了全网绝大多数算力，主链延伸速度势必比这条分叉链快。主链比分叉链越长，该参与者让分叉链长度超过主链的难度越大。实际研究表明，当一个区块后已经有五六个区块依次相连时，在这个区块之前开出分叉链并使其长度超过主链的概率已接近于零，说明这个区块的数据已足够安全。

在保证区块链数据的安全的前提下，为了提高效率，制造区块的难度又不可过大。事实上，第一条中的阈值会根据区块链的延伸速度每隔 2016 个区块调整一次，使得在一个较长的时间跨度内区块链平均每 10 分钟延伸一个区块。

比特币共识算法中对奖励区块制造者的规定也十分巧妙。当前交易费用很低，制造区块的奖励主要来源于那一部分固定数额。这一部分在比特币交易系统中扮演着“分发新币、维持比特币适度通货膨胀”的角色，而该部分每隔约四年数量减半，使得比特币的总量存在上限，这维持了比特币的稀缺性，维护了它的价值。当固定部分的数量越来越少时，显而易见交易费用将会提高。未来制造区块的奖励将主要由交易费用提供。

2.1.3 比特币脚本与扩展应用

如2.1.2节所述,一个账户拥有的比特币实际上是以"未被引用的交易输出"的形式存在。事实上,"未被引用的交易输出"不仅可以被一个账户所控制,还可以被一个更为复杂的"条件"所控制。在前一种情况下,为了取回被某个账户控制的比特币,参与者需要提供由该账户私钥签下的数字签名。相似地,在后者情况下,为了取回被"条件"控制的比特币,参与者需要提供需要满足的条件。二者都是只有满足所引用的交易输出的某个要求之后才能获得相应的比特币,本质上并无不同。

为了实现上述更广泛的功能,比特币区块的每条交易数据都用一种只含有命令和数据的脚本语言写成,即比特币脚本。交易数据的输出数据称为锁定脚本,它用比特币脚本表示为了引用这条输出数据参与者需要提供的条件;每条输入数据称为解锁脚本,提供所引用的输出数据要求的条件;输出数据中转入比特币账户的数字签名就是通常情况下需要提供的条件。事实上,可以在输出数据中表示任何能用比特币脚本表示的条件,甚至提供一个数学问题的答案。当某个参与者广播了一条输入数据中用比特币脚本提供了正确答案的交易数据,并且这条数据被记入区块链时,它便成功获得你的输出数据包含的那笔比特币。为了验证某条交易数据,只需要运行它的每条解锁脚本而不需要考虑其锁定脚本,如果每条解锁脚本都顺利通过,则交易数据合法。

当然,本书中所述只是理论上参与者可以表示任何能用比特币脚本表示的条件。但实际上,如果条件过于"罕见",当参与者把这条交易数据广播后,矿工拒绝记录这条交易数据的风险较大,因为他们担心包含"罕见"交易数据的区块被广播后有被他人拒绝认可的风险。事实上,当前比特币区块中绝大多数交易数据都是常规类型的比特币脚本。

充分利用比特币脚本,可以得到很多有趣且有效的应用。例如,比特币脚本可以实现多重签名条件,即指定 n 个账户地址(公钥)和一个参数 t,参与者只有在这 n 个账户中同时至少提供 t 个不同的数字签名才可以获得对应数量的比特币。多重签名条件可以应用在实际的"钱物交易"中。例如,A广播一条普通的交易数据来支付一定数额的比特币,向网店B购买某种商品,由于交易数据一旦被区块链记录将无法篡改,如果B向A快递一件次品或者拒绝发货,A将无法取回已支付的比特币。在这种情况下,A可以运用多重签名广播一条特殊的交易数据,这条交易数据将商品价格对应的比特币数目从自己账户转出,输出数据指定了A、B和另一位仲裁者C三位的账户地址,并要求只有提供其中至少两个数字签名才能获得对应的比特币。B在确认这条交易数据被区块链记录且无法篡改后发货。如果A收到商品后感觉满意、同意付款,可以和B一起制造一条交易数据,将刚才那笔比特币支付给B。如果A收到商品后不满意且B愿意退款,A、B可以共同制造一条交易数据,将比特币返还给A。如果A、B发生争执,可以由C进行仲裁,C和仲裁胜利的那一方一起制造一条交易数据,将刚才那笔比特币支付给仲裁胜利的一方。

运用比特币脚本,甚至可以在区块链中记下你想记录的任何内容。比特币脚本中有一条特殊的命令OP_RETURN,当运行到这条命令时,验证工作将提前以解锁失败的状态结束,不再执行之后的语句。这使得包含这条命令的锁定脚本将永远无法被解锁。这样,我们可以发起一笔数额很小的交易数据,其输出数据之一包含OP_RETURN,然后就可以在这个命令之后的区域(又称为元数据区域)写入任何想记录的内容。事实上,利用这一命令,有人在比特币区块上表白、求爱，有人许下心愿，还有人记录了各种数据的哈希值……TDAmeritrade 公司甚至广播了 68 条交易数据，在比特币区块链上拼出了一个带有该公司 Logo 的数字旗帜！

利用元数据区域可以在比特币区块链上存储任何数据，这成为比特币区块链功能扩展的重要支持技术。在这一区域，很多参与者自行创立数字资产，完成它们的发行和转移工作。OmniLayer 和 Counterparty 是这一领域的著名平台，著名的泰达币（Tether）就是 OmniLayer 的杰出产品。另外，结合区块链数据的不可篡改性，Factom 和 Bitproof 两大项目在这一区域提供文档记录和管理功能。事实上，著名的区块链 2.0 项目"以太坊"最初也考虑在这一区域建立。可以说，元数据区域为比特币区块链进行应用扩展提供了广阔的想象空间。

然而，由于在这一区域的项目规则并不是比特币交易系统的规则，它们无法阻止矿工记录对于比特币交易系统合法、但对于项目不合法的交易数据。因此，这些项目通常需要扫描从比特币区块链头部一直到末尾的所有元数据区域，来决定某一条交易数据对于它们是否合法，这样的工作过于烦琐，普通用户难以完成。因此一般来讲，在元数据区域实现的都是轻应用项目，而且它们都依靠一个值得信任的第三方专门完成这样的工作，而这又与区块链项目解决信任问题的初衷相违背。

2.1.4 比特币与区块链 1.0 时代

2008 年，当中本聪发表《比特币：一种点对点的电子现金系统》论文的时候，设想通过比特币打造一个无约束、便捷、安全的交易系统，而如今的比特币交易系统与中本聪当年的愿景之间似乎有不少差异。

首先，在学术界，比特币的"货币"身份仍遭到质疑。传统货币由主权国家背书，价值来源于人们对主权国家的认同。而当前比特币交易系统的支付功能并没有普及，比特币价值来源于人们对于未来应用价值的预期。由于它的未来的应用价值难以估计且易被炒作，因此可以看到，比特币吸引了大量投机需求，其价格经常发生大幅度波动，如图 2-3 所示，这与货币的价格应保持稳定的要求相违背。

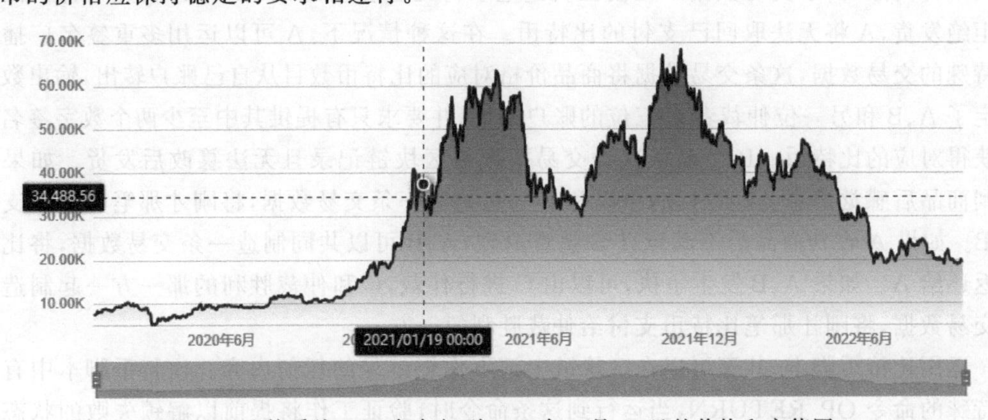

图 2-3 比特币从 2020 年年初到 2022 年 9 月 29 日的价格和市值图

其次，比特币的交易速度欠佳。通常比特币网络中的新区块只有后面连接了五六个区块后才被认为无法篡改，按照比特币区块链平均每 10 分钟产生一个新区块来估计，一条交易数据被广播后至少要等待约一小时才能被确认交易成功，而且这还没有考虑交易拥堵的问题。由于比特币区块的大小有上限 1MB 的限制，平均每秒钟只有 7 条交易数据被记录在区块链中。在广播交易数据的高峰时期，有超过 10 万条交易数据等待被记录，这对于使用比特币交易的用户无疑是一种灾难。在区块链上记录交易数据的不便，使得当前大多数比特币交易行为在“中心化”的交易所完成。在这些交易所中，用户买到的比特币并不能在区块链上查到，本质上是交易所对用户一定数量比特币的“欠条”。所以在交易所中买卖双方交易的比特币的本质是交易所的“欠条”，这样的交易行为与区块链脱离，其安全性严重依赖于交易所的信誉，这与比特币解决信任问题的初衷背道而驰。

同时，由于近年来比特币价格不断走高，越来越多的人加入了矿工的行列，这使得挖矿的难度逐渐加大，而挖矿难度的加大必然导致挖矿成本（寻找合适 Nonce 值的电费）的提升。为了能有更大的概率挖到新的区块，有实力的矿工竞相购置挖矿专用的矿机，在电费便宜的地方开办大型矿场。而实力相对较弱的矿工则因无法负担高额的挖矿成本而退出竞争，这使得挖矿行业逐渐被几大巨头垄断，而记账权被垄断与比特币去中心化的初衷相违。由图 2-4 可知，算力排名靠前的这几大矿池的算力之和已超过全网算力的一半，如果这几大矿池联手，可以轻易分出一条长度超过主链的分叉链，从而轻松改变比特币网络的共识。

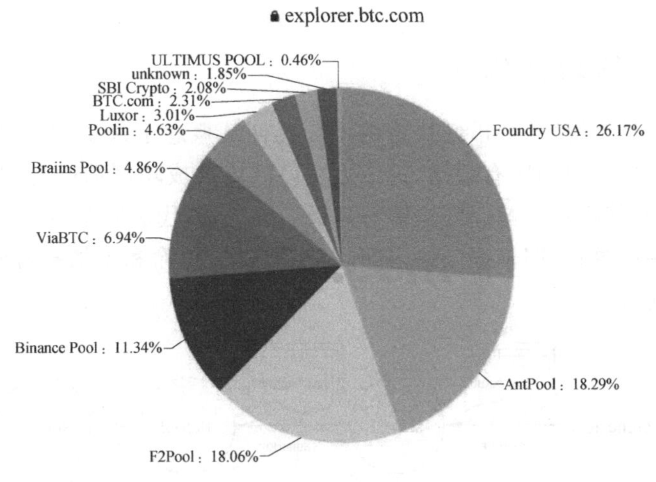

图 2-4　比特币全网算力分布图（统计于 2020 年 9 月）

算力的垄断也意味着在比特币开发社区话语权的垄断。比特币社区一直为了解决比特币交易拥堵的扩容方案争论不休。一派希望提高技术，通过隔离见证（Segwit）再加闪电网络（Lightning Network）的方法间接实现扩容；另一派则希望提高区块大小上限来直接实现扩容。比特大陆作为世界最大的矿机生产商，直接或间接地对 BTC. com、AntPool、BTC. TOP 和 ViaBTC 等矿池拥有强大的控制力。合计算力超过全网一半的他们支持直接扩容方案，在与另一派矛盾激化后，决定运用直接扩容的方案挖矿。由于该方案和比特币交易系统原本的规则并不兼容，导致比特币区块链被硬分叉出了一条新链，这就是比特币现金（BitcoinCash）的诞生。这起“硬分叉”事件反映出比特币规则升级的话语权一直掌握在开发团队和大矿主手里，普通用户根本没有发言权。而普通用户却白白承担着硬分叉事件导致比特币价格大跌带来的损失，这样的现状也与比特币去中心化的初衷相悖。

新事物很难做到尽善尽美，出现即是胜利。比特币交易系统尽管在许多方面遭人诟病，但仍是人类在协作方式上的一项重大革新，在很大程度上实现了去中心化的交易诉求。在比特币交易系统创立之后，针对比特币的缺陷，又出现了莱特币（Litecoin）、瑞波币（Ripple）、点点币（Peercoin）、门罗币（Monero）等区块链项目。这些项目虽与比特币有或大或小的差别，但都专注于实现去中心化的加密货币交易系统。这一类型的区块链项目被广泛称为“区块链 1.0”。

2.2 以太坊——从交易系统到区块链平台

在早期的区块链 1.0 时代，区块链基于一定的共识算法，服务于加密货币交易。然而，由前面的内容可知，区块链并非天生服务于加密货币。只要设计好共识算法，只要在底层设计好一种加密货币作为奖励，鼓励人们积极、诚实地记录数据，区块链更可作为一般性的去中心化架构的数据库，使得人们可以用去中心化的协作方式做任何事。俄罗斯天才少年维塔利克·布特林（Vitalik Buterin）受此启发，创立了著名的区块链项目——以太坊。以太坊的创立标志着区块链不再专注于解决交易问题，开始尝试实现用户自定义的去中心化服务。这一阶段的区块链项目被称为“区块链 2.0”。本节将以以太坊为例，介绍 2.0 时期的区块链项目。

2.2.1 以太坊区块结构

回顾比特币交易系统，比特币区块链的不断延伸从概念上来讲的含义是：从创世区块到任意给定的某区块之间的所有数据，记录了在该区块被成功制造的时间点上整个系统的状态，即所有账户及其账户余额。区块链每延长一个区块，代表着制造该区块的矿工对整个系统的状态做了一次更新，即依据区块内部的交易数据，扣除和添加相应转入、转出账户的余额，如图 2-5 所示。

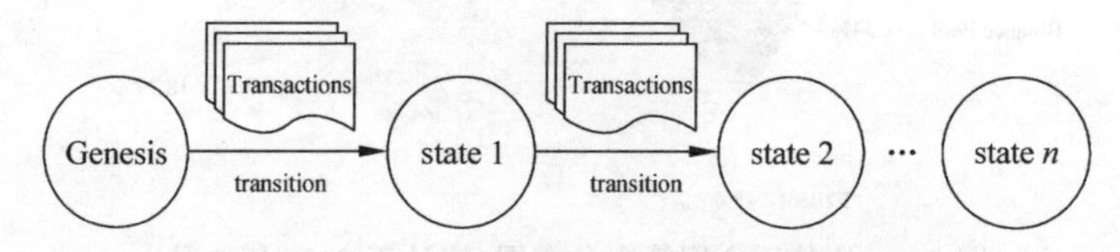

图 2-5　基于一定交易数据（区块）的状态转移

给定一个初始状态（创世区块）和若干条交易数据（状态转移过程），可以推算出经过这些交易数据后系统的状态。在比特币交易系统中，由于状态转移过程十分简单，不需要在区块中记录系统状态。而当实现以太坊时，由于参与者可以对系统状态进行任意合法的改变，状态转移十分复杂，因此不能省略任何具体信息。

通过上述分析，我们得知在以太坊区块中，不仅需要记录一段时间内发生的所有交易数据（在以太坊中，参与者进行的操作远不止是转账以太币这一种类型，更可以是参与者任何自定义的行为。但为了统一叙述，仍称为“交易”，不过这个“交易”的含义要从广义的角度理解），还要记录根据这些交易数据改变系统状态过程中的过程信息和系统的最终状态。具体来说，以太坊区块也由区块头和数据主体两部分组成。以太坊区块头作为整个区块的概要，与比特币区块头大体相似，最大的不同在于用 stateRoot、transactionsRoot 和 receiptsRoot

三个值作为区块主体数据的概要，如图 2-6 所示。这三个值的含义将在后文说明。

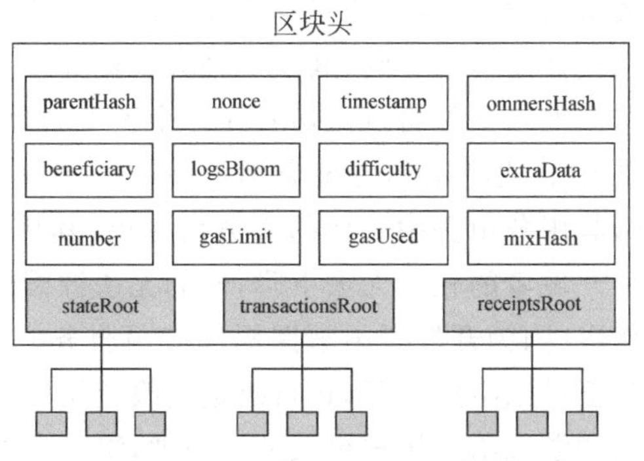

图 2-6　以太坊区块头示意图

以太坊区块的主体部分记录了一段时间内的交易数据，对应的交易收据(就像日常生活中支付一笔款项之后得到一张记录了这笔交易具体内容的收据，交易收据记录了根据交易数据改变系统状态这个过程中的过程信息)和系统(所有账户)的最终状态。以太坊通过三棵改良 MerkleTree 即 MerklePatriciaTree 数据结构，分别记录以上三项内容。其根节点的哈希值即为上文提到的 transactionsRoot、receiptsRoot 和 stateRoot。MerklePatriciaTree 继承了 MerkleTree 的优势，而且特别便于数据的删除、查找、更新和还原，便于系统状态的更新。

2.2.2　智能合约与去中心化应用

如 2.2.1 节所述，以太坊就像一个去中心化的云服务器，参与者通过创建、呼叫用代码自定义任何功能的合约账户完成任何想要的操作。充分利用以太坊的合约账户，能够得到任意的功能强大且应用广泛的智能合约，以下举几个简单实例(这里可以把“智能合约”简单地理解为“智能的合约账户”，关于合约账户的具体内容将在第 3 章讲解)。

信息流合约：信息流合约账户可以为以太坊中的其他账户提供以太坊外部的信息，如某地温度、美元兑以太币的汇率等。这只需要一个可靠的参与者建立一个可以返回外部信息的合约账户，并不断通过呼叫该合约账户的方式更新合约账户内部存储的信息。如果担心信任问题，甚至可以建立一个去中心化的信息流合约账户。每个参与者都可向该合约账户提交自己版本的更新数据，所有版本的更新数据的均值即为这个账户向其他账户提供的外部信息。非常接近均值的数据的提交者会得到某种奖励，以鼓励提交者提交真实、准确的数据。

数字资产交易合约：任何参与者可在以太坊上发行自己定义的、可流通的数字资产。这样的代币系统本质上是一个标注了所有者的数据库。它的本质逻辑是：参与者 A 的 n 个单位的数字资产归参与者 B 所有，前提是 A 拥有 n 个单位的数字资产且 A 同意转账。我们只需要将这个逻辑在一个合约账户里用代码实现。

对冲合约：对冲合约在以太坊中非常容易实现。一个以美元换以太币为标的的对冲合约账户如下所示：参与者 A 和参与者 B 共同转入对冲合约账户 1000 以太币，并由合约账户通过查询某个信息流合约账户记录下当时与 1000 以太币等价值的美元金额 x。30 天后，该合约账户再次查询信息流合约账户，并将 x 按照当时汇率计算的以太币返还给 A，剩下的以太币返还给B。

由以上实例可见，只要精心设计，合约账户确实能展现强大的功能。而且由于它们的条件被触发后会被自动执行，相比于传统合约，其安全性大大提高。

背靠强大的智能合约，开发者更可将以太坊看作一个去中心化的应用商店，在上面发布去中心化应用(DAPP)。去中心化应用和传统应用程序的不同在于，其数据库由去中心化的服务商(各个矿工)保存，其服务由去中心化的服务商提供，其代码面向所有参与者公开。因此在去中心化的应用中，开发者的权威大大下降，他们无法像维护传统应用一样任意修改用户数据，任意修改程序代码(因为开发者不掌握提供应用服务的权力，无法强迫用户使用某个版本的应用)。用户甚至可以组成社区，自行决定更改应用代码。

以游戏为例，去中心化的游戏给了用户更大的自由度，游戏中的人物属性不能再被开发者任意加强或削弱，这些更改都需要得到用户的同意。同时，不同游戏的数据都存储在以太坊区块链上，这使得开发者可以借用其他游戏的资源开发自己的游戏。例如，加密猫(cryptoKitties)游戏在以太坊“大火”之后，有人又开发了叫作 cryptocuddles 的加密猫战斗游戏，这个游戏借用了 cryptoKitties 的游戏资源，在这之上开发了加密猫之间的战斗功能。此外，用户跨游戏交易游戏资源也在以太坊中成为可能。

然而，由于种种原因，以太坊在实现一个可用的、一般性去中心化的数据库的道路上还要有很长的路要走。首先，与比特币交易系统类似，以太坊也在运行效率和交易效率方面表现不佳。以太坊依靠各个矿工维持系统的运行，由于各个矿工之间是竞争的关系，每个矿工都要对其他矿工制造的区块自行验证通过后才肯接受。这样以太坊复杂的计算任务都需要矿工重复完成多遍，导致以太坊平均每秒只能处理15～20条交易数据。当用户数量增长、以太坊应用扩展导致交易数据的数量和执行难度均逐渐增加时，交易拥堵问题将变得越发严重。而如果以太坊开发者增大区块容量，允许一个区块包含更多交易数据，系统数据量的增加会加重矿工计算设备的负担，算力较小的矿工逐渐因为不堪重负退出挖矿行业，使得挖矿权越来越集中于小部分拥有巨大算力的人手中。由此可见，以太坊进一步扩展的目标似乎和去中心化的本质产生了矛盾。

此外，去中心化究竟有多少应用场景？当前以太坊并没有出现“杀手级”应用，派发自己的代币来募资(即ICO)是人们利用以太坊做得最多的事，2020年以太币价格下跌便和在以太坊上ICO项目大大减少有着千丝万缕的联系。然而很多ICO项目只募资、不做事，严重“污染”了以太坊的环境，也透支了以太坊的应用价值。而且，用户在以太坊上的每项操作都要支付一定的交易费用，这也限制着以太坊的进一步普及。不过也有人认为以太坊应用前景广阔，暂时没有出现“杀手级”应用只是因为其技术不成熟。究竟是技术条件不充分使得应用需求没有得到充分挖掘，还是本来就没有这样的应用需求，这个问题值得进一步讨论。

2.3 更多的探索

区块链1.0的代表是比特币交易系统，区块链2.0的代表是以太坊，那么什么是区块链3.0？目前人们对这一概念没有达成共识，由此也可见，其他声称“下一代”的区块链项目在技术层面相对于以太坊来说并未有本质上的革新[①]。但是，它们确实针对现有的弊端做出了一些有价值的改变，本节将介绍这些改变。

由于工作量证明机制会导致更新数据的权力向算力大的矿工集中、处理交易速度低、浪费电能等问题，因此权益证明机制被提出。它有许多不同的版本，但本质上与工作量证明机制十分相似。在工作量证明机制中，一个矿工挖矿成功的可能性与其算力占据全网算力的比例成正比；而在权益证明机制中，这个可能性和矿工拥有该区块链的加密货币量占整体流通量的比例成正比。在使用权益证明机制的区块链项目中，一个矿工若想改变全体成员的共识，需要积攒占整体流通量一半以上的加密货币量，权益证明机制认为其实现的困难程度远远超过工作量证明机制中矿工掌握全网一半以上的算力的困难程度。同时，一个矿工拥有越多加密货币，系统发生混乱给他造成的经济损失就会越大，因此他越希望维护全体成员的共识。此外，若有矿工真的成功改变了共识，当我们通过硬分叉的方法恢复系统的状态后，在工作量证明机制中该矿工依然掌握全网一半以上的算力，可以再次对系统发动攻击；而在权益证明机制中，我们在硬分叉时可以没收该矿工的加密货币，使得他没有能力再次发动攻击。而且在权益证明机制中挖矿不会耗费过大电能，处理交易速度快，对环境友好。

从上述分析可知，权益证明机制似乎是解决工作量证明机制带来的一系列问题的好方法。事实上，以太坊开发团队从2020年开始筹备通过一次硬分叉将系统转移到一种改良版的权益证明机制上，实现系统的升级。但是权益证明机制有一个棘手的问题需要解决：当有两条相互竞争的分叉链时，在工作量证明机制中每个矿工由于算力有限，只会选择在一条链上挖矿，这样拥有更多算力的一条链将会变得更长，从而解决分叉问题。但在权益证明机制当中，由于挖矿不耗费过多电能，矿工为了最大化自己的收益，会选择在两条链上同时挖矿，这使得分叉现象难以解决。使用权益证明机制的区块链项目通常会引入一些烦琐的规定，避免矿工同时在多条链上挖矿。

然而，即使在权益证明机制下，区块链项目处理交易的速度并没有显著提高。关键问题在于所有矿工之间的关系仍是"竞争"的，这会导致两个现象：第一，会有一些区块被挖出来但最终没有进入主链；第二，新产生的区块被广播后其他矿工只有亲自检验后才愿意接受，这导致交易数据被重复验证。这两个现象都表明在"竞争"的关系下，矿工的很多工作都在无意义地进行。股份授权证明机制就是为了解决这个问题。在股份授权证明机制当中，所有参与者每隔一定时间需要投票选出一定数量的"特殊参与者"担当矿工，参与者投票的权重正比于他所拥有的加密货币数量。和权益证明机制思路相同，股份授权证明机制认为，被选民选出的矿工充分代表选民"希望维护系统稳定的愿望"。被选出的矿工按照事先规定的顺序，在规定的时间内依次制造下一个区块。在这种共识算法中，可见矿工的关系有一定"合作"的色彩，除非上一个矿工制造了不合法的区块使得下一个矿工从之前的区块后开始挖矿，挖矿过程中没有工作被浪费。著名的EOS项目利用这一共识算法，使得其平均每秒可处理近三千条交易数据！

然而，正如万向区块链的董事长肖风博士所说，区块链的核心价值之一是依靠数学和代

---

① 有人认为区块链2.0是区块链与智能合约的结合，是将区块链应用于更广阔的金融领域的尝试；而区块链3.0代表着区块链超出金融领域，为各行各业提供去中心化的解决方案。在笔者看来，这是从区块链的应用层面进行概念的划分。而从技术层面，区块链2.0时代的以太坊已经拥有为各行各业提供去中心化的解决方案的可能。因此，技术层面上的区块链3.0时代还未到来。

码维持系统秩序而不是依靠人治。股份授权证明机制在系统中引入了信任和选举的元素，是否背离了区块链的核心价值观？同样，对于权益证明机制，由于信息经济的本质是能量和信息的转换，权益证明机制在没有消耗电能的情况下便维持了信息的高速运转，这是否会有安全隐患？在传统世界中维持一个金融体系的稳定需要警察局、法院、政府等机构，还需要消耗大量成本。从这个角度看，工作量证明机制耗费巨大的电能又是合理的。因此，笔者认为一个优秀的共识算法可以引入其他各种参考因素，但必须保留一定工作量证明的成分。

为了解决当前区块链的种种问题，埃欧塔(IOTA)项目将目光放到区块链结构本身。埃欧塔认为，现有区块链的矛盾很大程度上来源于用户数量和矿工数量不匹配。因此，埃欧塔改变了区块链的单链结构，创新地使用一种叫作“纠缠”的有向无环图(directedacyclicgraph，如图 2-7 所示)来存储系统数据。具体来讲，每个用户在广播一条交易数据时，都要验证并引用两条未验证的交易数据。即在埃欧塔中，每个用户在进行交易时都需要当一次“微矿工”，因此不需要支付交易费用。由于首次使用这样的结构存储系统数据，埃欧塔项目的安全性和稳定性还有待进一步的检验。

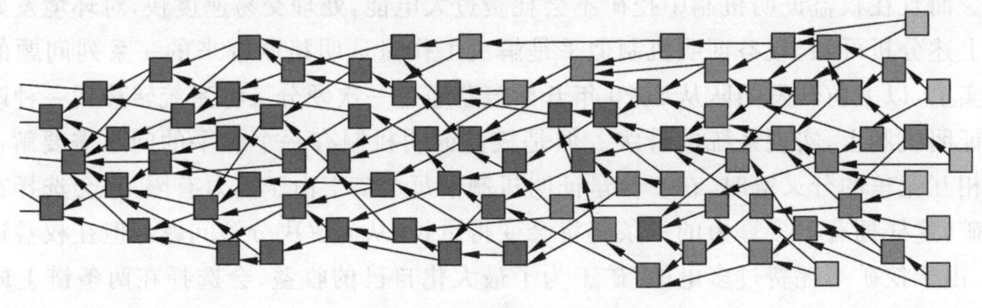

图 2-7 “纠缠”示意图

2.4 习　题

1. 简述比特币和以太坊的区别。
2. 用程序简单实现 MerkleTree。

第3章

区块链技术基础

本章思维导图

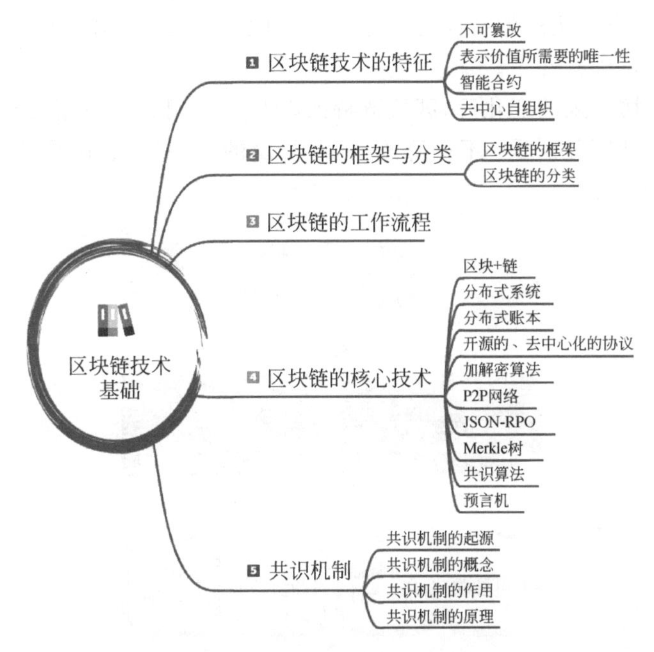

2009 年出现的比特币使得一切关于货币、互联网和价值传递的问题，同时也是困扰网络创造者的棘手问题，似乎迎来了解决方案，巧妙融合 P2P 网络、密码学、共识算法等已有技术的比特币优雅地解决了在互联网上产生、存储、传递和交换价值的问题。在这个系统中，数据以区块(block)为单位产生和存储，按时间顺序连接成链式结构(chain)，彼此独立的节点共同参与数据的验证、存储、维护，具有不可篡改、公开透明的特点。blockchain 被翻译成“区块链”，它建立了在不可信网络中进行信息和价值的传递、交换的可信机制。

2010 年 2 月，中本聪曾在论坛中发帖称，20 年内比特币要么归零，要么无比强大。经过极客、技术布道者、加密货币爱好者乃至敏锐资本的推广和发展，比特币从籍籍无名发展到誉满天下，由其衍生的区块链技术开枝散叶，必将带领人类迈入新纪元。而针对区块链技术，各国政府、大资本、技术先驱甚至普罗大众，已慢慢建立起共识——继蒸汽机、电力、互联网之后，区块链或许是下一代颠覆性的核心技术，支持互联网从信息互联网向价值互联网进化。

网络的发展虽然日新月异，但是信息传播和价值传递的突破性进展都不是偶然事件，从研究者和爱好者夜以继日地尝试、探索，到普通用户的应用反馈，都要经历漫长而艰苦的演变过程。随着技术和需求趋于稳定成熟，每个新的发展阶段都可以在前一个阶段的基础上建设和创新，穿过历史重重迷雾，回看信息互联网的发展历程，我们应当对建设和使用价值互联网有充足的心理准备，虽然技术是现成的，但大规模的普及应用不可能一蹴而就。那么，区块链究竟是一门怎样的技术，竟有如此魅力？俗话说："外行看热闹，内行看门道"，接下来让我们一探究竟。

区块链技术的特征

3.1 区块链技术的特征

在第2章通过对比特币和以太坊这两个主要系统的介绍，讨论了区块链的进化和基本理论之后，本章来看看区块链的特征与用途，尝试回答"区块链有什么用"这个问题。答案就藏在区块链的四个基础特性中。

在讲解了以太坊带来的变化后，区块链特征以及与其相关的应用已经较为清晰地展现出来。这四个基础特征分别是：不可篡改，不可复制的唯一性，智能合约，去中心自组织或社区化，如图3-1所示。

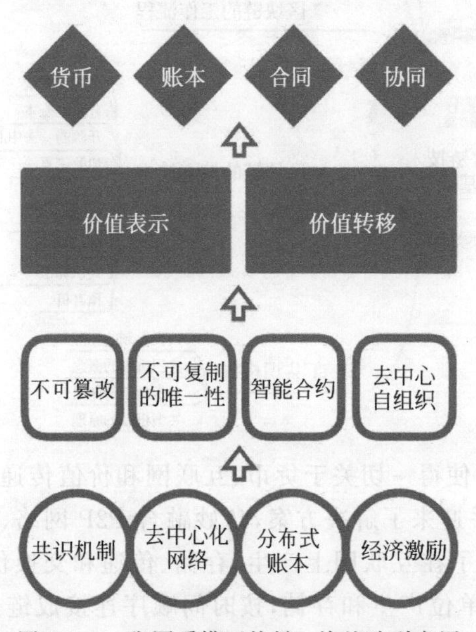

图3-1 一张图看懂区块链：从基础到应用

区块链不仅仅影响技术层面，它还将从经济、管理、社会等层面带来变化，它可能改变人类交易的方式，包括货币、账本、合同、协同等，这些将在后续章节中讨论。

接下来分别讨论区块链的这四个基础特性。

3.1.1 不可篡改

区块链最容易被理解的特性是不可篡改。

不可篡改是基于"区块＋链"(block＋chain)的独特账本而形成的：存储交易数据的区块按照时间顺序持续加到链的尾部，要修改一个区块中的数据，就需要重新生成它之后的所有区块。

共识机制的重要作用之一是使得修改大量区块的成本极高，几乎是不可能实现的。以采用工作量证明机制的区块链网络(如比特币、以太坊)为例，只有拥有 51%或以上的算力才可能重新生成所有区块以篡改数据。但是，破坏数据并不符合拥有大算力的玩家的自身利益，这种实用设计增强了区块链上的数据可靠性。

通常，在区块链账本中的交易数据可以视为不能被“修改”，它只能通过被认可的新交易来“修正”，修正的过程会留下痕迹，因此说区块链是不可篡改的(篡改是指用作伪的手段改动或曲解)。

在现在常用的文件和关系数据库中，除非采用特别的设计，系统本身是不记录修改痕迹的。区块链账本采用的是与文件、数据库不同的设计，借鉴了现实中的账本设计——留存记录痕迹。因此，我们无法不留痕迹地“修改”区域链账本，而只能“更正”区域链账本，如图 3-2 所示。

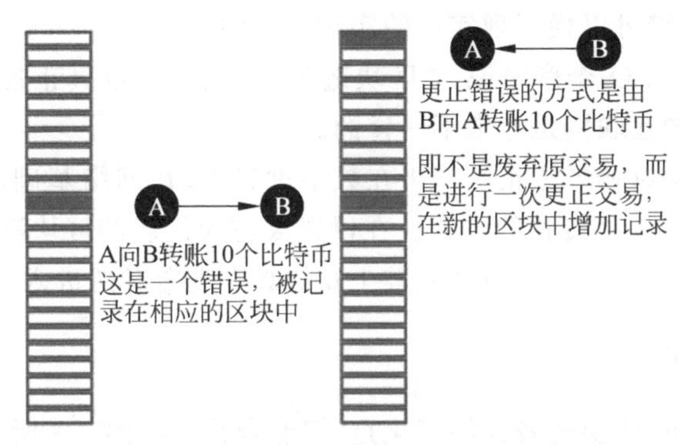

图 3-2 区块链账本“不能修改、只能更正”

区块链的数据存储被称为“账本”(leger，总账)，这是非常符合其实质的名称。区块链账本的逻辑和传统的账本相似。例如，A 可能因错误转了一笔钱给 B，这笔交易被区块链账本接受，记录在其中。更正错误的方式不是直接修改账本，将它恢复到这个错误交易前的状态，而是进行一笔新的更正交易，B 把这笔钱转回给 A。当新交易被区块链账本接受，错误就被修正。所有的更正过程都记录在账本之中，有迹可循。

将区块链投入使用的一类设想正是利用它的不可篡改特性。在区块链系统中建立的电子合同，是没办法让一些中心化的组织来更改合同中的条款，让每一次交易都停留在双方买卖的第一笔记录上。随着区块链技术的发展，被开发出来的智能合约，与不可篡改这项技术进行结合，可以让所有进行交易的买卖双方，自动根据合约内容、时间进行交易。同时，还不能随意篡改双方的交易记录。

2018 年 3 月，在网络零售集团京东发布的《区块链技术实践白皮书》中，区块链技术(分布式账本)的三种应用场景是：跨主体协作，需要低成本信任，存在长周期交易链条。这三个应用场景所利用的都是区块链的不可篡改特性。多主体在一个不可篡改的账本上协作，降低了信任成本。区块链账本中存储的是状态，未涉及的数据的状态不会发生变化，且越早的数据越难被篡改，这使得它适用于长周期交易。

3.1.2 不可复制的唯一性

不管是可互换通证(ERC20)，还是不可互换通证(ERC721)，又或者是其他提议中的通证标准，以太坊的通证都展示了区块链的一个重要特征：表示价值所需要的唯一性。

在数字世界中，最基本的单元是比特，比特的根本特性是可复制。但是价值不能被复制，价值必须是唯一的。之前已经讨论过，这正是矛盾所在：在数字世界中，很难使一个文件是唯一的，至少很难普遍地做到这一点。这正是现在我们需要中心化的账本来记录价值的原因。

在数字世界中，用户没法像拥有现金一样，手上拿着钞票，而是需要银行等信用中介，用户的钱是由银行账本帮忙记录的。

比特币系统带来的区块链技术可以说第一次把"唯一性"普遍地带入了数字世界，而以太坊的通证将数字世界中的价值表示功能普及开来。

2018 年年初，中国的两位科技互联网企业领袖不约而同地强调了区块链带来的"唯一性"。腾讯公司主要创始人、CEO 马化腾说："区块链确实是一项具有创新性的技术，用数字化表达唯一性，区块链可以模拟现实中的实物唯一性。"

百度公司创始人、CEO 李彦宏说："区块链到来之后，可以真正使虚拟物品变得唯一，这样的互联网跟以前的互联网是非常不一样的。"

对于通证经济的探讨和展望正是基于在数字世界中、在网络基础层次上区块链提供了去中心化的价值表示和价值转移的方式。在以以太坊为代表的区块链 2.0 时代，出现了更通用的价值代表物——通证，从而由区块链 1.0 的数字现金时期进入数字资产时期。

3.1.3 智能合约

从比特币到以太坊，区块链最大的变化是"智能合约"，如图 3-3 所示。比特币系统是专为一种数字货币而设计的，它的 UTXO 和脚本也可以处理一些复杂的交易，但有很大的局限性。而维塔利克创建了以太坊区块链，他的核心目标都是围绕智能合约展开的：一个图灵完备的脚本语言，一个运行智能合约的虚拟机(EVM)，以及后续发展出来的一系列标准化的、用于不同类型通证的智能合约等。

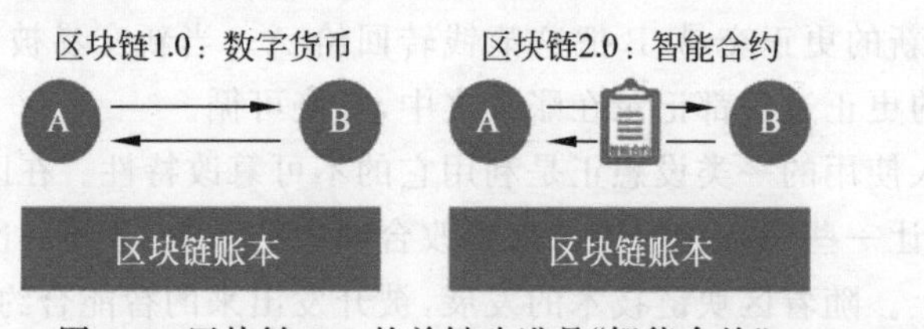

图 3-3　区块链 2.0 的关键改进是"智能合约"

智能合约的出现使得基于区块链的两个人不仅可以进行简单的价值转移，而且可以设定复杂的规则，由智能合约自动、自治地执行，这极大地扩展了区块链的应用可能性。

当前把焦点放在通证的创新性应用上的项目，在软件层面都是通过编写智能合约来实现的。利用智能合约，可以进行复杂的数字资产交易。

在讨论区块链的进化过程时，我们介绍了智能合约的几种实例，在此不再赘述。这里再借维塔利克的讨论，重复一下我们认同的智能合约的软件性质——它相当于一种特殊的服务端后台程序(daemon)。在以太坊白皮书中，维塔利克写道："(合约)应被看成存在于以太坊执行环境中的'自治代理'(autonomous agents)，它拥有自己的以太坊账户，收到交易信息，它们就相当于被捅了一下，然后它就自动执行一段代码。"

智能合约的执行流程如图 3-4 所示。

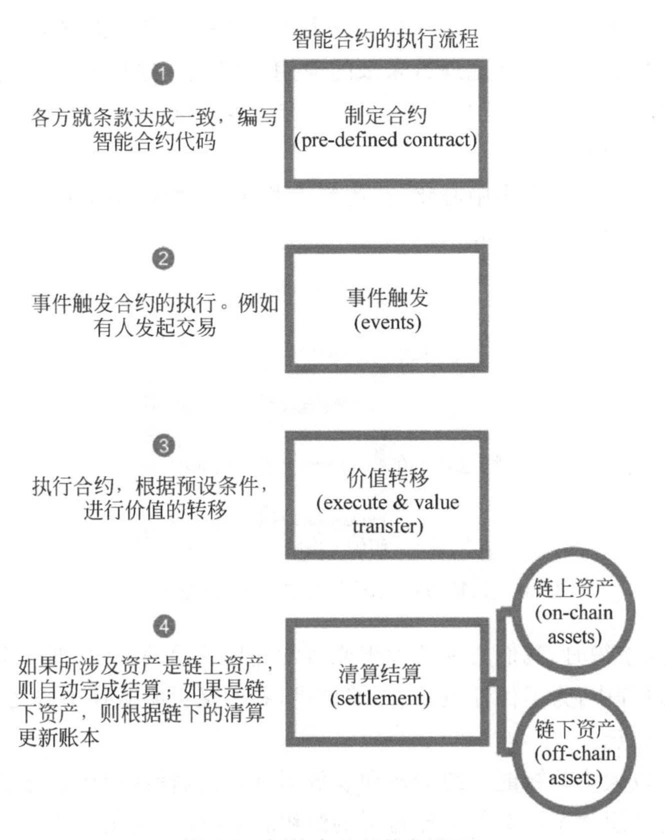

图 3-4　智能合约的执行流程

3.1.4　去中心自组织

区块链的第四大特征是去中心自组织。到目前为止，主要区块链项目的自身组织和运作都与这个特征紧密相关。很多人对区块链项目的理想或期待是，它们成为自治运转的一个社区或生态。

匿名的中本聪在完成比特币的开发和初期的迭代开发之后，就完全从互联网上消失了。但他创造的比特币系统持续地运转着：无论是比特币这个加密数字货币，比特币协议（即比特币的发行与交易机制），比特币的分布式账本、去中心化网络，还是比特币矿工和比特币开发，都在去中心化、自组织地运转着。

我们可以合理地猜测，在比特币之后出现了众多修改参数分叉形成的竞争币、硬分叉形成的比特币现金（BCH），可能都符合中本聪的设想。中本聪选择了“失控”，这里的失控可视为自治的同义词。

到目前为止，以太坊项目仍在维塔利克的“领导”之下，但正如本章一开始讨论的，他是以领导一个开源组织的方式引领着这个项目，就像 Linus 领导开源的 Linux 操作系统和 Linux 基金会一样。

维塔利克可能是对去中心自组织思考得较多的人之一，他一直强调和采用基于区块链的治理方式。2016 年以太坊的硬分叉是他提议的，但需要通过链上的社区投票、获得通过方可实行。在以太坊社区中,包括 ERC20 等在内的众多标准是社区开发者自发形成的。

在《去中心化应用》一书中,作者西拉杰·拉瓦尔(Siraj Raval)还从另一个角度进行了区分,这个区分有助于我们更好地理解未来的应用与组织。他从两个维度来看现有的互联网技术产品:一个维度是在组织上是中心化的,还是去中心化的;另一个维度是在逻辑上是中心化的,还是去中心化的。

他认为“比特币在组织上去中心化,在逻辑上集中”。而电子邮件系统在组织上和逻辑上都是去中心化的,如图 3-5 所示。

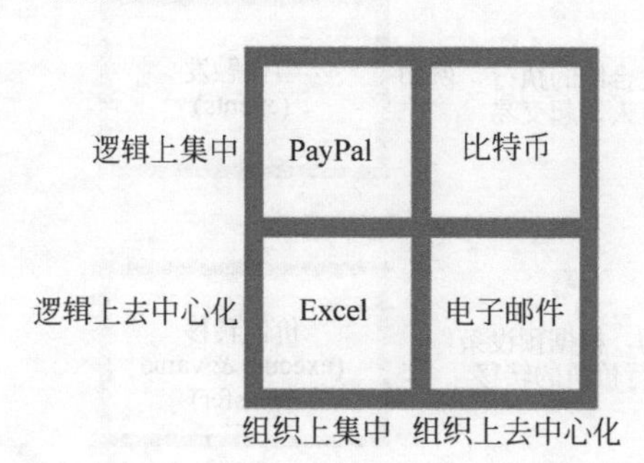

图 3-5　比特币在组织上去中心化,在逻辑上集中

在设想未来的组织时,我们心中的理想原型常是比特币的组织,即完全去中心化的自治组织。但在实践过程中,为了保证效率、能够推进,我们又会略微往中心化组织靠拢,最终找到一个合适的平衡点。

现在,在通过以太坊的智能合约创建和发放通证,并以社区或生态方式运行的区块链项目中,不少项目的理想状态是类似于比特币的组织,但实际情况是介于完全的去中心化组织和传统的公司之间。

在讨论区块链的第四个特征去中心自组织时,其实我们已经在从代码的世界往外走,涉及人的组织与协同了。现在,各种讨论和实际探索也揭示了区块链在技术之外的意义:它可能作为基础设施支持人类的生产组织和协同的变革。这正是区块链与互联网完全同构的又一例证,互联网也不仅仅是一项技术,它改变了人们的组织和协同方式。

总的来说,以太坊把区块链带入了新的阶段。在讨论以太坊时,如果要总结两个关键词的话,那么这两个关键词分别是智能合约和通证;而如果只能选一个的话,笔者会选择“通证”。笔者会更愿意从互联网的历史中找寻它的意义,重复之前的类比:作为价值表示物的通证,它的角色类似于 HTML。在有了 HTML 之后,建成什么样的网站完全取决于我们的想象力。

现在,很多人迫不及待地试图进入区块链 3.0 阶段,即不再仅仅把区块链用于数字资产的交易,而是希望将区块链应用于各个产业和领域中,从互联网赋能走向区块链赋能,从“互联网+”走向“区块链+”。继续将信息互联网的发展历程作为对照来展望未来,信息互联网最早是用来传递文本信息的,但它真正的爆发是由于后来出现的电子商务、社交、游戏以及和线下结合的 O2O——也就是应用。未来真正展现区块链价值的也将是各种现在尚未知的应用。

3.2　区块链的框架与分类

3.2.1　区块链的框架

关于区块链的框架，已有不少学者和专家进行过阐述，其中比较有代表性的是发表于2016年第4期《自动化学报》的文章《区块链技术发展现状与展望》，该文首次将区块链的框架划分为六层结构，认为区块链系统由数据层、网络层、共识层、激励层、合约层和应用层组成。其中，数据层作为最底层封装了数据区块以及相关的数据加密和时间戳等技术；网络层包括分布式组网机制、数据传播机制和数据验证机制等；共识层主要封装网络节点的各类共识算法；激励层将经济因素集成到区块链技术体系中来，主要包括经济激励的发行机制和分配机制等；合约层主要封装各类脚本、算法和智能合约，是区块链可编程特性的基础；应用层封装了区块链的各种应用场景和案例。本书对区块链框架进行梳理优化，认为区块链的框架应划分为四层，如图3-6所示，包括底层数据层、网络通信层、共识验证层和业务应用层。

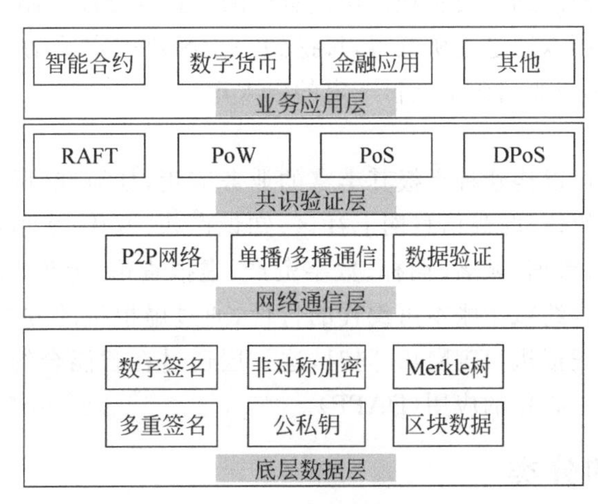

图3-6　区块链框架

1. 底层数据层

底层数据层是最底层的技术，是一切的基础。它主要实现了两个功能：一个是相关数据的存储，另一个是账户和交易的实现与安全。数据的存储主要基于Merkle树，通过区块的方式和链式结构实现。账号和交易的实现基于数字签名、Hash函数、非对称加密技术、多重签名等多种密码学算法和技术，保证了交易在去中心化的情况下能够安全地进行。

2. 网络通信层

网络通信层主要实现网络节点的连接和通信，包括点对点技术、单播/多播通信和验证技术，是没有中心服务器、依靠用户群交换信息的互联网体系。与有中心服务器的中央网络系统不同，对等网络的每个用户端既是一个节点，又有服务器的功能，具有健壮性、去中心化等特点。

3. 共识验证层

共识算法是区块链体系的核心。共识验证层主要实现全网所有节点对交易和数据达成一致，防范拜占庭攻击、女巫攻击、51%攻击等共识攻击。因为其应用场景不同，所以已经出现了多种有特色的共识机制，如下所示。

PoS (Proof of Sake，权益证明)。原理是：节点获得区块奖励的概率与该节点持有的代币数量和时间成正比，在获取区块奖励后，该节点的代币持有时间清零，重新计算。但由于代币在初期分配时人为因素过高，容易导致后期贫富差距过大。

DPoS(Delegate Proof of Stake，股份授权证明)。原理是：所有节点投票选出 100 个(或其他数量)委托节点，区块完全由这 100 个委托节点按照一定算法生成，类似于美国的议会制。

Casper 投注。原理是：以太坊下一代的共识机制，每个参与共识的节点都要支付一定的押金，节点获取奖励的概率和押金成正比，如果有节点作恶则押金要被扣掉。

PBFT(Practical Byzantine Fault Tolerance，实用拜占庭容错)。原理是：与一般公有链的共识机制主要基于经济博弈原理不同，PBFT 主要基于异步网络环境下的状态机副本复制协议，本质上是由数学算法实现了共识，因此区块的确认不需要像公有链一样在若干区块之后才安全，可以实现出块即确认。

在共识机制中，用户激励主要实现区块链资产的发行和分配机制(例如以太坊定位以太币为平台运行的燃料，可以通过挖矿获得，每挖到一个区块固定奖励 5 个以太币，同时运行智能合约和发送交易都需要向矿工支付一定的以太币)。

4. 业务应用层

基于区块链技术，可以构建种类极其丰富的业务应用，如游戏、网上购物、视频、旅游咨询、火车票、汽车、直播媒体、时尚信息网上社区、知识产权、音乐、房地产照片、保险保单、贵重金属(如黄金)、股权、票据、域名、商标、数字资产、虚拟货币，等等；甚至可以构建以脚本为基础的智能合约，该合约赋予账本可编程的特性，通过虚拟机的方式运行代码，实现智能合约的功能，如以太坊虚拟机(EVM)。同时，这一层通过在智能合约上添加能够与用户交互的前台界面，形成去中心化的应用(DAPP)。

3.2.2 区块链的分类

1. 根据网络范围分类

根据网络范围，区块链可以划分为公有链、私有链和联盟链。

1) 公有链

所谓公有就是指完全对外开放，任何人都可以任意使用，没有权限的设定，也没有身份认证，不但可以任意参与使用，而且产生的所有数据都可以任意查看，完全公开透明。比特币就是一个公有链网络系统，大家在使用比特币系统的时候，只需要下载相应的软件客户端，就可以执行创建钱包地址、转账交易、挖矿等操作，这些功能都可以自由使用。公有链系统完全没有第三方管理，依靠的就是一组事先约定的规则，这些规则要确保每个参与者在不信任的网络环境中能够发起可靠的交易事务。通常来说，凡是需要公众参与，需要最大限度地保证数据公开透明的系统，都适用于公有链，如数字货币系统、众筹系统、金融交易系统等。

这里需要注意，在公有链的环境中，节点的数量是不固定的，节点的在线与否也是无法控制的，甚至不能确定某节点是不是一个恶意节点。在 3.3 节讲解区块链的一般工作流程的时候，将提出一个问题，在这种情况下，如何知道数据是被大多数节点写入确认的呢？实际上，在公有链环境下，这个问题没有很好的解决方案，目前最合适的做法就是通过不断地相互同步，最终网络中由大多数节点同步的区块数据所形成的链就是被承认的主链，这也称为最终一致性。

2）私有链

私有链是与公有链相对的一个概念，所谓私有就是指不对外开放，仅仅在组织内部使用的系统，如企业的票据管理、账务审计、供应链管理等，或者一些政务管理系统。私有链在使用过程中，通常是有注册要求的，即需要提交身份认证，而且具备一套权限管理体系。读者可能会有疑问，比特币、以太坊等系统虽然都是公有链系统，但如果将这些系统搭建在一个不与外网连接的局域网中，不就成了私有链了吗？从网络传播范围来看，可以这样说，因为只要这个网络一直与外网隔离，就只能是自己在使用，只不过由于使用的系统本身并没有任何身份认证机制以及权限设置，因此从技术角度来说，这种网络只能算是使用公有链系统的客户端搭建的私有测试网络。例如，以太坊就可以用来搭建私有链环境，通常这种情况可以用来测试公有链系统，当然也适用于企业应用。

在私有链环境中，节点数量和节点的状态通常是可控的，因此一般不需要通过竞争的方式来筛选区块数据的打包者，可以采用更加节能、环保的方式，如在3.2.1节中提到的PoS、DPoS、PBFT等。

3）联盟链

联盟链的网络范围介于公有链和私有链之间，通常使用在有多个成员角色的环境中，如银行之间的支付结算、企业之间的物流等，这些场景往往都是由不同权限的成员参与的。与私有链一样，联盟链系统一般也具有身份认证和权限设置，而且节点的数量往往也是确定的，对于企业或者机构之间的事务处理很适用。联盟链并不一定完全管控，有些数据是可以对外公开的，就可以部分开放，如政务系统。

由于联盟链一般用在明确的机构之间，因此与私有链一样，节点的数量和状态也是可控的，并且通常也采用更加节能、环保的共识机制。

2. 根据部署环境分类

1）主链

所谓主链，也就是部署在生产环境的真正的区块链系统，软件在正式发布前会经过很多内部的测试版本，用于发现可能存在的bug，并且用来内部演示以便于查看效果，直到最后才会发布正式版。主链也可以说是由正式版客户端组成的区块链网络，只有主链才是会被真正推广使用的，各项功能的设计也都是相对最完善的。另外，有些时候区块链系统会由于种种原因产生分叉，如挖矿的时候临时产生的小分叉等，此时将最长的那条原始的链称为主链。

2）测试链

测试链很好理解，就是开发者为了方便大家学习使用而提供的用于测试的区块链网络，如比特币测试链、以太坊测试链等。当然，并不是说只有区块链开发者才能提供测试链，用户也可以自行搭建测试链。测试链中的功能设计与生产环境中的主链是可以有差别的，例如主链中使用工作量证明算法进行挖矿，在测试链中可以更换算法以便更方便地进行测试。

3. 根据对接类型分类

1）单链

能够单独运行的区块链系统都可以称为“单链”，如比特币主链、测试链，以太坊主链、测试链，莱特币的主链、测试链，超级账本项目中的 Fabric 搭建的联盟链等，这些区块链系统拥有完备的组件模块，自成一个体系。大家要注意，有些软件系统，如基于以太坊的众筹系统或金融担保系统等，这些只能算是智能合约应用，不能算是一个独立的区块链系统，应用程序的运行需要独立的区块链系统的支撑。

2）侧链

侧链是一种区块链系统的跨链技术，这个概念主要是由比特币侧链发起的。随着技术发展，除了比特币，出现了越来越多的区块链系统，每一种系统都有自己的优势特点，那么如何将不同的链结合起来，打通信息孤岛，彼此互补呢？侧链就是实现这个目标的一项技术。

以比特币为例，比特币系统主要是用来实现数字加密货币的，且业务逻辑也已固化，因此并不适用于实现其他的功能，如金融智能合约、小额快速支付等。然而比特币是目前使用规模最大的一个公有区块链系统，在可靠性、去中心化保证等方面具有相当大的优势，那么如何利用比特币网络的优势来运行其他区块链系统呢？可以考虑在现有的比特币区块链之上，建立一个新的区块链系统，新的系统可以具备很多比特币没有的功能，如私密交易、快速支付、智能合约、签名覆盖金额等，并且能够与比特币的主区块链进行互通。简单来说，侧链是以锚定[①]比特币为基础的新型区块链。锚定比特币的侧链目前有 ConsenSys 的 BTCRelay、Rootstock 和 BlockStream 的元素链等。大家要注意，侧链本身就是一个区块链系统，并且侧链并不一定要以比特币为参照链。侧链是一个通用的技术概念，例如以太坊可以作为其他链的参照链，也可以本身作为侧链与其他的链去锚定。实际上，抛开链、网络这些概念，侧链就是在不同的软件之间互相提供接口，增强软件之间的功能互补，侧链的示意图如图 3-7 所示。

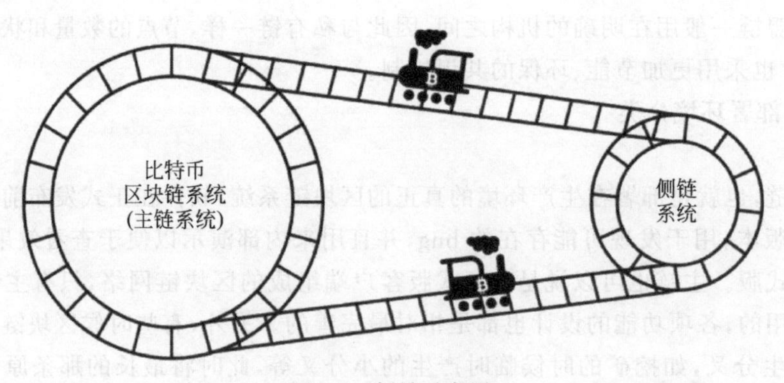

图 3-7　侧链示意图

通过这个简单的示意图可以看到，区块链系统与侧链系统本身都是一个独立的链系统，两者之间可以按照一定的协议进行数据互动，通过这种方式，侧链能起到扩展主链功能的作

① 锚定(anchoring)是指人们倾向于把对未来的估计和采用过的估计联系起来，同时易受他人建议的影响。当人们对某件事的好坏进行估测的时候，其实并不存在绝对意义上的好与坏，一切都是相对的，关键在于如何定位基点。基点定位就像一只锚，如果它确定了，评价体系也就确定了，好坏也就评定出来了。

用，很多在主链中不方便实现的功能可以在侧链中实现，而侧链再通过与主链的数据交互增强自身的可靠性。

3）互联链

如今我们的生活可以说几乎离不开互联网，仅仅互通互联，带来的能量已经如此巨大。

区块链也是这样，目前各种区块链系统不断涌现，有的只是实现了数字货币，有的实现了智能合约，还有的实现了金融交易平台；有些是公有链，有些是联盟链；等等。这么多链，五彩缤纷，功能各异，脑洞大开，不断涌现更新颖的应用。那么，这些链系统如果能够彼此互联会发生什么样的化学反应呢？从最初的数字货币到未来可能实现的区块链可编程社会，它们不单单会改变生活服务方式，还会促进社会治理结构的变革，如果说每一条链都是一根神经的话，一旦互联起来，就像神经系统一般，将会给我们的社会发展带来更高层次的智能化。

另外，从技术角度来讲，区块链系统之间的互联可以彼此互补，每一类系统都会有优势和不足，彼此进行功能上的互补，甚至彼此进行验证，可以大大提高系统的可靠性及性能。

3.3　区块链的工作流程

区块链的工作流程主要包括以下几个环节。

(1) 发送节点将新的数据记录向全网进行广播。

每个发送数据的节点均有区块链地址，地址是解决公钥过长的方案。下面以比特币为例，介绍比特币地址的生成过程。比特币是建立在密码学基础上的，先利用椭圆加密算法(ECC)来产生比特币的私钥和公钥，由私钥可以计算出公钥，公钥的值经过一系列数字签名运算可以得到比特币的地址。其步骤如下。

① 随机选取一个 32 字节的数，作为私钥。

② 使用椭圆曲线加密算法(ECC)计算私钥所对应的公钥。

③ 计算公钥的 SHA-256 Hash 值。

④ 取上一步结果，计算 RIPEMD-160 Hash 值。

⑤ 取上一步结果，前面加入地址版本号(如比特币主网版本号“0x00”)。

⑥ 取上一步结果，计算 SHA-256 Hash 值。

⑦ 取上一步结果，再次计算 SHA-256 Hash 值。

⑧ 取上一步结果的前 4 字节(8 位十六进制数)。

⑨ 把这 4 字节加在步骤⑤的结果后面，作为校验(这就是比特币地址的十六进制形式)。

⑩ 用 base58 表示法变换地址（这就是最常见的比特币地址形式），如 16UwLL9Risc3QfPqBUvKofHmBQ7wMtjvM。

(2) 接收节点对收到的数据记录信息进行检验，如检验记录信息是否合法，通过检验后，数据记录将被纳入一个区块中。

区块中会记录区块生成时间段内的交易数据，区块主体实际上就是交易信息的合集。每一种区块链的结构设计可能不完全相同，但大体上分为区块头(header)和区块体(body)两部分。区块头用于链接到前面的块并且为区块链数据库提供完整性保证，区块体则包含了经过验证的、区块创建过程中发生的价值交换的所有记录。区块结构有以下两个非常重要的特点。

① 一个区块上记录的交易是在上一个区块形成之后、该区块被创建之前发生的所有价值交换活动，这个特点保证了数据库的完整性。

② 在绝大多数情况下，一旦新区块完成后就被加入区块链的最后，此区块的数据记录就再也不能被改变或删除，这个特点保证了数据库的严谨性，即无法被篡改。

顾名思义，区块链就是区块以链的方式组合在一起，以这种方式形成的数据库称为区块链数据库。区块链是系统内所有节点共享的交易数据库，这些节点基于价值交换协议参与到区块链的网络中。

(3) 全网所有接收节点对区块执行共识算法（PoW、PoS 等，详细内容将在后文进行介绍）。

(4) 区块通过共识算法处理后被正式纳入区块链中存储，全网节点均表示接受该区块，而表示接受的方法就是将该区块的随机散列值视为最新的区块散列值，新区块的制造将以该区块链为基础进行延长。

3.4 区块链的核心技术

区块链保证数据安全、不可篡改及透明性的技术包括以下几方面。

3.4.1 区块+链

关于如何建立一个严谨的数据库，区块链的办法是将数据库的结构进行创新，把数据分成不同的区块，每个区块通过特定的信息在逻辑上链接到上一区块的后面，前后顺序连接，呈现一套完整的数据，这也是“区块链”这个名字的来源。区块（block）的定义是：在区块链技术中，数据以电子记录的形式被永久存储，存放这些电子记录的文件就称为“区块”。区块是按时间顺序一个个先后生成的，每一个区块记录着它在被创建期间发生的所有价值交换活动，所有区块汇总起来构成一个记录合集。

那么区块链是如何工作的呢？由于每一个区块的块头都包含了前一个区块的交易信息压缩值，这就使从创世区块（第一个区块）直到当前区块连接在一起形成了一条长链。如果不知道前一个区块的交易信息压缩值，就没有办法生成当前区块，因此每个区块必定按时间顺序跟随在前一个区块之后。这种所有区块包含前一个区块引用的结构让现存的区块集合形成了一条数据长链。“区块+链”结构提供了一个数据库的完整历史。从第一个区块开始，到最新产生的区块为止，区块链上存储了系统全部的历史数据。区块链提供了数据库内每一笔数据的查找功能。区块链上的每一条交易数据，都可以通过“区块链”的结构追本溯源，一笔笔进行验证。区块（完整历史）+链（完全验证）=时间戳。这是区块链数据库的最大创新点。区块链数据库让全网的记录者在每个区块中都盖上一个时间戳来记账，表示这个信息是在这个时间写入的，形成了一个不可篡改、不可伪造的数据库。

3.4.2 分布式系统

分布式系统的定义：一个硬件或软件组件分布在不同的网络计算机上，彼此之间仅仅通过网络消息传递进行通信和协调的系统。一个标准的分布式系统在没有任何特定业务逻辑约束的情况下，都会有如下两个特征。

(1) 分布性。

分布式系统中的多台计算机都会在空间上随意分布，同时，计算机的分布情况也会随时变动。

(2) 对等性。

分布式系统中计算机没有主从之分，组成分布式系统的所有计算机节点都是对等的。副本(Replica)是分布式系统对数据和服务提供的一种冗余方式。在常见的分布式系统中，为了对外提供高可用的服务，我们往往会对数据和服务进行生成副本的处理，即数据副本和服务副本。

1. 分布式与集中式的区别

分布式架构在价格成本、自主研发、兼容性、伸缩扩展性方面有比较显著的优势，支持按需扩展。

在集中式架构下，为了应对更高的性能和更大的数据量，往往只能向上升级到更高配置的计算机，如升级更强的CPU、升级多核、升级内存、升级存储等，一般这种方式称为Scale Up，但单机的性能永远都有瓶颈，随着业务量的增长，只能通过Scale Out的方式来支持，即横向扩展出同样架构的服务器。

2. CAP(最终一致性)

分布式系统绕不开CAP理论，即Consistency(一致性)、Availability(可用性)、Partition tolerance(分区容错性)，三者不可兼得，如表3-1所示。

一致性(C)：在分布式系统中的所有数据备份，在同一时刻是否有同样的值(等同于所有节点都是最新的数据)。

可用性(A)：在集群中一部分节点发生故障后，集群整体是否还能响应客户端的读写请求(对数据更新具备高可用性)。

分区容错性(P)：以实际效果而言，分区相当于对通信的时限要求。系统如果不能在时限内达成数据一致性，就意味着发生了分区的情况，必须就当前操作在C和A之间做出选择。

表3-1　CAP理论

选择	说　明
CA	放弃分区容错性，加强一致性和可用性。其实就是传统的单机数据库的选择
AP	放弃一致性(这里的一致性是强一致性)，追求分区容错性和可用性。这是很多分布式系统设计时的选择，例如很多NoSQL系统就是如此
CP	放弃可用性，追求一致性和分区容错性。基本不会做这种选择，网络问题会直接使整个系统不可用

比特币采用P2P协议进行节点之间的数据传输，放弃了CAP中的Consistency，采用了A和P两个维度。因为放弃了Consistency这个属性，所以就产生了拜占庭将军问题，即这么多节点如何达成数据一致。拜占庭军队都是由一个个小分队组成，每个小分队都由一个将军负责，将军们通过号令兵传达一系列行动，但是当其中出现一些叛将故意破坏号令时该怎么办?

分布式存储系统和拜占庭将军问题一样，很难实现一致性，对于比特币开放式的、全球化部署的系统集群更是如此。所以比特币放弃了强一致性，没有中心节点，并实现了 P2P 通信，这样，整个集群中的服务器发生故障或离开，或者新的服务器加入集群，对整个集群都不会产生影响。

3.4.3 分布式账本

分布式账本指交易记账由分布在不同地方的多个节点共同完成，而且每个节点记录的是完整的账目，因此它们都可以参与监督交易合法性，同时也可以共同为其作证。与传统的分布式存储有所不同，区块链的分布式存储的独特性主要体现在以下两个方面。

一是区块链的每个节点都按照块链式结构存储完整的数据，而传统分布式存储一般是将数据按照一定的规则分成多份进行存储。

二是区块链的每个节点存储都是独立的、地位相等的，依靠共识机制保证存储的一致性，而传统分布式存储一般是通过中心节点向其他备份节点同步数据。没有任何一个节点可以单独记录账本数据，从而避免了单一记账人由于被控制或者被贿赂而记假账的可能性。由于记账节点足够多，理论上讲除非所有的节点都被破坏，否则账目就不会丢失，从而保证了账目数据的安全性。

3.4.4 开源的、去中心化的协议

有了“区块+链"的数据之后，接下来就要考虑记录和存储的问题了。应该让谁来参与数据的记录，又应该把这些盖了时间戳的数据存储在哪里呢？在当今中心化的体系中，数据都集中记录并存储在中央计算机上。但是区块链结构设计精妙的地方就在于此，它并不赞同把数据记录存储在中心化的一台或几台计算机上，而是让每个参与数据交易的节点都记录并存储所有的数据。

① 关于如何让所有节点都能参与记录，区块链的办法是：构建一整套协议机制，让全网每个节点在参与记录的同时也来验证其他节点记录结果的正确性。只有当全网大部分节点（甚至所有节点）都同时认为这个记录正确时，或者所有参与记录的节点都比对结果、一致通过后，记录的真实性才能得到全网认可，记录数据才被允许写入区块中。

② 关于如何存储“区块链”这套严谨的数据库，区块链的办法是构建一个分布式架构的网络系统，让数据库中的所有数据都实时更新并存储在所有参与记录的网络节点中。这样即使部分节点损坏或被黑客攻击，也不会影响整个数据库的数据记录与信息更新。区块链根据系统确定的开源的、去中心化的协议，构建了一个分布式的架构体系，让价值交换的信息通过分布式传播发送给全网，通过分布式记账确定信息数据内容，盖上时间戳后生成区块数据，再通过分布式传播发送给各个节点，实现分布式存储。

从硬件的角度讲，区块链的背后是由大量的信息记录存储器（如计算机等）组成的网络，那么这一网络如何记录发生在网络中的所有价值交换活动呢？区块链设计者没有为专业的会计记录者预留一个特定的位置，而是希望通过自愿原则来建立一套人人都可以参与记录信息的分布式记账体系，从而将会计责任分散化，由整个网络的所有参与者来共同记录。区块链中每一笔新交易的传播都采用分布式的结构，根据 P2P 网络层协议，消息由单个节点直接发送给全网所有的其他节点。区块链技术让数据库中的所有数据均存储于系统所有的

计算机节点中并实时更新。完全去中心化的结构设置使数据能实时记录,并在每个参与数据存储的网络节点中更新,这极大地提高了数据库的安全性。

通过分布式记账、分布式传播、分布式存储这三大"分布"可以发现,没有人、没有组织,甚至没有哪个国家能整体控制这个系统。系统内的数据存储、交易验证、信息传输过程全部都是去中心化的。在没有中心的情况下,大规模的参与者达成共识,共同构建了区块链数据库。可以说,这是人类历史上第一次构建了一个真正意义上的去中心化系统。甚至可以说,区块链技术构建了一套永生不灭的系统——只要不是网络中的所有参与节点在同一时间集体崩溃,数据库系统就可以一直运转下去。现在已经有了一套严谨的数据库,也有了记录并存储这套数据库的可用协议,那么当将这套数据库运用于实际社会时,要解决的一个最核心的问题是:如何使这个严谨且完整存储的数据库变得可信赖,可以在互联网无实名的背景下成功防止诈骗。

3.4.5 加解密算法

加密算法分为可拟和不可逆两种。可逆加密算法又分为两大类:对称式和非对称式。

对称式加密的特点是:加密和解密使用同一个密钥,通常称为"Session Key"。

非对称式加密的特点是:加密和解密使用的不是同一个密钥,而是两个密钥,一个称为"公钥",另一个称为"私钥"。它们两个必须配对使用,信息用其中一个密钥加密后,只有用另一个密钥才能解开,否则不能打开加密文件。这里的"公钥"是指可以对外公布的,"私钥"则只能由持有人本人知道。

常见加密算法的分类如表3-2所示。

表3-2 常见加密算法

分类		常见的加密算法
不可逆加密算法		SHA-256、SHA-512、MD5、HMAC、RIPE-MD、HAVAL、N-Hash、Tiger
可逆加密算法	对称加密算法	DES、3DES、DESX、Blowfish、IDEA、RC4、RC5、RC6、AES
	非对称加密算法	RSA、ECC、Diffie-Hellman、El Gamal、DSA
常见的Hash算法		MD2、MD4、MD5、HAVAL、SHA、SHA-1、HMAC、HMAC-MD5、HMAC-SHA1

非对称加密算法RSA在加密和解密的过程中分别使用两个密码,两个密码具有非对称的特点。

① 加密时的密码(在区块链中称为"公钥")是全网公开可见的,所有人都可以用自己的公钥来加密一段信息(信息的真实性);

② 解密时的密码(在区块链中称为"私钥")是只有信息拥有者才知道的,加密过的信息只有拥有相应私钥的人才能够解密(信息的安全性)。简单总结:区块链系统内,所有权验证机制的基础是非对称加密算法。常见的非对称加密算法包括RSA、El Gamal、Diffie-Hellman、ECC(椭圆曲线加密算法)等。

可以看出,从信任的角度,区块链实际上是用数学方法解决信任问题的产物。过去,人们解决信任问题可能依靠熟人社会的"老乡",或传统互联网中的交易平台"支付宝"。而区块链技术中,所有的规则事先都以算法程序的形式表述出来,人们完全不需要知道交易的对方是“君子”还是“小人”，更不需要求助中心化的第三方机构来进行交易背书，而只需要信任数学算法就可以建立互信。区块链技术的背后，实质上是算法在为人们创造信用，达成共识背书。

区块链系统内所有权验证机制的基础是非对称加密算法。在区块链系统的交易中，非对称密钥的基本使用场景有两种：①公钥对交易信息加密，私钥对交易信息解密。私钥持有人解密后，可以使用收到的信息。②私钥对信息签名，公钥验证签名。通过公钥签名验证的信息，确认为私钥持有人发出。节点始终都将最长的区块链视为正确的链，并持续以此为基础验证和延长它。如果有两个节点同时广播不同版本的新区块，那么其他节点在接收到该区块的时间上将存在先后差异，它们会在率先收到的区块基础上进行工作，但也会保留另外一条链，以防后者变成长的链。该僵局的打破需要共识算法的进一步运行，如果其中的一条链被证实为较长的一条，那么在另一条分支链上工作的节点将转换阵营，开始在较长的链上工作。以上就是防止区块链分叉的过程。

3.4.6 P2P 网络

P2P 网络采用点对点网络传输（对等网络），没有中心服务器，网络中的每个用户端既是客户端，又是服务器端。区块链的点对点技术，简单来讲，就是用户之间可以直接进行转账和交易，不需要经过中间机构的确认和授权。BT 下载就是采用了 P2P 技术来让客户端之间进行数据传输，一来可以加快数据下载速度，二来可以减轻下载服务器的负担。

3.4.7 JSON-RPC

远程过程调用（RPC）是一个计算机通信协议。该协议允许运行于一台计算机的程序调用另一台计算机的子程序，而程序员无须额外地为这个交互编程。如果涉及的软件采用面向对象编程，那么远程过程调用也可称作远程调用或远程方法调用，如图 3-8 所示，如 Java RMI。

RPC 的主要功能目标是使构建分布式计算（应用）更容易，在提供强大的远程调用能力时不损失本地调用的语义简洁性。

RPC 分为以下两种。

- 同步调用：客户端等待调用执行完成并返回结果。
- 异步调用：客户端调用后不必等待执行结果返回，但依然可以通过回调通知等方式获取返回结果。若客户端不关心调用返回结果，则变成单向异步调用，单向调用不必返回结果。

客户端和服务器端通过 Socket 调用时需要进行序列化和反序列化，传输的数据是二进制形式。

JSON-RPC 是一个无状态且轻量级的远程过程调用传输协议，其传递内容主要通过 JSON 完成。相对于 REST 通过网址（如 GET /login）调用远程服务器，JSON-RPC 直接在内容中定义了要调用的函数名称（如 {“method”：“getUser”}）。

JSON-RPC 有两个版本，客户端使用的是 2.0 版本。请求中必须要有 jsonrpc、method、params、id 字段，如表 3-3 所示。响应中则必须有 jsonrpc、id 字段，处理成功时还必须有 result 字段，处理失败时必须有 error 字段。

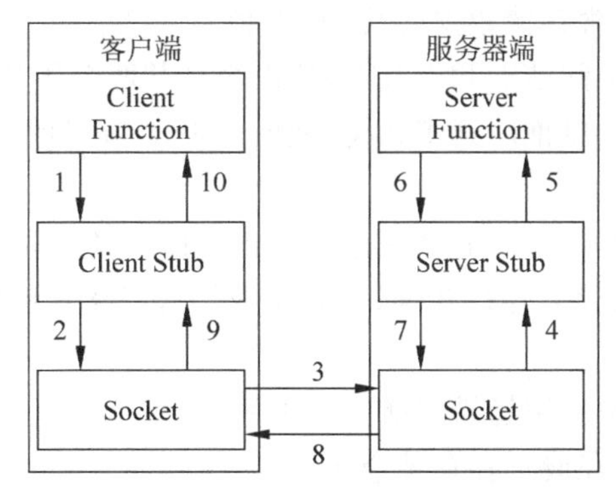

图 3-8　RPC 调用流程

表 3-3　请求实例的字段说明

请求字段	说　　明
jsonrpc	2.0
method	调用的方法名
params	调用的方法所需的参数
id	客户端的唯一标识

请求实例

```
{
    "jsonrpc": "2.0",
    "method": "subtract",
    "params": [56,28],
    "id": 1
}
```

响应：

```
{
    "jsonrpc": "2.0",
    "result": 19,
    "id": 1
}
```

gRPC 使用的是 HTTP 1.0 协议，可以通过 Protobuf 来定义接口。Protobuf 是一套类似 JSON 或者 XML 的数据传输格式和规范，用于在不同应用或进程之间进行通信。通信时所传输的信息通过 Protobuf 定义的 message 数据结构进行打包，然后编译成二进制的码流再进行传输或者存储。

Protobuf 序列化后体积很小，消息大小只有 XML 的 1/10～1/3，解析速度比 XML 快 20～100 倍，支持多种语言。

3.4.8　Merkle 树

Merkle 树(Merkle tree)又称哈希树，是一种典型的二叉树结构，由一个根节点、一组中间节点和一组叶子节点组成。Merkle 树最早由 Merkle Ralf 在 1980 年提出，曾广泛用于文件系统和 P2P 系统中。其主要特点如下：

- 底层的叶子节点包含存储数据或其 Hash 值;
- 非叶子节点(包括中间节点和根节点)的内容是其两个子节点内容的 Hash 值。

进一步地,Merkle 树可以推广到多叉树,此时非叶子节点的内容为其所有子节点的内容的 Hash 值。

Merkle 树逐层记录 Hash 值,让它具有一些独特的性质。例如,底层数据的任何变化都会传递到其父节点,沿着路径层层传递,直到树根。这意味着树根的值实际上代表了对底层所有数据的"数字摘要"。

目前,Merkle 树的典型应用场景包括以下 4 种。

1. 证明某个集合中存在或不存在某个元素

通过构建集合的 Merkle 树,并提供该元素各级兄弟节点中的哈希值,可以不暴露集合完整内容而证明某元素存在。

另外,对于能够进行排序的集合,可以将不存在元素的位置用空值代替,以此构建稀疏 Merkle 树(sparse Merkle tree)。该结构可以证明某个集合中不包括指定元素。

2. 快速比较大量数据

对每组数据排序后构建 Merkle 树结构。当两个 Merkle 树根相同时,则意味着所代表的两组数据必然相同。否则,必然不同。

由于 Hash 计算的过程可以十分快速,预处理可以在短时间内完成。利用 Merkle 树结构能带来巨大的比较性能优势。

3. 快速定位修改

以图 3-9 为例,基于数据 D_0、D_1、D_2、D_3 构造 Merkle 树,如果 D_1 中的数据被修改,会影响到 N_1、N_4 和 Root。

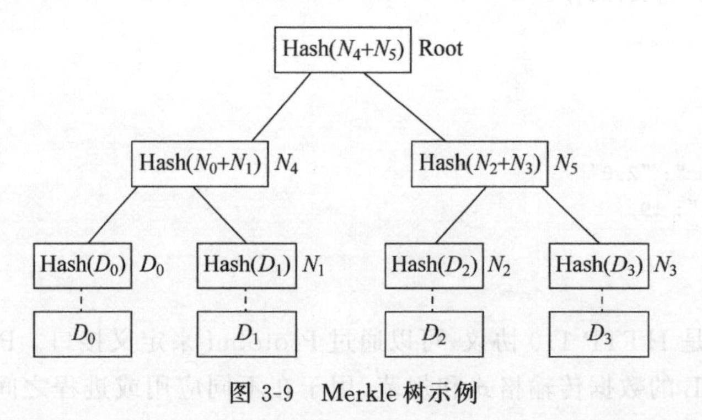

图 3-9 Merkle 树示例

因此,一旦发现某个节点(如 Root)的数值发生变化,沿着 Root→N_4→N_1,最多通过 $O(\lg N)$时间即可快速定位到实际发生改变的数据块 D_1。

4. 零知识证明

仍以图 3-9 为例,如何向他人证明拥有某个数据 D_0 而不暴露其他信息。由挑战者提供随机数据 D_1、D_2 和 D_3,或由证明人生成(需要加入特定信息,避免被人复用证明过程)。

比特币区块链的基础数据结构是 Merkle 树。Merkle 树是哈希指针形式的二叉树,每个节点包含其子节点的哈希值,一旦子节点的结构或内容发生变动,该节点的哈希值必然发生改变,因此,如果两个 Merkle 树顶层节点的哈希值相同,我们就认为两棵 Merkle 树是完全一致的。

以太坊(Ethereum)所使用的 Merkle 树则更为复杂,称为"默克尔帕特里夏树"(Merkle Patricia Tree)。每个以太坊区块头不只是包括一棵 Merkle 树,而是为三种对象设计的三棵树:交易(Transaction)、收据(Receipts,本质上是显示每个交易影响的多块数据)、状态(State)。

3.4.9　共识算法

共识算法是区块链中节点保持区块数据一致、准确的基础,现有的主流共识算法包括 PoW、PoS、RCPA 等。以 PoW 为例,是指通过消耗节点算力形成新的区块,是节点利用自身的计算机硬件进行数学计算,实现区块链网络的交易确认并提高其安全性的过程。交易支持者(矿工)在计算机上运行比特币软件,通过不断计算、处理软件提供的复杂的密码学问题来保证交易的进行。作为对他们服务的奖励,矿工可以得到他们所确认的交易中包含的手续费,以及新创建的比特币。在后面章节将会结合实际案例详细介绍共识算法。

3.4.10　预言机

在计算机领域,Oracle 的含义就是预言机,区块链上的预言机就是 OracleChain。什么叫作 Oracle? 这个 Oracle 不是指世界上最大的数据库公司 Oracle(甲骨文)。而是天才数学家图灵在 20 世纪中叶提出的思想。现在的计算机都叫图灵机。以太坊的特别之处就是它是一个带有内置的、成熟的图灵完备语言的区块链。

图灵虚构了一种叫作预言机(OracleMachine,又称谕示机)的计算机。预言机具备图灵机的一切功能,并额外拥有一种能力:可以不通过计算而直接得到某些问题的答案,这个过程叫作 Oracle。如果用户要解决的问题是怎样计算都无法得到结果的,那么这个情况下图灵机就成了一堆废铁,只有 Oracle 才能解决。

区块链本身是封闭的,区块链预言机是区块链与外部世界交互的一种实现机制,它在区块链与外部世界间建立一种可信任的桥接机制,使得外部数据可以安全可靠地进入区块链。

受限于区块链的共识模型,智能合约只能调用内部合约,无法直接与外部系统进行交互。在智能合约中执行的逻辑不可以执行区块链之外的任何操作,外部数据进入智能合约的唯一方法是将其置入一个交易中,通过向系统发送一个新的交易来触发区块链状态的更新。

Oracle 适用于以下场景:

- 智能合约需要可信地访问 Web 数据;
- 智能合约通过调用 Open API 使用互联网服务;
- 智能合约需要与外部系统交互;
- 智能合约依赖公共现实事件,如天气、赛事信息、航班信息等。

外部数据源服务在区块链上部署了区块链预言机合约,提供异步查询互联网数据接口供用户合约使用。正常情况下,用户合约调用预言机合约发起查询请求后,预言机合约在 1～3 个区块内就能得到外部数据源服务取回的数据,然后回调用户合约,传入数据,如图 3-10 所示。

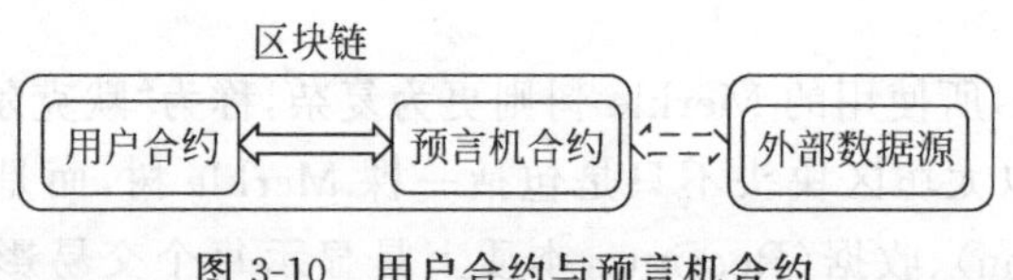

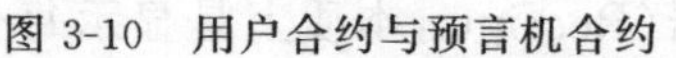
图 3-10 用户合约与预言机合约

共识机制

3.5 共识机制

区块链有以下三个基本特征：

• 区块链是一个分布式数据库(系统)；
• 区块链采用密码学保证数据不被篡改；
• 区块链采用共识算法对于新增的数据达成共识。

以上三点可以简单地从哲学角度理解，如图 3-11 所示。

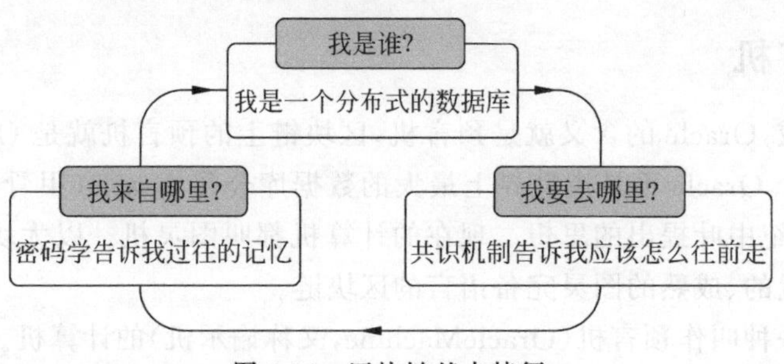

图 3-11 区块链基本特征

区块链技术的伟大之处就是它的共识机制，在去中心化的思想基础上解决了节点间互相信任的问题。区块链拥有众多节点并达到一种平衡状态是因为共识机制。尽管密码学占据了区块链的半壁江山，但是共识机制才是让区块链系统不断运行下去的关键。而要深入理解区块链的共识机制，就避不开一个问题——拜占庭问题。

3.5.1 共识机制的起源

现代共识机制的基础于 1962 年被提出。RAND 公司的工程师 Paul Baran 在论文《论分布式通信网络》中提出了加密签名的概念。这些数字化签名不久后就成为了系统对要修改数据或文档的用户进行验证的方法。二十年后，三名学者 Leslie Lamport、Robert Shostak、和 Marshall Pease 发表了一篇关于去中心化系统可靠性问题的论文《拜占庭将军问题》。该论文提出了一个思维实验——拜占庭将军问题。

1. 拜占庭将军问题

拜占庭将军问题是容错计算中的一个老问题，由莱斯特·兰伯特等在 1982 年提出。拜占庭帝国为公元 395 年至 1453 年的东罗马帝国，拜占庭城邦拥有巨大的财富，令它的 10 个邻邦垂涎已久，但是拜占庭城邦高墙耸立，固若金汤，任何单个城邦的入侵行动都会失败，入侵者的军队也会被歼灭，使得其自身反而容易遭到其他 9 个城邦的入侵。这 10 个城邦之间也互相觊觎对方的财富并经常爆发战争。

拜占庭的防御能力如此之强，非大多数人一起不能攻破，而且只要其中一个城邦背叛盟军，那么所有进攻军队都会被歼灭，并随后被其他邻邦所劫掠。因此这是一个互不信任的各邻邦构成的分布式网络，每一方都小心行事，因为稍有不慎就会给自己带来灾难。为了夺取拜占庭的巨额财富，这些邻邦分散在拜占庭的周围，依靠士兵传递消息来协商进攻目的及进攻时间，这些邻邦将军想要攻占拜占庭，但面临的一个困扰，邻邦将军不确定他们之中是否有叛徒，叛徒是否擅自变更了进攻意向或者进攻时间，如图 3-12 所示。

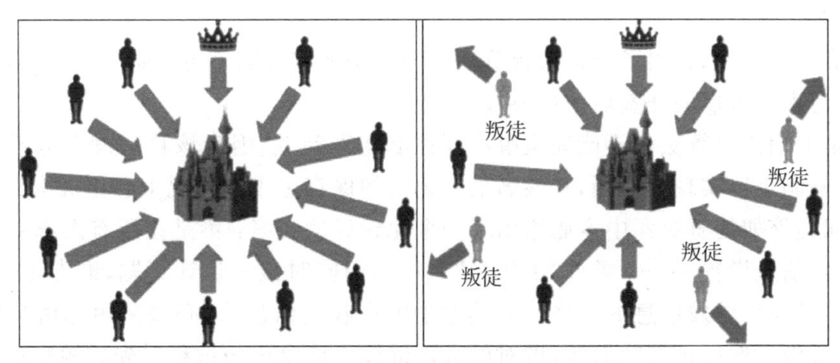

图 3-12　拜占庭将军问题示意

在这种状态下，将军们能否找到一种分布式协议来进行远程协商、达成共识，进而赢取拜占庭城邦的财富呢？

在拜占庭将军问题模型中，对于将军们有两个公认的假设，如图 3-13 所示。

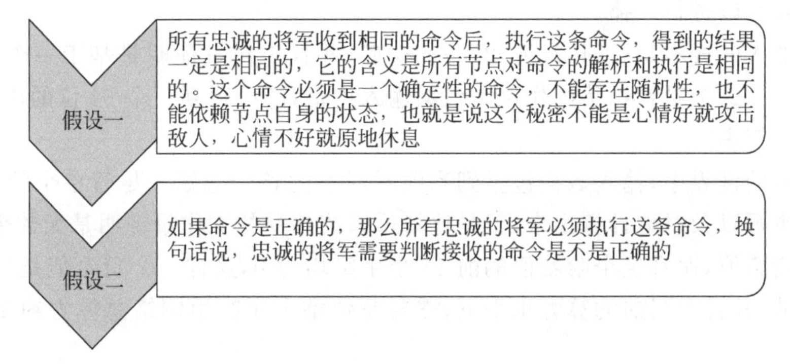

图 3-13　拜占庭将军问题的两条假设

对于将军们的通信，在拜占庭将军问题中也是有默认假设的：点对点通信是没有问题的。也就是说，我们假设 A 将军要给 B 将军发一条命令“M”，那么派出去的传令兵一定会准确地把命令“M”传给 B 将军。

但问题在于，如果每个城邦都向其他 9 个城邦派出一名信使，那么就是这 10 个城邦每个都派出了 9 名信使，也就是说在任何一个时刻有总计 90 次的信息传输，并且每个城市分别收到 9 条信息，可能每一条都写着不同的进攻时间。除此以外，信息传输过程中，如果叛徒想要破坏原有的约定时间，就会自己修改相关信息，然后发给其他城邦以混淆视听，这样的结果是，部分城邦收到错误信息后，会遵循一个或者多个城邦已经修改过的攻击时间，从而违背发起人的本意。这样一来，遵循错误信息的城邦(包含叛徒)将重新广播超过一条信息的信息链，整个信息链会随着他们发送的错误信息，迅速变成不可信的信息，变成一个相互矛盾的纠结体。

针对这个问题，人们主要提出了两种解决方法，一个是口头协议算法，另一个是书面协议算法。

口头协议算法的核心思想是：要求每个被发送的信息都能被正确投递，信息接收者明确知道信息发送者的身份，并且知道信息中是否缺少内容。采用口头协议算法，若叛徒数少于 1/3，则拜占庭将军问题可以很容易解决。但是口头协议算法存在着明显的缺点，那就是信息不能溯源。

为解决这个问题，提出了书面协议算法。该算法要求签名不可伪造，一旦被篡改即可发现，同时任何人都可以验证签名的可靠性。

就算是书面协议算法也不能完全解决拜占庭将军问题，因为该算法没有考虑信息传输延迟、签名机制难以实现的问题，且签名消息记录的保存也难以摆脱中心化机构。

这个问题该如何解决？中本聪给出了一个比较好的答案：不是让所有人都有资格发信息，而是给发信息设置了一个条件"工作量"。将军们同时做一道计算题，谁先正确完成，谁才能获得给其他小国发信息的资格。而其他小国在收到信息后，必须采用加密技术签字盖戳，以确认身份。然后再继续做题，做对的人再继续发消息……这种对先后顺序达成共识的算法，开创了共识机制的先河。

2. 区块链共识机制解决方案

中本聪所创建的比特币，通过对这个系统做出一个简单的改变解决了这个问题。他为发送信息加入成本，这降低了信息传递的速率，并加入了一个随机元素，以保证在某个时刻只有一个城邦可以进行广播。

中本聪加入的成本是"工作量证明"——挖矿，并且工作量证明是基于一个随机哈希算法进行计算的。这个哈希算法的作用是根据输入进行计算，得到一个 64 位的由随机数字和字母组成的字符串。

在比特币的世界中，输入数据包括到当前时间点的整个总账。尽管单个哈希值用现在的计算机基本可以及时地计算出来，但是比特币系统接受的工作量证明是无数个 64 位哈希值中唯一的哈希值，而且这个哈希值的前 13 个字符均为 0，这样一个哈希值是极其罕见、不可能被破解的，并且在当前的算力水平下，需要花费整个比特币网络总算力约 10 分钟时间才能找到一个。

在一台网络计算机随机地找到一个有效哈希值之前，数十亿个无效值会被计算出来，计算哈希值就需要花费大量时间，增加了发送信息的时间间隔，降低了信息传递速率，而这就是使得整个系统可用的"工作量证明"机制。

而那台发现下一个有效哈希值的计算机，将所有之前的信息汇总，附上它自己的身份信息，以及它的签名等，向网络中的其他计算机进行广播。只要网络中的其他计算机接收到并验证通过这个有效的哈希值和附着在上面的签名信息，它们就会停止当下的计算，使用新的信息更新它们的总账副本，然后把更新后的总账作为哈希算法的输入，开始再次计算哈希值。

哈希计算竞赛从一个新的开始点重新开始……如此这般，网络持续同步着，所有网络上的计算机都使用着同一版本的总账，与此同时，每一次成功找到有效哈希值并进行区块链更新的间隔大概是 10 分钟，在那 10 分钟以内，网络上的参与者发送信息并完成交易，并且因为网络上的每一个计算机都使用同一个总账，所有的这些交易和信息都会进入每一份遍布全网的总账副本。当区块链更新并在全网同步之后，在之前10分钟内进入区块链的所有交易也被更新并同步，因此分散的交易记录是在所有的参与者之间进行对账和同步的。

最后在用户向网络输入一笔交易的时候，使用内嵌在比特币客户端的标准公钥加密工具来加密，同时用他的私钥及接收者的公钥为这笔交易签名，这对应于拜占庭将军问题中用来签名和验证消息时使用的"印章"，如图3-14所示。因此，哈希计算速率的限制，加上公钥加密，使得一个不可信网络变成一个可信的网络，所有参与者可以在某些事情上达成一致(如攻击时间、一系列的交易域名记录、政治投票系统，或者其他任何需要分布式协议的情况)。

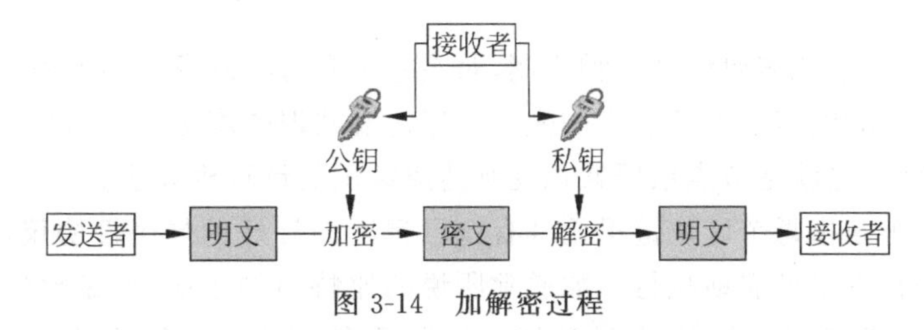

图3-14　加解密过程

将比特币的共识机制引入拜占庭将军问题，就形成了这样一种情况，城邦A向其他9个城邦发送进攻相关信息时，直接将相关信息及其发送的时间附加在通过哈希算法加密的信息中，并且加上独属于自己的数字签名，再传递给其他城邦。等其他城邦中相应的计算机已经收到并验证通过这个有效哈希值和附加在上面的签名信息，就会停止他们的计算，而使用新的信息更新他们的总的进攻信息副本，然后把更新的信息区块链作为哈希算法的输入，再发给其他城邦。其他城邦接收消息后，重复此流程，直至所有城邦都收到消息。如此这般，网络持续同步，网络上的所有计算机都使用着同一版本的总账。

如果叛徒想要修改进攻信息来误导其他城邦，其他城邦的计算机会立刻识别到异常信息，同步的虚假信息将不被认可，而依旧会同步大部分共同的信息，这样叛徒就失败了，他无法破坏10个城邦当中的大多数节点，也就是至少6个节点，这样信息的一致性就得到了保证，完美解决了拜占庭将军问题。

这就是区块链共识机制如此关键的原因：它为一个算法上的难题提供了解决方案，通过不断同步各个节点的信息，使得各分布式节点之间达到一种平衡，保证了绝大多数节点的一致性，即达成了共识。

3.5.2　共识机制的概念

由于加密货币多数采用去中心化的区块链设计，节点是各处分散且平行的，所以必须设计一套制度来维护系统的运作顺序与公平性，统一区块链的版本，并奖励提供资源来维护区块链的使用者，以及惩罚恶意的危害者。这样的制度必须依赖某种方式来证明，是谁获得了一个区块的打包权(或称记账权)，此人可以得到打包这个区块的奖励；又是谁企图实施危害，此人就会得到一定的惩罚，这就是共识机制。

区块链的共识机制通常包含了两个方面，如图3-15所示。

我们经常说的"共识机制"，多数情况下同时包含了共识算法和共识规则，少数情况下单指其中一方，这也是大家在认识上经常存在的误区。

由于点对点网络中存在较高的网络延迟，各个节点所观察到的事务先后顺序不可能完

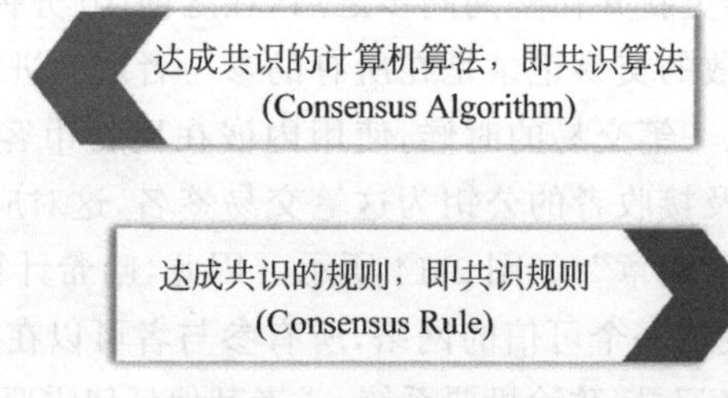

达成共识的计算机算法，即共识算法
(Consensus Algorithm)

达成共识的规则，即共识规则
(Consensus Rule)

图 3-15　区块链的共识机制

全一致，因此区块链系统需要设计一种机制，对在差不多时间内发生的事务的先后顺序进行共识。这种对一个时间窗口内的事务的先后顺序达成共识的算法称为“共识机制”。这里解释的只是共识算法，也就是节点依照共识规则达成共识的计算机算法。

而共识规则则是指每个区块链里面都有自己精心设计好的规则性协议，这些协议通过共识算法来保证其得以可靠地执行。如通常所说的比特币的挖矿，就是比特币记账的共识规则，其专业术语为 PoW，即工作量证明。比特币的 PoW 共识规则通过 SHA（Secure Hash Algorithm）系列安全哈希算法之一——SHA-256 来得以可靠地执行。

3.5.3　共识机制的作用

区块链的核心是参与者之间的共识（参见图 3-16 方框中的步骤）。共识机制之所以关键，是因为在没有中央机构的情况下，参与者必须就规则及其应用方法达成一致，并同意使用这些规则来接受和记录拟定的交易。

如图 3-16 所示，交易一经创建和发布，即署有交易发起人的签名，签名表示获得授权以支付金钱、订立合同或传输与交易相关的数据指标。交易在签名后即生效并包含执行需要的所有信息。

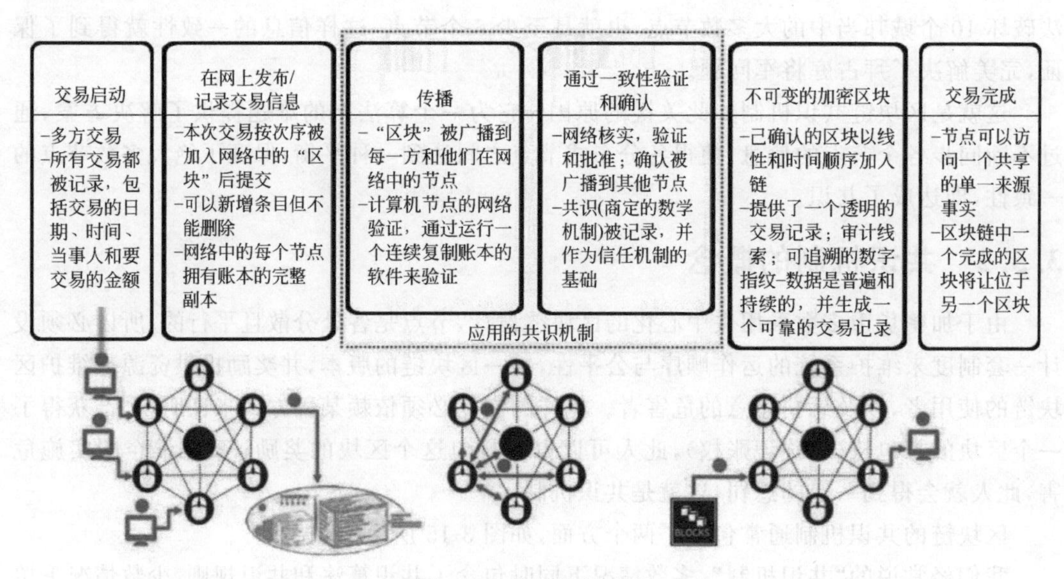

图 3-16　共识机制过程

一旦交易被验证并纳入区块，该交易便会在整个网络中传播。在整个网络达成共识且网络中的其他节点接受新区块后，该区块就并入区块链中。经区块链记录和足够多的节点确认后，该交易将成为公共账本的永久组成部分，区块链网络中的所有节点会视其为有效。

3.5.4 共识机制的原理

共识机制用来决定区块链网络中的记账节点，并对交易信息进行确认和一致性同步。早期的比特币区块链采用高度依赖节点算力的工作量证明机制来保证比特币网络分布式记账的一致性。随着区块链技术的发展和各种竞争币的相继涌现，图 3-17 展示了当前主流的共识机制及其有代表 性的项目。

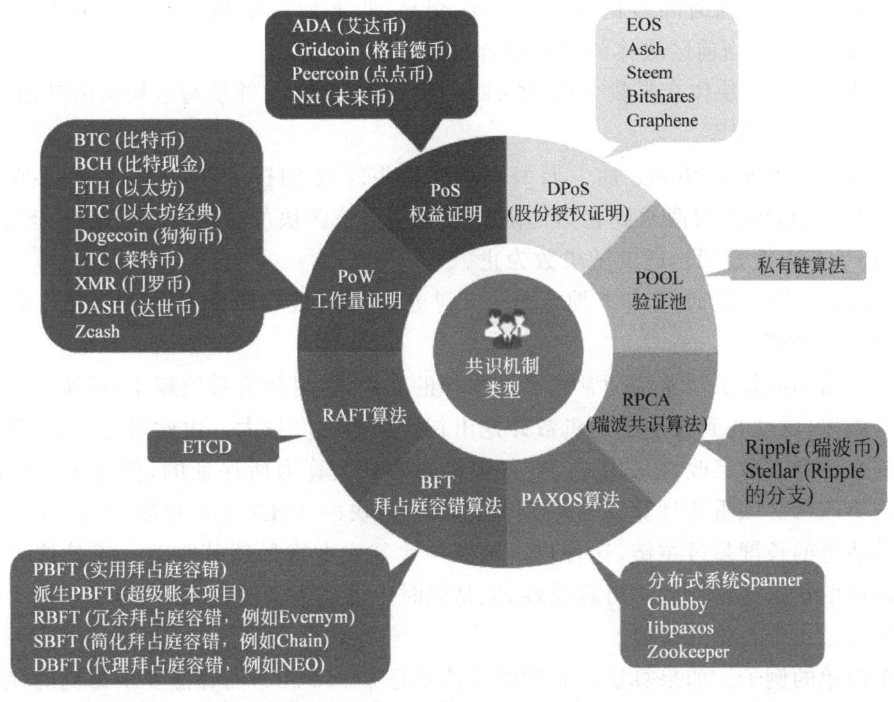

图 3-17 不同共识机制的代表性项目

因技术发展日新月异，图 3-17 所示的是截至 2021 年 12 月主流共识机制算法的代表性项目的概览。本书的目的并不是完整展示当前所有共识机制，而是仅描述那些当前作为创建区块链的技术选项而被热切讨论和探索的机制。本书并不进行学术讨论，所以对于共识机制的具体技术细节并没有深入讲解，仅仅是进行概略性的介绍。以下介绍的共识机制中大部分在区块链和分布式账本产生前已被应用。

1. PoW

工作量证明(Proof of Work，PoW，如图 3-18 所示)的主要特点是将解决计算困难问题所需要的计算代价作为新加入区块的凭证和获得的激励收益。

图 3-18 PoW 共识机制

中本聪在其比特币奠基性论文中设计了 PoW 共识机制，其核心思想是通过引入分布式节点的算力竞争来保证数据一致性和共识的安全性。比特币系统中，各节点（即矿工）基于各自的计算机算力相互竞争来共同解决一个求解复杂度很高但容易验证的 SHA-256 数学难题（即挖矿），最快解决该难题的节点将获得区块记账权和系统自动生成的比特币奖励。

该数学难题可表述为：根据当前难度值，通过搜索求解一个合适的随机数（Nonce），使得区块头中各元数据的双 SHA-256 哈希值小于或等于目标哈希值，比特币系统通过灵活调整随机数搜索的难度值，将区块的平均生成时间控制在 10min 左右。

一般来说，PoW 共识的随机数搜索过程如下。

第一步：搜集当前时间段的全网未确认交易，并增加一个用于发行新比特币奖励的 Coinbase 交易，形成当前区块体的交易集合。

第二步：计算区块体交易集合的 Merkle 根，记入区块头，并填写区块头的其他元数据，其中随机数 Nonce 置零。

第三步：将随机数 Nonce 加 1，计算当前区块头的双 SHA-256 哈希值，如果它小于或等于目标哈希值，则成功搜索到合适的随机数并获得该区块的记账权；否则继续执行第三步，直到任一节点搜索到合适的随机数为止。

第四步：如果一定时间内未搜索成功，则更新时间戳和未确认交易集合，重新计算 Merkle 根后继续搜索。

符合要求的区块头哈希值通常由多个前导的 0 构成，目标哈希值越小，区块头哈希值的前导的 0 越多，成功找到合适的随机数并挖出新区块的难度越大。由此可见，比特币区块链系统的安全性和不可篡改性是由 PoW 共识机制的强大算力所保证的，任何对于区块数据的攻击或篡改都必须重新计算该区块及其后所有区块的 SHA-256 难题，并且计算速度必须使得伪造链的长度超过主链，这种攻击难度导致其成本将远超其收益。正是这种机制保证了区块链的数据一致性和不可篡改性，但是同时也带来了资源浪费，甚至由于超大矿池的出现而失去了去中心化的优势。

举个简单的例子。如果算法得到的哈希值总是 0～10 000，而算法要求得到的（哈希值）小于 1，一台计算机如果每秒能够计算一次，那么平均每计算一万次，就有一次的值可能小于 1；或者反过来说，每次计算有万分之一的机会值小于 1。如果有一万个节点同时在计算，那么每秒都有可能有一个节点得到符合条件的结果，得到符合条件结果的节点就出块成功。而每秒得到结果的计算机都可能不一样，这样就获得了足够随机的结果。

2. PoS

权益证明（Proof of Stake，PoS，如图 3-19 所示）共识机制的主要特点以权益证明代替工作量证明，由具有最高权益的节点实现新区块加入并获得激励收益。

图 3-19　PoS 共识机制

由于工作量证明机制资源消耗大且计算资源趋于中心化，权益证明机制受到广泛关注。如果把工作量证明中的计算资源视为对区块进行投票的份额，那么权益证明就是将与系统相关的权益作为投票的份额。可以合理假设，权益的所有者更乐于维护系统的一致性和安全性。

假设网络同步性较高，系统以轮为单位运行，在每一轮的开始，节点验证自己是否可通过权益证明被选为代表，只有代表可以提出新的区块。代表在收到的最长的有效区块链后提出新的待定区块，并将自己生成的新的区块链广播出去，等待确认。下一轮开始时，重新选取代表，对上一轮的结果进行确认。诚实的代表会在最长的有效区块链后面继续工作。如此循环，共同维护区块链。

权益证明机制在一定程度上解决了工作量证明机制能耗大的问题，缩短了区块的产生时间和确认时间，提高了系统效率。权益证明每一轮产生多个通过验证的代表，也就是产生多个区块，在网络同步性较差的情况下，系统极易产生分叉，影响一致性。若恶意节点成为代表，就会通过控制网络通信，形成网络分区，向不同网络分区发送不同的待定区块，就会造成网络分叉，从而可进行二次支付攻击，严重影响系统的安全性。恶意节点也可以对诚实代表进行贿赂，破坏一致性。权益证明的关键在于如何选择恰当的权益，构造相应的验证算法，以保证系统的一致性和公平性。不当的权益会影响系统公平性。例如，PPCoin 采用币龄作为权益的一个因子，若节点在进入系统初期就保持一部分小额交易不用于支付，则其币龄足够大，该节点更容易被选为代表，影响系统公平性。

在 PoS 出现后，一些针对其某个缺点进行改进的新协议相继诞生，它们称作 PoS 的衍生协议，如 PoSV 和 PoA。

PoSV 针对 PoS 中币龄是时间的线性函数这一问题进行改进，致力于消除数字货币持有者的屯币现象。PoSV 意为权益和活动频率证明，是瑞迪币(Reddcoin)目前使用的共识机制，瑞迪币在前期使用 PoW 进行币的分发，后期使用 PoSV 维护网络的长期安全。PoSV 将 PoS 中币龄和时间的线性函数修改为指数级衰减函数，即币龄的增长率随时间逐渐减小，最后趋于零，因此新币的币龄比老币增长得更快，直到达到上限阈值，这样在一定程度上缓解了数字货币持有者屯币的现象。

PoA 意为行动证明，也是 PoS 的一种改进方案。它的本质是通过奖励参与度高的货币持有者而不是惩罚消极参与者来维护系统安全。PoA 将 PoW 和 PoS 结合，主要思想是将 PoW 挖矿生成币的一部分以抽奖的方式分发给所有活跃节点，而节点拥有的股权与抽奖券的数量即抽中概率成正比。

PoS 共识机制的实施过程始终是一个复杂的人性博弈过程。以太坊的 Casper FFG 版 PoS 机制将于以太坊第三阶段 Metropolis 的第二部分 Constantinople(君士坦丁堡)中投入使用，这是一种融合了改进的 PoS 共识和 PoW 共识的混合共识。以太坊 Casper FFG 版本的记账人选择和出块时间都由 PoW 共识完成，PoS 共识在每隔 100 个区块处设置检查点，为交易提供最终确认，这也是 PoW-PoS 混合共识机制优于 PoW 共识机制的原因。

3. DPoS

为了进一步加快交易速度，同时解决 PoS 中节点离线也能累积币龄的安全问题，Daniel Larimer 于 2014 年 4 月提出 DPoS。

股份授权证明(Delegated Proof of Stake，DPoS)是 PoS 的一个演化版本，首先通过 PoS 选出代表，进而从代表中选出区块生成者并获得收益。

DPoS 共识机制的基本思路类似于“董事会决策”，即系统中每个股东节点可以将其持有的股份权益作为选票授予一个代表，获得票数最多且愿意成为代表的前 101 个节点将进入“董事会”，按照既定的时间表轮流对交易进行打包结算并且签署(即生产)一个新区块。每个区块被签署之前必须先验证前一个区块已经被受信任的代表节点所签署，“董事会”的授权代表节点可以从每笔交易的手续费中获得收入，同时，要成为授权代表节点必须缴纳一定的保证金，其金额相当于生产一个区块的收入的100倍。授权代表节点必须对其他股东节点负责，如果它错过签署相对应的区块，股东将会收回选票，从而将该节点“投出”董事会。因此授权代表节点通常必须保证99%以上的在线时间以实现盈利目标。

显然，与PoW共识机制必须信任最高算力节点和PoS共识机制必须信任最高权益节点不同的是，DPoS共识机制中每个节点都能够自主决定其信任的授权节点，且由这些节点轮流记账和生成新区块，因而大幅减少了参与验证和记账的节点数量，可以实现快速共识验证。

采用DPoS机制的最典型的是EOS。EOS系统中共有21个超级节点和100个备用节点，超级节点和备用节点由EOS权益持有者选举产生。区块的生产以21个区块为一轮。在每轮开始的时候会选出21名区块生产者，前20名区块生产者由系统根据网络持币用户的投票数自动生成，最后一名区块生产者根据其得票数按概率生成。所选出的生产者会根据从区块时间戳导出的伪随机数轮流生产区块。

EOS结合了DPoS和BFT（拜占庭容错算法）的特性，在区块生成后即进入不可逆状态，因而具有良好的稳定性。DPoS作为PoS的变形，通过缩小选举节点的数量以减少网络压力，是一种典型的分治策略：将所有节点分为领导者与跟随者，只有领导者之间达成共识后才会通知跟随者。

DPoS为了实现更高的效率而设置的代理人制度，背离了区块链世界里人人可参与的基本精神，这也是EOS一直受质疑的地方。

4. RPCA

瑞波共识算法（Ripple Protocol Consensus Algorithm，RPCA）是一种数据正确性优先的网络交易同步算法，它是基于特殊节点（也称“网关”节点）列表达成的共识。在这种共识机制下，必须首先确定若干个初始特殊节点，如果要新接入一个节点，必须获得至少51%的初始节点的确认，并且只能由被确认的节点产生区块。

瑞波共识机制的工作原理如下。

第一步：验证节点接收并存储待验证交易，将其存储在本地。本轮共识过程中新到的交易需要等待，在下次共识时再确认。

第二步：由活跃的信任节点发送提议。信任节点列表是验证池的一个子集，其信任节点来源于验证池，参与共识过程的信任节点须处于活跃状态，验证节点与信任节点都需要处于活跃状态，长期不活跃的节点将被从信任节点列表中删除。信任节点根据自身掌握的交易双方额度、交易历史等信息对交易做出判断，并加入提议中进行发送。

第三步：本验证节点检查收到的提议是否来自信任节点列表中的合法信任节点，如果是，则存储；如果不是，则丢弃。

第四步：验证节点根据提议确定认可的交易列表，假定信任节点列表中活跃的信任节点个数为M（如5），本轮中交易认可阈值为N（百分比，如50%），则每个超过$M \times N$个信任节点认可的交易都将被本验证节点认可，本验证节点生成认可交易列表。系统为本验证节点设置一个计时器，如果计时器时间已到，本信任节点需要发送自己的认可交易列表。

第五步：账本共识达成。本验证节点仍然在接收来自信任节点列表中信任节点的提议，并持续更新认可交易列表。验证节点认可列表的生成并不代表最终账本的形成以及共识的达成，账本共识只有在每笔交易都获得至少超过一定阈值（如80%）的信任节点列表的认可才能达成，达成时交易验证结束，否则继续上述过程。

第六步：共识过程结束，形成最新的账本，将剩余的待确认交易以及新交易纳入待确认交易列表，开始新一轮共识过程。

瑞波共识机制使得一组节点能够基于特殊节点列表达成共识。初始特殊节点列表就像一个俱乐部，要接纳一个新成员，必须由一定比例的该俱乐部会员投票通过。因此，它区别于其他共识机制的主要因素是有一定的"中心化"。

5. PAXOS

PAXOS是一种基于消息传递且具有高度容错性的一致性算法，它将节点分为3种类型，如图3-20所示。

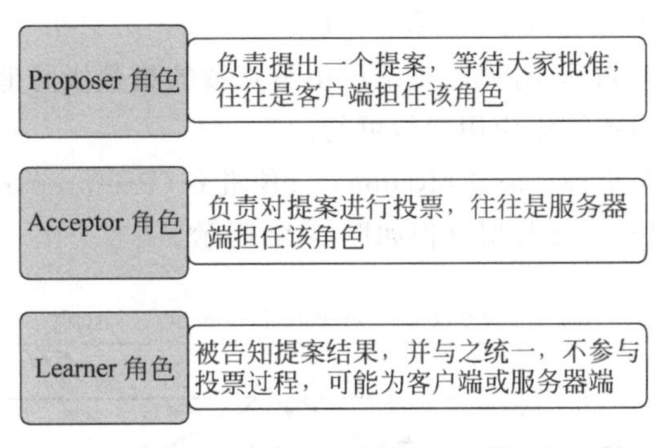

图3-20　PAXOS的三种节点类型

基本共识过程是先由Proposer提出提案，争取大多数Acceptor的支持，如果超过一半的Acceptor支持，则发送结案结果给所有人进行确认。如果Proposer在此过程中出现故障，可以通过超时机制来解决。在极为凑巧（概率很小）的情况下，每次新的一轮提案的Proposer都恰好故障，系统则永远无法达成一致。

第一阶段，Proposer向网络内超过半数的Acceptor发送Prepare消息，Acceptor正常情况下回复Promise消息。

第二阶段，在有足够多Acceptor回复Promise消息时，Proposer发送Accept消息，正常情况下Acceptor回复Accepted消息。PAXOS中3类角色的主要交互过程发生在Proposer和Acceptor之间，如图3-21所示，其中1、2、3、4代表顺序。

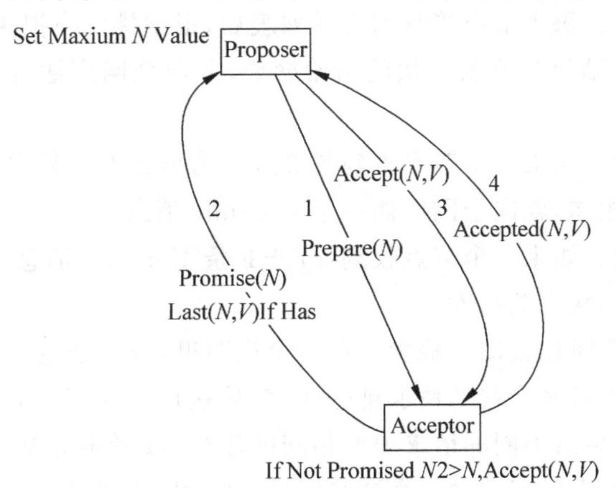

图3-21　Proposer和Acceptor交互过程

PAXOS 协议用于微信 PaxosStore 中，微信每分钟调用 PAXOS 协议过程的次数达 10 亿量级。PAXOS 协议用于分布式系统中的典型例子就是 Zookeeper，它是第一个被证明的共识算法，其原理基于两阶段提交并进行了扩展。

6. BFT

拜占庭将军问题提出后，很多的算法被提出用于解决这个问题，这类算法统称拜占庭容错(Byzantine Fault Tolerance，BFT)算法。BFT 从 20 世纪 80 年代开始研究，目前已经是一个研究得比较透彻的理论，具体实现都已经有现成的算法。

7. PBFT

最常用的 BFT 共识机制是实用拜占庭容错(Practical Byzantine Fault Tolerance，PBFT)算法。该算法是 Miguel Castro 和 Barbara Liskov 在 1999 年提出的，解决了原始拜占庭容错算法效率不高的问题，将算法复杂度由节点数的指数级降低到节点数的平方级，使得拜占庭容错算法在实际系统中应用变得可行。

PBFT 算法分为 5 个阶段：请求(Request)、预准备(Pre-prepare)、准备 (Prepare)、确认(Commit)、回复(Reply)。其共识过程如图 3-22 所示。

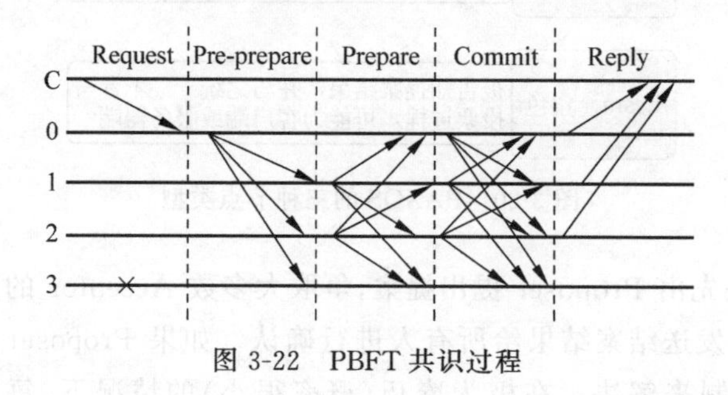

图 3-22　PBFT 共识过程

图 3-22 中 C 为发送请求端，0、1、2、3 为服务端，3 为宕机的服务端，具体步骤如下。

第一步，请求阶段。从全网节点中选举出一个主节点(Leader)，这里是 0，新区块由主节点负责生成，请求端 C 发送请求到主节点。

第二步，预准备阶段。每个节点把客户端发来的交易向全网广播，主节点 0 将从网络收集到的、需要放在新区块内的多个交易排序后存入列表，并将该列表向全网广播，扩散至节点 1、2、3。

第三步，准备阶段。每个节点接收到交易列表后，根据排序模拟执行这些交易。所有交易执行完后，基于交易结果计算新区块的哈希摘要，并向全网广播，1→023，2→013，3 因为宕机无法广播。

第四步，确认阶段。如果一个节点收到的 $2f$(f 为可容忍的拜占庭节点数)个其他节点发来的摘要都和自己相同，就向全网广播一条 Commit 消息。

第五步，回复阶段。如果一个节点收到 $2f+1$ 条 Commit 消息，即可提交新区块及其交易到本地的区块链和状态数据库。

这种机制下有一个叫作视图的概念。在一个视图里，一个是主节点，其余的都叫作备份节点。主节点负责将来自客户端的请求排好序，然后按序发送给备份节点。但是主节点可能是有问题的，它可能会给不同的请求加上相同的序号，或者不分配序号，或者让相邻的序号不连续。备份节点有责任来主动检查这些序号 的合法性，并能通过超时机制检测到主节点是否已经宕机。当出现这些异常情况时，这些备份节点就会触发视图更换协议，选举出新的主节点。

8. DBFT

考虑到 BFT 算法存在的扩容性问题，NEO 采用了一种代理拜占庭容错算法（Delegated Byzantine Fault Tolerant，DBFT）。它与 EOS 的 DPoS 共识机制一样，由权益持有者投票选举产生代理记账人，由代理人验证和生成区块，借此大幅度降低共识过程中的节点数量，解决了 BFT 算法固有的扩容性问题。

为了便于在区块链开放系统中应用，NEO 的 DBFT 将 PBFT 中的 C/S（客户机/服务器）架构的请求响应模式，改进为适合 P2P 网络的对等节点模式，并将静态的共识参与节点改进为可动态进入、退出的动态共识参与节点，使其适用于区块链的开放节点环境。

DBFT 算法中，参与记账的是超级节点，普通节点可以看到共识过程，并同步账本信息，但不参与记账。共 n 个超级节点，分为 1 个议长和 $n-1$ 个议员，议长由议员轮流当选。每次记账时，先由议长发起区块提案（拟记账的区块内容），一旦有至少 $(2n+1)/3$ 个记账节点（议长和议员）同意了这个提案，那么这个提案就成为最终发布的区块，并且该区块是不可逆的，即所有其中的交易都是百分之百确认的，区块不会分叉。

9. RAFT

RAFT 算法是对 PAXOS 算法的一种简单实现。其核心思想是如果多个数据库的初始状态一致，只要之后进行的操作一致，就能保证之后的数据一致。因此 RAFT 使用日志方式进行同步，并且将服务器分为 3 种角色：Leader、Follower、Candidate，角色之间可以互相转换，如图 3-23 所示。

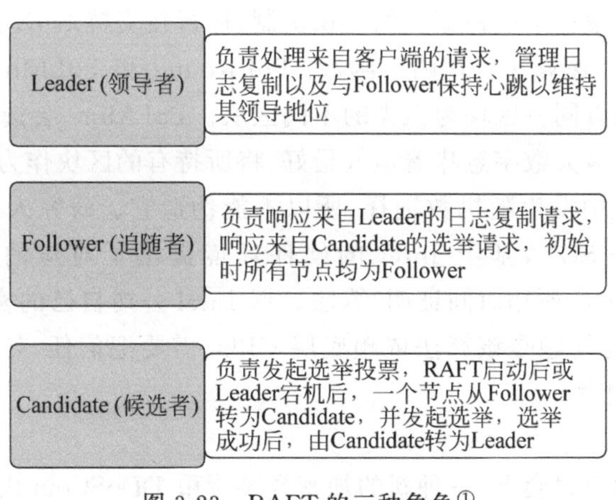

图 3-23 RAFT 的三种角色[①]

RAFT 算法主要包含以下两个步骤。

第一步，选举 Leader。Follower 自增当前任期，转换为 Candidate，对自己投票，并发起投票申请，等待下面 3 种情形之一发生：一是获得超过半数服务器的投票，赢得选举，成为 Leader；二是另一台服务器赢得选举，并接收到对应的心跳，成为 Follower；三是选举超

① 图中的心跳机制是指节点定时发送一个自定义的数据结构（心跳包），让其他节点知道它在线，以确保连接有效性的机制。

时,没有任何一台服务器赢得选举,自增当前任期,重新发起选举。

第二步,Leader 生成日志,并与 Follower 进行心跳同步。Leader 接受客户端请求,更新日志,向所有 Follower 发送心跳信息,并同步日志。所有 Follower 都有选举超时机制,如果在设定时间之内没有收到 Leader 的心跳信息,则认为 Leader 失效,重新选举 Leader。在 RAFT 算法中,日志的流向只有从 Leader 到 Follower,并且 Leader 不能覆盖日志,日志不是最新版本者不能成为 Candidate。

10. POOL

POOL(验证池)共识基于传统的分布式一致性技术,并加上了数据验证机制,这种共识机制的主要特点是基于当前成熟的分布式一致性算法(PBFT、PAXOS、RAFT 等)来实现秒级共识验证,是目前在私有链和联盟链中大范围使用的共识机制,此处不再赘述。

除了常见的上述几类共识机制,在区块链的实际应用过程中也衍生出了 PoW+PoS、行动证明(Proof of activity)等多个变种机制。还存在着五花八门的依据业务逻辑自定义的共识机制,如小蚁的"中性记账"、类似瑞波共识的 Stellar 共识机制、Factom 等众多以"侧链"形式存在的共识机制,这些共识机制各有优劣势。比特币的 PoW 共识机制依靠其先发优势已经形成成熟的挖矿产业链,支持者众多;而 PoS 和 DPoS 等新兴机制则更为安全、环保和高效,从而使得共识机制的选择问题成为区块链系统研究者最不易达成共识的问题。

11. 混合共识算法及其他

1) Proof of Luck

美国加利福尼亚大学伯克利分校的研究人员基于 TEEs(Trust Execution Environments,可执行信任环境)算法设计了一种新型的共识机制,运行在支持 SGX 的 CPU 上,来抵御挖矿以及对能源的消耗。该算法包含两个函数:PoLRound 和 PoLMine,其中所有参与者都运行这两个函数,得到以同一区块为祖先的不同区块。PoLMine 会选择一个介于 0 到 1 之间的随机数字(运气),最大数字意味着运气最好,将所持有的区块作为区块链中的下一个区块。由于在 SGX 环境中发生随机数选择,所以不能伪造它。研究人员在论文中使用的是 Intel 公司的 TEE——SGX,基于 Intel 的硬件环境提出了对应的共识协议——POET(Proof Of Elapsed Time,所用时间证明)算法。据 Intel 公司自己的实验数据,该算法可以拓展到数千节点。但是问题是该算法依赖底层 CPU,需要把信任 交给 Intel 公司,这与区块链去中心化的思想相悖。

2) PoDD

在 USENIX 技术研讨会上,一种新的加密数字货币 DDoSCoin 由科罗拉多大学和密歇根大学的研究人员提出,旨在奖励用户使用他们的计算机参与 DDoS 攻击。在 DDoSCoin 中,矿工工作量的计算是依据建立的 TLS 连接,这导致其只适用于已启用 TLS 加密的网站。他们使用的共识机制就是 PoDD(Proof of DDoS),参与 DDoS 攻击会给矿工带来数字货币奖励,矿工便可将货币转换成比特币或其他法定货币,这可以认为是 PoW 的另一种形式。恶意的"DDoS 身份验证"操作是让矿工连接到 Web 服务器。将响应作为链接证据。在现代版本的 TLS 中,服务器在握手过程中签署客户端提供的参数,并在连接的密钥交换中使用服务器提供的值,这允许客户端向其他人证明其已经与服务器通信。此外,服务器返回的签名值对于客户端来说是不可预知且随机分布的。

3) PoB

PoB(Proof of burn)即烧毁证明,和开发比特币的过程也很相似。但 PoB 是通过将货币转移到不可逆转的地址上以销毁货币,而不是投资到计算硬件上。这种转移也叫作“燃烧”,货币被转到了某个很难找到的地址。

创建新区块的人必须为创建新的货币支付费用。这些费用将按照预先规定的比例或者算法转换为新的货币。合约币(XCP)就是通过烧毁比特币而产生的。

3.6 习 题

1. 以比特币为例,说明区块链技术的特征。

2. 简述对称加密与非对称加密的异同。

3. 区块链的本质是一个去中心化的分布式账本。那么,所谓的中心化指什么?去中心化的分布式账本与中心化的账户有什么区别?你能讲出几个生活中去中心化和中心化的不同场景吗?

4. 共识算法是区块链技术的重要组成部分,现实世界中共识就是一群人对一件或者多件事情达成一致的看法或协议。那么在区块链的世界中,共识是什么?说出几种共识算法,并说明它们之间的区别。

第4章

开源区块链

本章思维导图

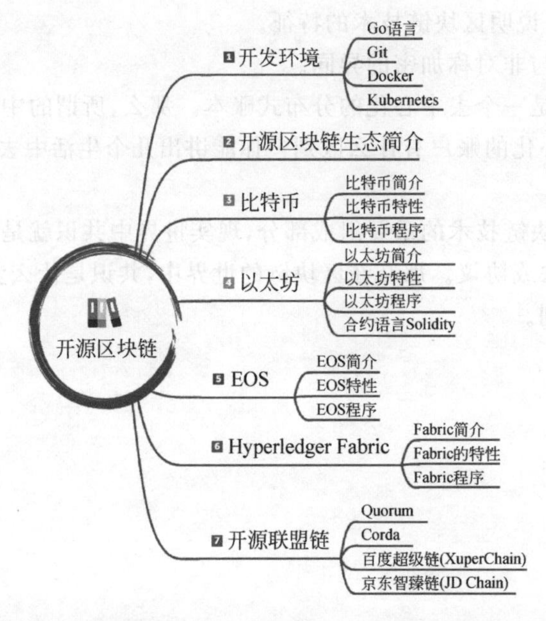

第3章系统介绍了区块链的相关技术，本章重点介绍开源的区块链。在开始学习本章之前，读者需要有一些编程基础，包括Linux、Docker和Git，熟悉相关的开发语言和开发工具。目前市场上的主流开源区块链使用C/C++和Go语言实现，少数基于Java语言实现(如Corda、京东智臻链)，使用的开发工具有Idea、GoLand、Visual Studio Code等。下面先介绍运行开源区块链所需要的技术和工具，以及当前的区块链开源生态，然后逐个介绍主流的开源区块链，如大家熟知的比特币、以太坊、EOS、Hyperledger Fabric，以及百度超级链和京东智臻链等。

4.1 开发环境

关于C/C++和Java，市面上有大量书籍，这里不做赘述。Go语言出现的时间比较短，而且EOS、百度超级链等基于Go语言开发，因此本节对Go语言进行简要介绍，如需深入了解，读者可上网搜索相关书籍和文章。开源区块链一般发布在GitHub上，读者需要对源代码管理工具Git比较熟悉。同时，一般推荐采用Docker运行区块链，因此读者也需要对Docker这个工具比较熟悉，本节一并进行简单介绍。

4.1.1　Go 语言

Go 是一个开源的编程语言，方便开发简单、高效、安全可靠的软件。

Go 语言最初是由 Google 公司的罗伯特·格瑞史莫(Robert Griesemer)、罗勃·派克(Rob Pike)及肯·汤普逊(Ken Thompson)三位"大牛"于 2007 年设计的。其设计初衷主要是向业内对于 C++11 超级复杂的特性的"吹捧"表示鄙视，最终目标是设计一种网络和多核时代下的类 C 语言。后来还吸引了 Ian Lance Taylor、Russ Cox 等加入。Go 语言最初是基于 Inferno 操作系统开发的，最终于 2009 年 11 月正式发布，成为开源项目，并在 Linux 及 Mac OS X 上进行了实现，后来又在 Windows 上实现。2012 年，发布了稳定版本 Go 1。现在 Go 语言的开发完全开放，并且拥有一个活跃的社区。

1. Go 语言的特点

- 简洁、快速、安全、并行、开源；
- 具有内存管理、数组安全机制，秒级编译完成；
- 具有自动垃圾回收；
- 具有丰富的内置类型；
- 静态链接；
- 函数多返回值；
- 错误处理；
- 匿名函数和闭包；
- 并发编程。

Go 语言反对函数和操作符重载(overload)，而 C++、Java 和 C# 都允许出现同名函数或操作符，只要它们的参数列表不同。虽然重载解决了一小部分面向对象编程(OOP)问题，但同样给这些语言带来了极大的负担。而 Go 语言有着完全不同的设计哲学，既然函数重载带来了负担，并且这个特性并不对解决任何问题有显著的价值，那么 Go 语言就不支持。

Go 语言支持类、类成员方法、类的组合，但反对继承，反对虚函数(virtual function)和虚函数重载。确切地说，Go 语言也提供了继承，只不过是采用了组合的文法来提供。

在 Go 语言中有以下强制规定，当程序不符合以下规定时编译将会产生错误。

(1) 每行程序结束后不需要加分号(;)。

(2) 大括号({)不能够换行放置。

(3) if 判断和 for 循环不需要用小括号括起来。

Go 语言也有内置工具 gofmt，能够自动整理代码多余的空白，对齐变量名称，并将对齐空格转换成 Tab。

Go 语言和 Java、C 的对比如表 4-1 所示。

表 4-1　Go、Java、C 三种语言的对比

语言	类型	特　性
Go	编译型	支持垃圾回收、接口和反射
Java	解释型	支持垃圾回收、接口和反射
C	编译型	不支持垃圾回收、接口和反射

2. Go 语言的并发编程

Go 语言被设计成一种应用于搭载 Web 服务器、存储集群或类似用途的巨型中央服务器的系统编程语言。

对于高性能分布式系统领域而言，Go 语言无疑比大多数其他语言有着更高的开发效率。它提供了海量并行的支持，这对于游戏服务端的开发而言是再好不过了。

Go 语言引入了 goroutine 概念，它使得并发编程变得非常简单。通过使用 goroutine 而不使用操作系统的并发机制，使用消息传递来共享内存，而不使用共享内存来通信，Go 语言让并发编程变得更加"轻盈"和安全。

在函数调用前使用关键字 go，即可让该函数以 goroutine 方式执行。goroutine 是一种比线程更加"轻盈"、更节省资源的协程。Go 语言通过系统的线程来多路派遣这些函数的执行，使得每个用 go 关键字执行的函数可以作为一个单位协程来运行。当一个协程阻塞的时候，调度器就会自动把其他协程安排到另外的线程中去执行，从而实现了程序的无等待、并行化运行。而且调度的开销非常小，一颗 CPU 调度的规模不低于每秒百万次，这使得我们能够创建大量的 goroutine，从而可以很轻松地编写高并发程序。

3. Go 语言的安装

Go 语言安装包的下载地址为 https://golang. google. cn/dl/。下载界面如图 4-1 所示。

Downloads

After downloading a binary release suitable for your system, please follow the installation instructions.

If you are building from source, follow the source installation instructions.

See the release history for more information about Go releases.

As of Go 1.13, the go command by default downloads and authenticates modules using the Go module mirror and Go checksum database run by Google. See https://proxy.golang.org/privacy for privacy information about these services and the go command documentation for configuration details including how to disable the use of these servers or use different ones.

Featured downloads

Microsoft Windows
Windows 7 or later, Intel 64-bit processor
go1.14.1.windows-amd64.msi (115MB)

Apple macOS
macOS 10.11 or later, Intel 64-bit processor
go1.14.1.darwin-amd64.pkg (120MB)

Linux
Linux 2.6.23 or later, Intel 64-bit processor
go1.14.1.linux-amd64.tar.gz (118MB)

Source
go1.14.1.src.tar.gz (21MB)

图 4-1 Go 语言下载界面

GOROOT 就是 Go 语言的安装路径，安装完成后需要设置 GOPATH 路径。

1）Linux 下的安装

(1) 下载二进制包，即 go1. 14.1. linux-amd64. tar. gz。

(2) 将下载的二进制包解压到 /usr/local 目录。

```
$ tar -C /usr/local -xzf go1.14.1.linux-amd64.tar.gz
```

(3) 将 /usr/local/go/bin 目录添加到 PATH 环境变量，并设置 GOPATH 环境变量。

```
export PATH=$PATH:/usr/local/go/bin
```

```
export GOPATH = ~/gopath
```

2) Windows 下的安装

(1) 打开对应的.msi 文件进行安装。

(2) 默认安装在 C:\Go 目录下，将 C:\Go\bin 目录添加到 PATH 环境变量；同时设置 GOPATH 环境变量，如 D:\gopath。Windows 环境变量的设置如图 4-2 所示。

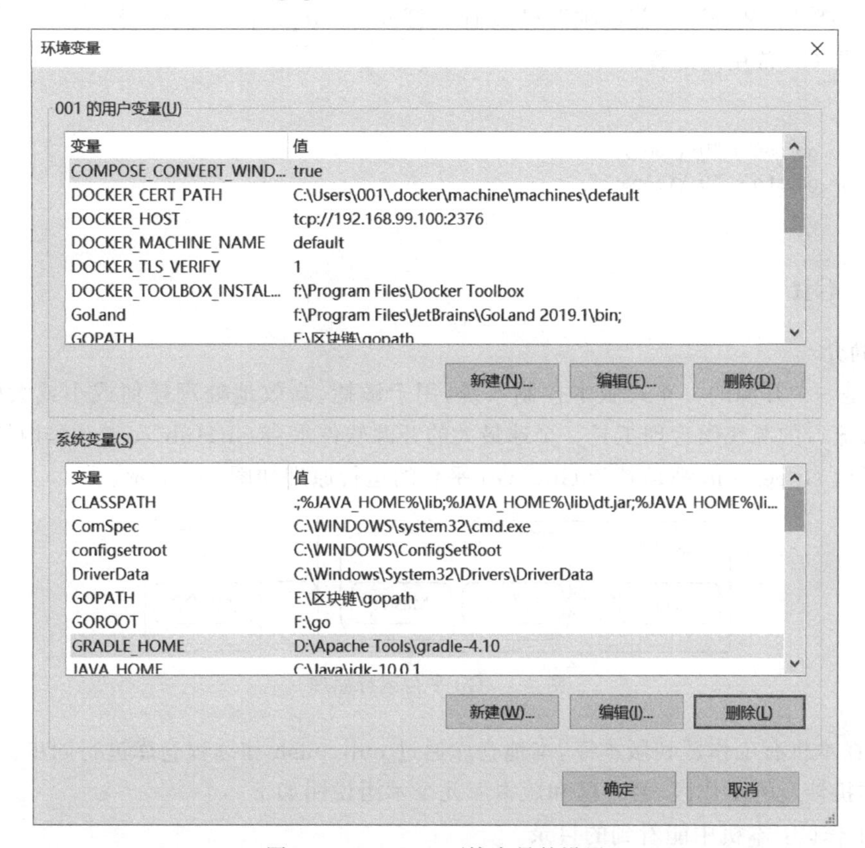

图 4-2　Windows 环境变量的设置

(3) 环境变量设置好后，可以通过 go env 命令进行测试。

在~/.bash_profile 中添加以下语句：

```
export $PATH: $GOROOT/bin
```

Windows 需要使用";"分隔两个路径，Mac 和类 UNIX 都用":"分隔。

go install/go get 和 Go 的工具会用到 GOPATH 环境变量。

GOPATH 是编译后二进制的存放目的地和 import 包时的搜索路径（其实也是工作目录，用户可以在 src 下创建自己的 Go 源文件，然后开始工作）。

GOPATH 主要包含三个目录：bin、pkg、src。bin 目录主要存放可执行文件；pkg 目录存放编译好的库文件，主要是 *.a 文件；src 目录主要存放 Go 源文件。

不要把 GOPATH 设置成 Go 语言的安装路径。可以自己在用户目录下面创建一个子目录，如 gopath。

4. Go 语言的开发工具

推荐的开发工具为 goLand、VSCode(Visual Studio Code)。

VSCode 安装包的下载地址为 https://code.visualstudio.com/Download。

在 VSCode 中,使用快捷键 Ctrl+Shift+X 打开扩展命令面板,输入 go 进行搜索,然后选择 Go for Visual Studio Code 插件进行安装。

选择菜单项"文件"→"首选项"→"设置",打开 settings.json 文件,修改用户设置。可以如下设置 Go 常用的配置:

```
{
    "go.goroot": "D:\\Go",
    "go.gopath": "D:\\gopath"
}
```

4.1.2 Git

1. 简介

Git 是一个开源的分布式版本控制系统,用于敏捷、高效地处理任何或小或大的项目,是当前最流行的源代码管理工具。全球最大的开源软件平台 GitHub.com 和国内最大的开源软件平台 Gitee.com 都是基于 Git。Git 平台的运行原理如图 4-3 所示。

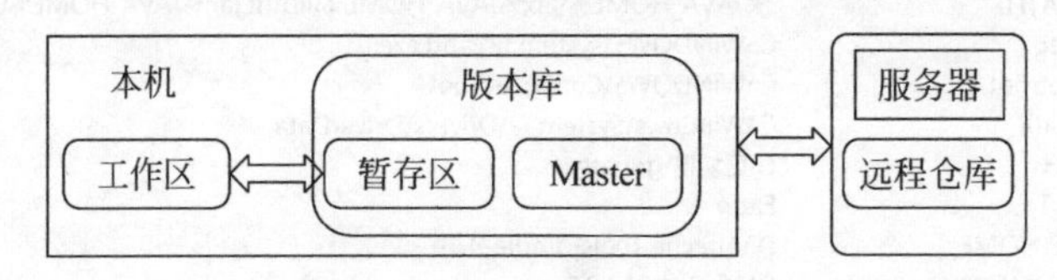

图 4-3 Git 平台运行原理

Git 在本机有工作区和版本库,本地仓库通过 pull、push 和远程仓库进行同步。

对本机涉及的工作区、暂存区和版本库几个术语说明如下。

- 工作区:本机中能看到的目录。
- 暂存区:英文名称是 stage。一般存放在.git 目录下的 index 文件(.git/index)中,所以有时也称作索引(index)。
- 版本库:工作区有一个隐藏目录.git,这个目录不算是工作区,而是 Git 的版本库。HEAD 为指向 Master 的指针,本机版本库如图 4-4 所示。

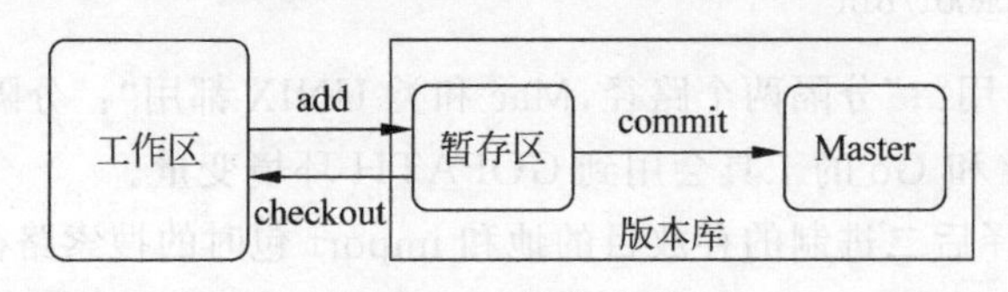

图 4-4 本机版本库

git add 命令把文件修改添加到暂存区,git commit 把暂存区的所有内容提交到当前分支。

Git 客户端工具有 IDE 自带的 Git 工具、TortoiseGit、SourceTree 等。

2. 基本命令

克隆一个 Git 仓库到本地的命令格式如下：

```
git clone <repo> <directory>
```

创建分支的命令格式如下：

```
git branch {branchname}
```

切换分支的命令格式如下：

```
git checkout {branchname}
```

增加并提交一个文件到 Git 远程仓库的命令格式如下：

```
git add {文件名}
git pull
git commit -m {提交说明}
git push
```

4.1.3 Docker

Docker 一般会和编排容器(Kubernetes，K8S)一起使用，4.1.4 节会对 Kubernetes 进行简单介绍。

1. Docker 简介

Docker 是一个开源的应用容器引擎，可以让开发者将应用、配置及依赖包打包为一个可移植的镜像，然后发布到任意的 Linux 或 Windows 系统，也可以实现虚拟化。容器完全使用沙箱机制，相互之间不会有任何接口。

Docker 是由 PaaS 提供商 dotCloud 开源的、一个基于 LXC 的高级容器引擎，它基于 Go 语言开发，源代码托管在 GitHub 上，并遵从 Apache 2.0 协议进行开源。

一个完整的 Docker 由以下几部分组成：

- DockerClient(客户端)；
- Docker Daemon(守护进程)；
- Docker Image(镜像)；
- DockerContainer(容器)。

Docker 采用 C/S 架构，Docker Daemon 作为服务端接收来自客户端的请求，并处理这些请求(创建、运行、分发容器)。客户端和服务端既可以运行在同一台计算机上，也可运行在不同服务器上，通过 Socket 来进行通信。

2. Docker 的原理

Docker 利用 Linux 内核虚拟机化技术(LXC，Linux Containers)，提供轻量级的虚拟化，以便隔离进程和资源。LXC 不是硬件的虚拟化，而是 Linux 内核级别的虚拟机化，相对于传统的虚拟机，节省了很多硬件资源。

LXC 是一个抽象层，利用内核 namespace 技术进行进程隔离。其中 pid、net、ipc、mnt、uts 等 namespace 将 container 的进程、网络、消息、文件系统和 hostname 隔离开，为用户空间应用程序提供了一个简单的 API 来创建和管理容器。

LXC利用宿主机共享的资源，虽然用namespace进行隔离，但是资源使用没有受到限制，这里就需要利用Control Group技术对资源使用进行限制，如设定优先级等。

3. Docker的特点

Docker本身并不是容器，而是创建容器的工具，是应用容器引擎。Docker镜像中包含了运行环境和配置，所以Docker可以简化部署多种应用实例的工作。

Docker技术涉及三大核心概念，说明如下。

镜像(Image)：镜像是一个只读的模板，可以用来创建Docker容器。镜像是一种文件结构，Dockerfile是一个用来构建镜像的文本文件，文本内容包含一条条构建镜像所需的命令和说明。Dockerfile中的每条命令都会在文件系统中创建一个新的层次结构。Docker官方网站存储着所有可用的镜像，网址是index. docker. io。

容器(Container)：镜像和容器的关系就像面向对象程序设计中的类和实例一样，镜像是静态的定义，容器是镜像运行时的实体，有镜像才能创建容器。容器可以被创建、启动、停止、删除、暂停等。每个容器都是相互隔离的、保证安全的平台。

仓库(Repository)：仓库可看作一个代码控制中心，用来保存镜像。仓库是集中存放镜像文件的场所，仓库注册服务器(Registry)上往往存放着多个仓库，每个仓库中又包含多个镜像，每个镜像有不同的标签(Tag)。目前，最大的公开仓库是Docker Hub，存放了数量庞大的镜像供用户下载。

4. 容器与虚拟化的区别

虚拟化技术是指将物理资源以某种技术虚拟成资源池的形式，主要有"一虚多"和"多虚一"两种形式，常见虚拟化软件为Vmware。比如计算机上安装Vmware软件后，就可以在这个软件上安装其他系统，如Windows、Macintosh、Linux等，实现一台计算机承载多个系统。

容器相比于虚拟机更加轻量级，启动更快(秒级)，可移植性更好。表4-2为容器和虚拟机的对比。

表4-2 容器与虚拟机的特性对比

特 性	容 器	虚 拟 机
隔离级别	进程级	操作系统级
隔离策略	CGroups	Hypervisor
占用的系统资源	0～5%	5%～15%
启动时间	秒级	分钟级
镜像存储	KB或MB	GB或TB
集群规模	上万	上百
高可用策略	弹性、负载、动态	备份、容灾、迁移

虚拟机是在硬件物理资源的基础上虚拟出多个操作系统，然后在操作系统的基础上构建相对独立的程序运行环境，而Docker则是在操作系统的基础上进行虚拟，因此Docker的量级轻很多，其资源占用和性能消耗相比于虚拟机都有很大优势。虚拟机是操作系统级别的资源隔离，而容器本质上是进程级的资源隔离，如图4-5所示。

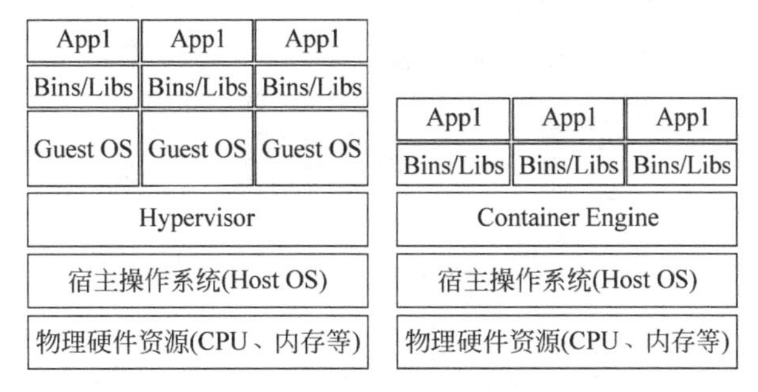

图 4-5 虚拟化与容器化的层级对比

5. Docker 的安装

（1）Windows 下的安装。

在 Windows 7、Windows 8 等系统下需要利用 Docker Toolbox 来安装 Docker，国内可以使用阿里云的镜像下载，下载地址为 http://mirrors. aliyun. com/docker-toolbox/windows/docker-toolbox/。安装过程如图 4-6 所示。

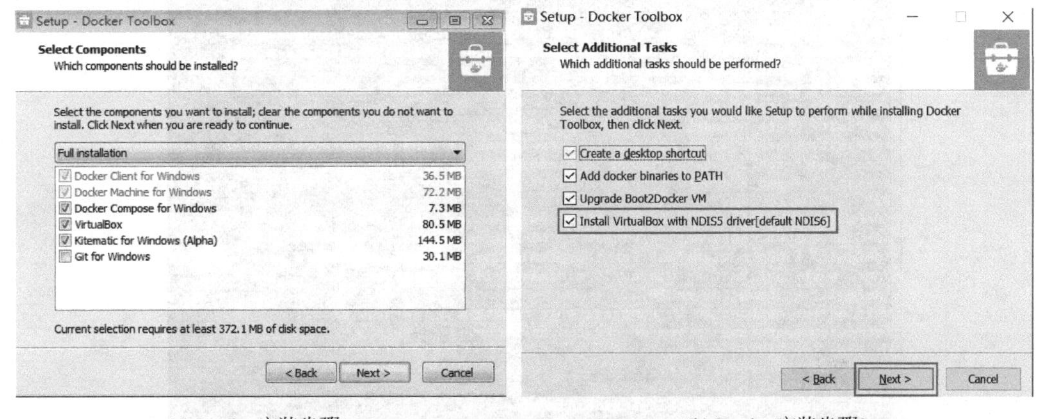

(a) Docker安装步骤1　　(b) Docker安装步骤2

图 4-6 Docker 的安装

Docker Toolbox 是一个工具集，主要包含以下工具：

- Docker CLI 为客户端，用来运行 Docker 引擎，创建镜像和容器；
- Docker Machine 可以让你在 Windows 的命令行中运行 Docker 引擎命令；
- Docker Compose 用来运行 docker-compose 命令；
- Kitematic 为 Docker 的 GUI 版本；
- Docker QuickStart shell 是一个已经配置好 Docker 的命令行环境；
- Oracle VMVirtualbox 为虚拟机。

Docker 有专门的 Windows 10 专业版系统的安装包，需要开启 Hyper-V。

打开“控制面板”，选择“程序和功能”→“启用或关闭 Windows 功能”，在弹出的“Windows 功能”对话框中勾选 Hyper-V，然后单击“确定”按钮即可，如图 4-7 所示。

打开 Docker Quickstart Terminal，等待初始化，如图 4-8 所示。

初始化完毕，进入 Docker 命令模式，如图 4-9 所示。

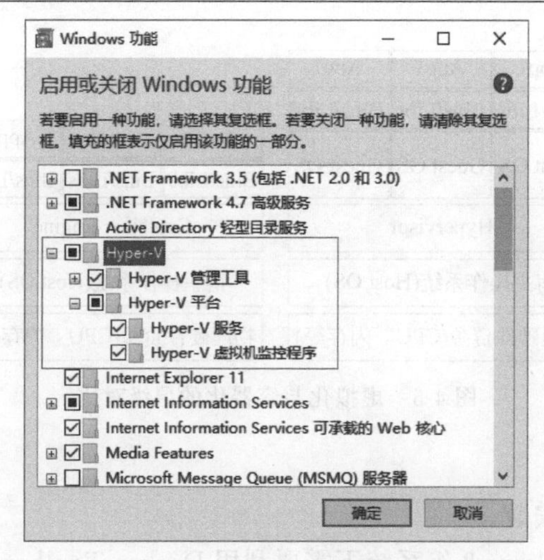

Windows 功能
启用或关闭 Windows 功能
若要启用一种功能，请选择其复选框。若要关闭一种功能，请清除其复选框。填充的框表示仅启用该功能的一部分。
.NET Framework 3.5 (包括 .NET 2.0 和 3.0)
.NET Framework 4.7 高级服务
Active Directory 轻型目录服务
Hyper-V
Hyper-V 管理工具
Hyper-V 平台
Hyper-V 服务
Hyper-V 虚拟机监控程序
Internet Explorer 11
Internet Information Services
Internet Information Services 可承载的 Web 核心
Media Features
Microsoft Message Queue (MSMQ) 服务器
确定
取消

图 4-7　Windows 功能设置

MINGW64:/c/Program Files/Docker Toolbox
Running pre-create checks...
Creating machine...
(default) Copying C:\Users\Administrator\.docker\machine\cache\boot2docker.iso to C:\Users\Administrator\.docker\machine\machines\default\boot2docker.iso...
(default) Creating VirtualBox VM...
(default) Creating SSH key...
(default) Starting the VM...
(default) Check network to re-create if needed...
(default) Windows might ask for the permission to create a network adapter. Sometimes, such confirmation window is minimized in the taskbar.
(default) Found a new host-only adapter: "VirtualBox Host-Only Ethernet Adapter #2"
(default) Windows might ask for the permission to configure a network adapter. Sometimes, such confirmation window is minimized in the taskbar.
(default) Windows might ask for the permission to configure a dhcp server. Sometimes, such confirmation window is minimized in the taskbar.
(default) Waiting for an IP...
Waiting for machine to be running, this may take a few minutes...
Detecting operating system of created instance...
Waiting for SSH to be available...
Detecting the provisioner...
Provisioning with boot2docker...
Copying certs to the local machine directory...
Copying certs to the remote machine...
Setting Docker configuration on the remote daemon...

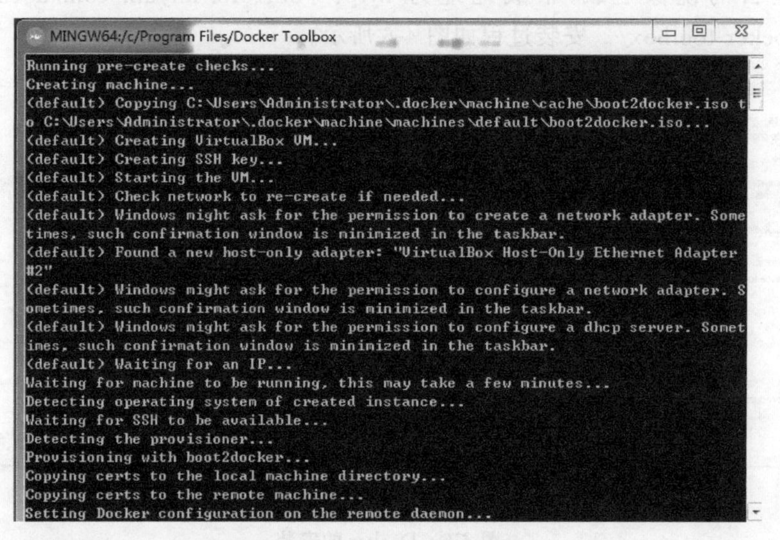

图 4-8　Docker 启动过程

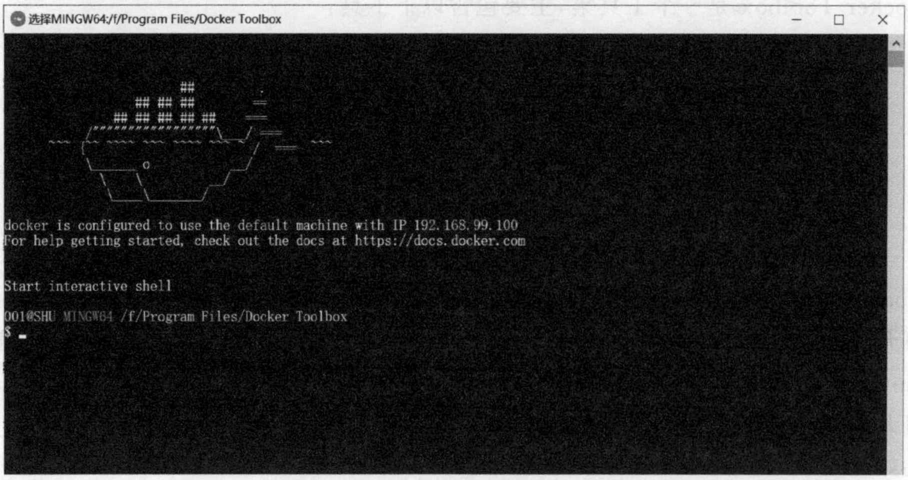

选择MINGW64:/f/Program Files/Docker Toolbox
docker is configured to use the default machine with IP 192.168.99.100
For help getting started, check out the docs at https://docs.docker.com
Start interactive shell
001@SHU MINGW64 /f/Program Files/Docker Toolbox
$

图 4-9　Docker 命令模式

(2) Linux 下安装 Docker 的版本要求及安装命令如表 4-3 所示。

表 4-3　Linux 下安装 Docker

操作系统	版　本	安 装 命 令
Ubuntu	• Xenial 16.04 (LTS) • Bionic 18.04 (LTS) • Cosmic 18.10 • Disco 19.04 • 更高版本	(设置 apt 仓库) $ sudo apt-get install docker-ce docker-ce-cli containerd.io
CentOS	• CentOS 7 • CentOS 8 • 更高版本	(设置 repo 仓库,如阿里镜像源) $ sudo yum install docker-ce docker-ce-cli containerd.io

6. 基本操作命令

查看 Docker 版本的命令如下:

```
docker version
```

显示 Docker 系统信息(包括镜像和容器数)的命令如下:

```
docker info
```

列出本地镜像的命令如下:

```
docker images
```

从镜像仓库中拉取或者更新指定镜像的命令如下:

```
docker pull
```

将本地仓库上传到镜像仓库的命令如下:

```
docker push
```

新建并启动容器的命令如下:

```
docker run
```

列出容器的命令如下:

```
docker ps
```

查看容器日志的命令如下:

```
docker logs
```

查看本地仓库镜像,结果如下,可以看到目前本地仓库有一个 hello-world 镜像。

```
$ docker images
REPOSITORY          TAG                 IMAGE ID            CREATED             SIZE
hello-world         latest              fce289e99eb9        15 months ago       1.84kB
```

4.1.4 Kubernetes

1. Kubernetes 简介

Kubernetes(K8S)是基于容器的集群管理平台，是一个编排容器的工具，可以管理应用的全生命周期，其架构如图 4-10 所示。

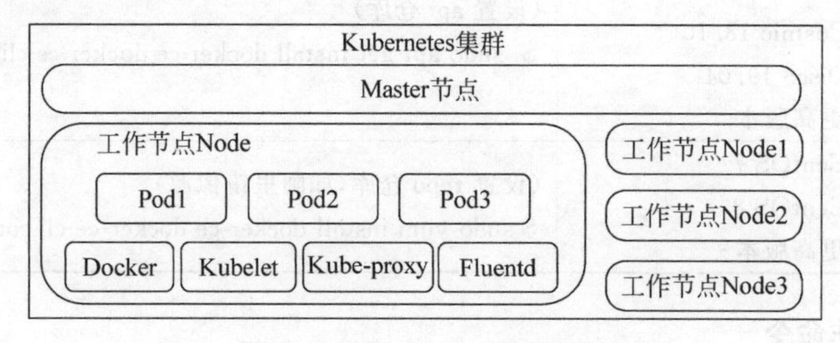

图 4-10 Kubernetes 集群架构

- Master 节点：主要负责管理和控制；
- Node 节点：是工作负载节点；
- Pod：是 Kubernetes 最小操作单元，一个 Pod 代表集群中运行的一个进程；
- Kubelet：负责监视指派到它所在 Node 上的 Pod，包括创建、修改、监控、删除等；
- Kube-proxy：负责为 Pod 对象提供代理；
- Fluentd：负责日志收集、存储与查询。

Node 作为集群中的工作节点，运行真正的应用程序，在 Node 上 Kubernetes 管理的最小运行单元是 Pod。Node 上运行着 Kubelet、Kube-proxy 等服务进程，这些服务进程负责 Pod 的创建、启动、监控、重启、销毁，以及实现软件模式的负载均衡。从创建应用、应用的部署、应用提供服务，到扩容应用和更新应用，都非常方便，而且可以做到故障自愈。例如，当一个服务器宕机时，可以自动将这个服务器上的服务调度到另一个主机上运行，无需人工干涉。

2. Pod

一个 Pod 中的应用容器共享同一组资源。

- 一个 Pod 包含一个或者多个容器，一个 Pod 不会跨越多个工作节点；
- Pod 相当于逻辑主机，每个 Pod 都有自己的 IP 地址；
- Pod 内的容器共享相同的 IP 和端口空间；
- 默认情况下，每个容器的文件系统与其他容器完全隔离；
- PID 命名空间：Pod 中的不同应用程序可以看到其他应用程序的进程 ID；
- 网络命名空间：Pod 中的多个容器能够访问同一个 IP 和端口范围；
- IPC 命名空间：Pod 中的多个容器能够使用 SystemV IPC 或 POSIX 消息队列进行通信；
- UTS 命名空间：Pod 中的多个容器共享同一个主机名；
- Volumes(共享存储卷)：Pod 中的各个容器可以访问在 Pod 级别定义的 Volumes。

Pod 的生命周期通过 Replication Controller 来管理，通过模板进行定义，然后分配到一个 Node 上运行。在 Pod 所包含的容器运行结束后，Pod 结束。

Kubernetes 为 Pod 设计了一套独特的网络配置，包括：为每个 Pod 分配一个 IP 地址，使用 Pod 名称作为容器间通信的主机名，等等。

3. Kubernetes 安装

VirtualBox 是一个运行虚拟机的通用工具。使用 VirtaulBox，可以在 macOS 系统中运行 Linux(如 Ubuntu、CentOS)、Windows 等系统。

各系统的支持情况如下。

- Linux：VirtualBox、KVM；
- macOS：VirtualBox、hyperkit、VMWare；
- Windows：VirtualBox、Hyper-V(在 Windows 环境下，如果开启了 Hyper-V，则不支持 VirtualBox 方式)。

Minikube 是一个 Kubernetes 专用包，用来在本机中运行 Kubernetes 集群。这个本机的集群拥有一个独立的节点(node)和一些便于本机开发的特性。Minikube 通知 VirtualBox 何时如何运行。当然，通过额外的配置，Minikube 也可以支持使用其他虚拟化工具，

kubectl 是一个用于与 Minikube Kubernetes 集群交互的命令行工具。它发送请求给集群中的 Kubernetes API 服务器，实现管理 Kubernetes 环境的目的。kubectl 和 macOS 上的其他应用一样，仅仅发送 HTTP 请求给集群上的 Kubernetes API。

(1) 在 Windows 上安装 kubectl。

① 从以下网址下载 kubectl：

http://kubernetes. oss-cn-hangzhou. aliyuncs. com/kubernetes-release/release/v1. 15. 0/bin/windows/amd64/kubectl. exe

② 把 kubectl. exe 文件保存到合适的位置。

③ 将文件路径加入 PATH。

(2) 安装 minikube-windows-amd64. exe。

① 从以下网址下载安装文件。

阿里云下载地址为 http://kubernetes. oss-cn-hangzhou. aliyuncs. com/minikube/releases/v1. 2. 0/minikube-windows-amd64. exe。

GitHub 下载地址为 https://github. com/kubernetes/minikube/releases。

② 下载后将安装文件重命名为 minikube. exe 并将文件路径加入 PATH 即可。

4.2 开源区块链生态简介

比特币、以太坊和 Fabric 的编译与安装

在公链领域，比特币和以太坊是最大的两个公链，很多跨链协议主要解决的就是这两大区块链之间的通信问题。而在联盟链领域，IBM 公司的 Hyperledger Fabric、摩根大通集团的 Quorum 以及 R3(世界顶级金融区块链联盟)的 Corda 是企业使用最多的区块链框架。

目前区块链生态系统主要分为 3 大类：

- 比特币生态系；
- 以太坊生态系；
- 石墨烯生态系(代表为 BTS、Steem 和 EOS)。

国内的开源区块链主要有百度超级链、京东智臻链等，其对比如表 4-4 所示。

表 4-4　主要开源体系的对比

开源体系	共识算法	是否是智能合约	适合场景	开发语言
比特币(BitCoin)	PoW	否	公链	C++
以太坊(Ethereum)	PoW	是	公链、联盟链	Go
EOS	BFT-DPoS	是	公链、联盟链	C++
Hyperledger Fabric	PBFT	是	联盟链	Go
Corda		是	联盟链	Java
Quorum	RAFT	是	联盟链	Go
Bitshares	DPoS	否	公链、联盟链	C++
瑞波(Ripple)	RPCA	否	公链、联盟链	C++
Factom	自有共识机制	否	公链、联盟链	C++
百度超级链	不限	是	联盟链	Go
京东智臻链	不限	是	联盟链	Java

比特币、以太坊和 Hyperledger Fabric 的比较如表 4-5 所示。

表 4-5　区块链各层区别

层次	比特币	以太坊	Hyperledger Fabric
应用层	比特币交易	Dapp/以太币交易	企业级应用
合约层	Script	Solidity/Serpent	Go/Java
数据层	基于交易的模型	基于账户的模型	基于账户的模型
	levelDB	levelDB	couchDB/levelDB
共识层	PoW	PoW/PoS	PBFT/SBFT
网络层	TCP-based P2P	TCP-based P2P	HTTP/2-based P2P

接下来逐一介绍几大开源区块链。

4.3　比　特　币

4.3.1　比特币简介

前面章节介绍了比特币的由来及比特币区块结构，比特币是最早也是全球最广泛使用的、真正去中心化的区块链技术，因此它的开源技术体系非常值得学习。比特币区块链的核心技术框架采用 C++语言开发，共识算法采用 PoW 算法，工作量(挖矿)证明获得记账权，容错率为 50%，实现全网记账，公网性能 TPS < 7。

比特币地址是一个由数字和字母组成的字符串，由公钥(一个同样由数字和字母组成的字符串)生成的比特币地址以数字“1”开头。下面是一个比特币地址的例子。

在交易中，比特币地址通常以收款方出现。以公钥 K 为输入，计算其 SHA-256 哈希值，并以此结果计算 RIPEMD160 哈希值，得到一个长度为 160 比特(20 字节)的数字，即：

```
A = RIPEMD160(SHA256(K))
```

比特币地址与公钥不同，是由公钥经过单向的哈希函数生成的。通常用户见到的比特币地址是经过 Base58Check 编码的，这种编码使用了 58 个字符(一种 Base58 数字系统)和校验码，提高了可读性，避免了歧义并有效防止了在地址转录和输入过程中产生的错误。Base58Check编码也被用于比特币的其他地方，如私钥、加密的密钥和脚本哈希中，用来提高可读性和输入的正确性。

生成比特币账本的基本机制为：用当前账本的顺序号、上一个账本的所有记录的哈希值和系统时间戳（每隔10分钟一个维度），再找一个随机值，几个数据加在一起进行哈希运算后，如果满足一定的条件，例如起始多少位都是0，那么系统就接收这个新账本。这就是这个集群中所有节点的共识，所有节点只接收这样的账本，而寻找这个随机值需要耗费巨大的计算能力，在比特币中称为PoW挖矿。

当每隔10分钟找到这个值，就生成了新的账本。但网络集群都是开放的，可能同时找到了两个值，在集群中少部分节点中产生了两个账本。针对这种情况，比特币系统的设计遵循少数服从多数原则，即整个网络集群采用集群中大多数节点采用的账本，少数节点服从多数节点，丢弃没有被大多数节点采用的账本，达到最终一致性。

4.3.2　比特币特性

比特币的实现囊括了非常多的技术，本节从比特币节点、UTXO、脚本和侧链四个方面来介绍比特币的特性。

1. 比特币节点

比特币网络指的是运行比特币P2P协议的节点集合。随着比特币生态的发展，除了比特币P2P协议，比特币的节点还可能运行着其他协议，用于挖矿和轻量级钱包等应用。矿机与矿池软件之间的通信协议是Stratum，而矿池软件与钱包之间的通信是bitcoinrpc接口。

比特币网络中的节点有如下几种功能：

- 网络路由（Network Route，简写为N）；
- 完整区块链（Full Blockchain，简写为B）；
- 矿工（Miner，简写为M）；
- 钱包（Wallet，简写为W）。

如果一个比特币节点具有上述全部四种功能，那么这个节点叫作全节点，如图4-11所示。如果一个节点只保存部分区块，同时使用简化支付验证（Simplified Payment Verification，SPV）的方法验证交易，那么这个节点叫作SPV节点或者轻量级节点，如图4-12所示。

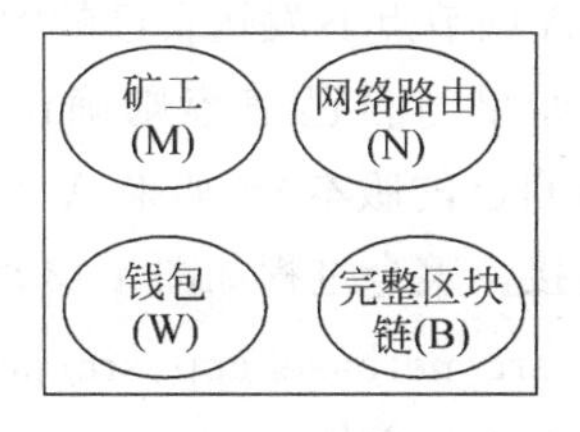

图4-11　全节点（核心客户端）

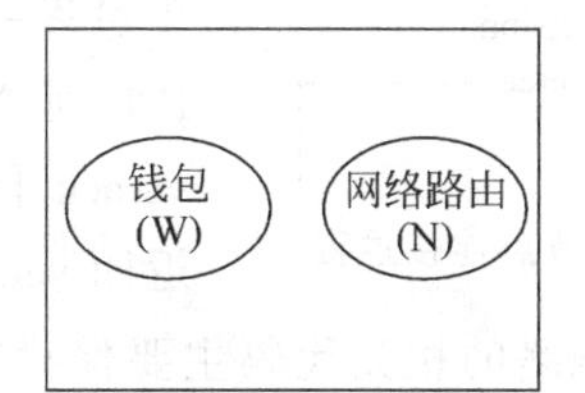

图4-12　SPV节点

理解每一种消息的场景和含义，就掌握了比特币网络的核心内容。例如，version消息和verack消息用于建立连接；addr和getaddr消息用于地址传播；getblocks、inv和getdata

消息用于同步区块链数据。

在比特币客户端，可以用 bitcoin-cli getpeerinfo 命令查看可以连接到的网络节点信息。示例如下：

```
$ bitcoin-cli getpeerinfo
[{
    "addr": "85.213.199.39:8333",
    "services": "00000001",
    "lastsend": 1405634126,
    "lastrecv": 1405634127,
    "bytessent": 23487651,
    "bytesrecv": 138679099,
    "conntime": 1405021768,
    "pingtime": 0.00000000,
    "version": 70002,
    "subver": "/Satoshi:0.9.2.1/",
    "inbound": false,
    "startingheight": 310131,
    "banscore": 0,
    "syncnode": true
   }, {
    "addr": "58.23.244.20:8333",
    "services": "00000001",
    "lastsend": 1405634127,
    "lastrecv": 1405634124,
    "bytessent": 4460918,
    "bytesrecv": 8903575,
    "conntime": 1405559628,
    "pingtime": 0.00000000,
    "version": 70001,
    "subver": "/Satoshi:0.8.6/",
    "inbound": false,
    "startingheight": 311074,
    "banscore": 0,
    "syncnode": false
}]
```

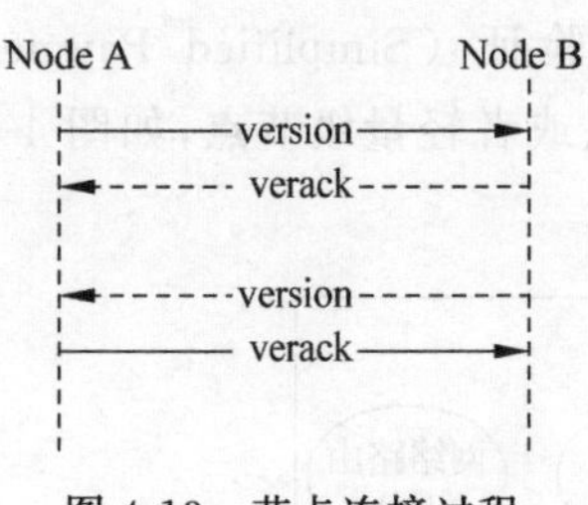

图 4-13　节点连接过程

找到同伴后，客户端就开始与已知的同伴建立 TCP 连接，默认端口是 8333。

比特币客户端之间的连接过程和建立 TCP 连接的三次握手过程一模一样。节点 A 向节点 B 发送自己的版本号 version，B 收到 A 的版本号后，如果与自己兼容则确认连接，B 返回 verack，同时向 A 发送 B 自己的版本号，如果 A 也兼容，A 再次返回 verack，成功建立连接。整个过程如图 4-13 所示。

比特币网络的相关代码主要保存在 src/net.cpp、src/netbase.cpp、src/net_processing 目录下。比特币全部网络消息的类型定义见 src/protocol.h 文件。

2. 比特币交易

UTXO（Unspent Transaction Outputs，未花费的交易输出）是比特币交易生成及验证的一个核心概念，在比特币的世界里既没有账户，也没有余额，只有分散在区块链里的

UTXO。UTXO被每个全节点比特币客户端在一个存储于内存的数据库中所追踪，用于实现比特币的不可篡改性。

每一枚数字货币都会被登记在一个账户的所有权之下。一枚数字货币有两种状态，即或者还未被花费，或者已被花费。当需要使用一枚数字货币的时候，就将它的状态标记为已花费，并创造一枚新的、与之等额的数字货币，将它的所有权登记到新的账户之下。

在比特币世界里的每一笔转账，都能够追溯到上一笔交易。每一笔付款都可以追溯到上一笔收款。例如，我给你的0.01个比特币必须是别人给我的、我尚未花费的比特币，并且可以一直向前追溯到它诞生时矿工挖出来的那个区块。这个机制保证了比特币不可被伪造，不可以被重复支付。

一笔比特币交易的输入包含以下信息：

- Transaction Hash，即哈希指针，指向包含被花费的UTXO的交易；
- Output Index，即被花费的UTXO的索引；
- 解锁脚本的大小(字节数)；
- 完成UTXO加锁脚本条件的解锁脚本；
- Sequence Number，用于locktime，取值0xFFFFFFFF时表示禁用。

交易的输入需要一个哈希指针，指向即将在交易中花费的UTXO。节点在向邻居节点转发交易前，会首先独立验证交易，只有符合一系列条件的交易才会在比特币网络中向新的节点进行传播。矿工独立验证交易的内容，一部分验证UTXO是否合法(防止双重支付)，另一部分验证交易脚本是否有权限花费这些UTXO(验证签名)。验证交易输入的代码主要包含在以下几个函数中：AcceptToMemoryPool、Check Transaction、CheckInputs。

3. 脚本

脚本可以理解为一种可编程的智能合约。如果区块链技术只是为了适应某种特定的交易，那么脚本的嵌入就没有必要，系统可以直接定义完成价值交换活动所要满足的条件。然而，在去中心化的环境下，如果所有的协议都需要提前取得共识，那么脚本的引入就显得不可或缺。有了脚本之后，区块链技术就可以使系统有机会去处理一些无法预见的交易模式，保证这一技术在未来的应用中不会过时，增加了技术的实用性。一个脚本本质上是众多指令的列表，这些指令记录着在每一次的价值交换活动中活动的接收者(价值的持有者)如何获得这些价值，以及花费掉自己曾收到的留存价值需要满足哪些附加条件。通常，发送价值到目标地址的脚本，要求价值的持有者提供一个公钥和一个签名(证明价值的持有者拥有与上述公钥相对应的私钥)两个条件，才能使用自己之前收到的价值。脚本的神奇之处在于它具有可编程性。

① 它可以灵活改变条件，例如脚本系统可能会同时要求两个私钥或多个私钥，或无需任何私钥；

② 它可以灵活地在发送价值时附加一些价值再转移的条件，例如可利用脚本编程约定，这一笔发送出去的价值此后只能用于支付中信证券的手续费，或支付给政府等。

比特币的交易验证引擎依赖于两类脚本来验证比特币交易：一个锁定脚本(ScriptPubKey)和一个解锁脚本(ScriptSig)。锁定脚本明确了今后花费这笔输出的条件，决定了谁可以花费这笔UTXO；解锁脚本是满足这笔输出的条件，允许输出被消费。解锁脚本常常包含一个数字签名。

比特币的脚本语言的作用和以太坊的 Solidity 类似，利用该脚本语言同样也可以写出具有复杂逻辑的执行脚本。比特币的锁定脚本的主要类型有 P2SH、P2PKH、P2PK、P2WSH、P2WPKH 等，不同的锁定脚本类型是由不同的地址生成的。下面简要介绍 P2SH、P2PKH 和 P2PK。

1) P2SH (Pay-to-Script Hash，向脚本地址支付)

比特币地址以数字 1 开头，来源于公钥，而公钥来源于私钥。虽然任何人都可以将比特币发送到一个以数字 1 开头的地址，但比特币只能在通过相应的私钥签名和公钥哈希值后才能消费。

以数字 3 开头的比特币地址是 P2SH 地址，有时被错误地称为多重签名或多重签名地址。它们指定比特币交易中的受益人作为哈希的脚本，而不是公钥的所有者。

不同于 P2PKH 交易发送资金到传统以 1 开头的比特币地址，资金被发送到以 3 开头的地址时，需要的不仅仅是一个公钥的哈希值，同时也需要一个私钥签名作为所有者证明。在创建地址的时候，这些要求会被定义在脚本中，所有对地址的输入都会被这些要求阻隔。

P2SH 地址通常代表多重签名，但不一定是多重签名的交易脚本，也可能是其他类型的交易脚本。

2) P2PKH(Pay-to-Public-Key-Hash，向公钥的哈希支付)

比特币网络上的大多数交易都是 P2PKH 交易，此类交易都含有一个锁定脚本，该脚本由公钥哈希实现阻止输出功能。公钥哈希是广为人知的比特币地址。由 P2PKH 脚本锁定的输出可以通过输入公钥和由相应私钥创建的数字签名来解锁。

3) P2PK(Pay-to-Public-Key，向公钥支付)

与 P2PKH 相比，P2PK 模式更为简单。P2PKH 模式含有公钥哈希，而在 P2PK 脚本模式中，公钥本身已经存储在锁定脚本中，只需要检查签名，而且代码也更短。

4. 比特币侧链

Rootstock 和 BlockStream 推出的元素链是比特币的著名侧链。

Rootstock 是一个基于比特币侧链的开源智能合约平台，它使比特币拥有了智能合约。基于 Rootstock 的智能合约能够运行无数应用，为核心比特币网络增加价值和功能。Rootstock 使用一种比特币双向挂钩技术，这是一种混合了驱链和侧链的技术，以一种固定的转换率输送或输出 Rootstock 上的比特币。更值得关注的是，Rootstock 向后兼容以太坊，实现了以太坊虚拟机的一个改进版本，所以以太坊发布的 DApps 程序能够轻松地在 Rootstock 上使用，实现比特币级别的安全性和以太坊大量 Dapps 的复用性，更快的执行性并和比特币发生更强的相互作用。使用 Rootstock 可以将性能扩展到 TPS 达 300。

元素链(Elements)是 Blockstream 的开源侧链项目，同样使用比特币双向挂钩技术，除了智能合约外，它还给比特币快速带来许多创新技术，包括私密交易、证据分离、相对锁定时间、新操作码、签名覆盖金额等特性。核心技术框架采用 C++语言开发。

4.3.3 比特币程序

1. 代码结构

比特币的实现过程中使用了许多 C++库，包括 Boost、openssl、libevent 及 QT 等。

常见的数据结构有交易(CTransaction)、区块(CBlock)、交易池(CTxMemPool)等，还

有些不常见的数据结构，如共识(Consensus)、脚本(CScript)等。

打开比特币的 github 地址，共包括四个项目，其简介如表 4-6 所示。

表 4-6　比特币的四个项目

项　　目	备　　注
bitcoin	比特币核心源代码(C++)
bips	比特币改进建议的相关文档
libbase58	比特币 base58 编解码库(C)
libblkmaker	比特币区块模板库(C)

带有.rc 后缀的是预发行版本，可以用来测试。没有后缀的稳定版本可以直接在产品环境上运行。

比特币核心代码的目录结构如表 4-7 所示。

表 4-7　比特币核心代码目录结构

目　　录	说　　明
consensus	共识，包括 Merkle 树实现
crc32c	循环冗余校验，校错能力强，开销小
crypto	加解密，包括 AES、SHA-256、SHA-512、SHA1、RIPEMD160、SIPHASH 等
interfaces	节点、钱包和 GUI 的边界
node	节点
policy	策略
primitives	数据结构：区块、事务
rpc	远程调用
script	脚本
secp256k1	加密算法
univalue	一致性
wallet	钱包
zmq	通信消息

2. 创世区块

因为创世区块被编入了比特币客户端软件里，所以每个节点都始于至少包含一个区块的区块链，这能确保创世区块不会被改变。每个节点都“知道”创世区块的哈希值、结构、被创建的时间和区块中的一个交易。

在 chainparams.cpp 里可以看到创世区块被编入比特币核心客户端里。

创世区块的哈希值为：

000000000019d6689c085ae165831e934ff763ae46a2a6c172b3f1b60a8ce26f

可以在任何区块浏览网页，搜索这个区块的哈希值，你会发现一个用包含这个哈希值的链接来描述这一区块内容的页面。例如，对于 blockchain.info 区块，浏览网页 https://blockchain.info/block/000000000019d6689c085ae165831e934ff763ae46a2a6c172b3f1b60a8ce26f。

在命令行运行比特币核心客户端如下：

```
$ bitcoindgetblock 000000000019d6689c085ae165831e934ff763ae46a2a6c172b3f1b60a8ce26f
{
```

```
"hash":"000000000019d6689c085ae165831e934ff763ae46a2a6c172b3f1b60a8ce26f",
"confirmations":308321,
"size":285,
"height":0,
"version":1,
"merkleroot":
    "4a5e1e4baab89f3a32518a88c31bc87f618f76673e2cc77ab2127b7afdeda33b",
"tx":["4a5e1e4baab89f3a32518a88c31bc87f618f76673e2cc77ab2127b7afdeda33b"],
"time":1231006505,
"nonce":2083236893,
"bits":"1d00ffff",
"difficulty":1.00000000,
"nextblockhash":
    "00000000839a8e6886ab5951d76f411475428afc90947ee320161bbf18eb6048"
}
```

3. 编译安装

（1）下载。

可以使用如下命令下载：

```
git clone https://github.com/bitcoin/bitcoin
```

（2）编译。

建议使用 CentOS 或 Ubuntu 系统，Windows 下需要 MingW，要求空闲内存至少达到 1.5GB。libboost、libevent 这两个 lib 库是必需的。

autogen.sh 脚本创建了一系列自动配置脚本，包括 configure 和 make。

```
$ ./autogen.sh
```

如果 autogen.sh 有问题，可以执行如下命令：

```
$ ./configure
$ make
$ make install
```

（3）执行程序。

编译后生成 7 个可执行程序，它们的说明如表 4-8 所示。

表 4-8　编译后生成的可执行程序

程　　序	说　　明
bitcoind	bitcoin 简洁命令行版，比特币的客户端
bitcoin-cli	bitcoind 的 RPC 客户端，可以通过它在命令行查询某个区块信息和交易信息等
bitcoin-tx	比特币交易处理模块，可以进行交易的查询和创建
bench_bitcoin	编译系统更新
bitcoin-qt	Qt 编写的比特币图形化客户端界面
test_bitcoin	比特币测试
test_bitcoin-qt	比特币测试的 Qt 界面

4. 常用命令

想体验这些命令，最简单的方法如下。

在比特币官方网站 https://bitcoin.org/zh_CN/download 下载 Bitcoin Core，根据操作系统类型选择合适的安装程序。

安装后，在主界面(图 4-14(a))中选择菜单“窗口”→“控制台”，显示界面如图 4-14(b)所示。在控制台命令行输入 getblockchaininfo 就可以验证该命令(该命令用于显示比特币网络概览)，运行结果如图 4-15 所示。

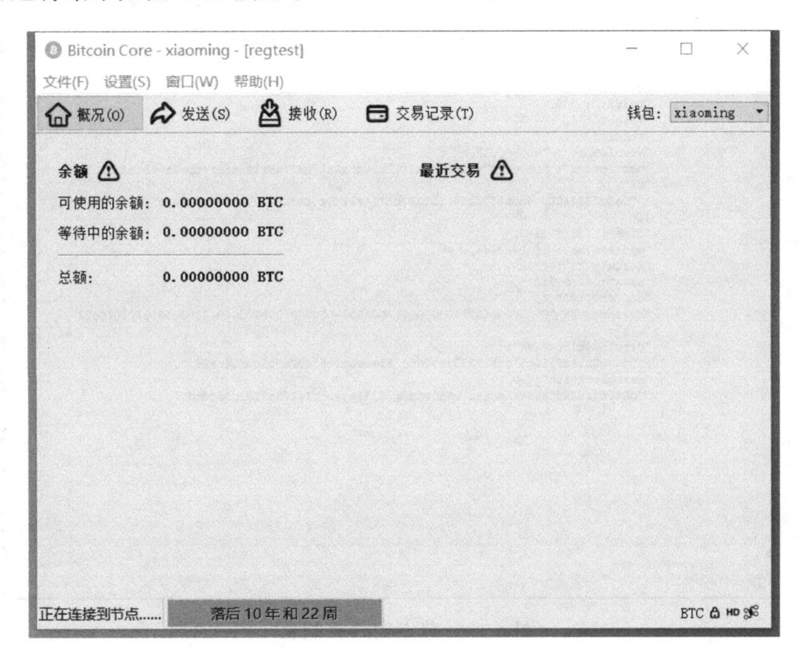

(a) 主界面

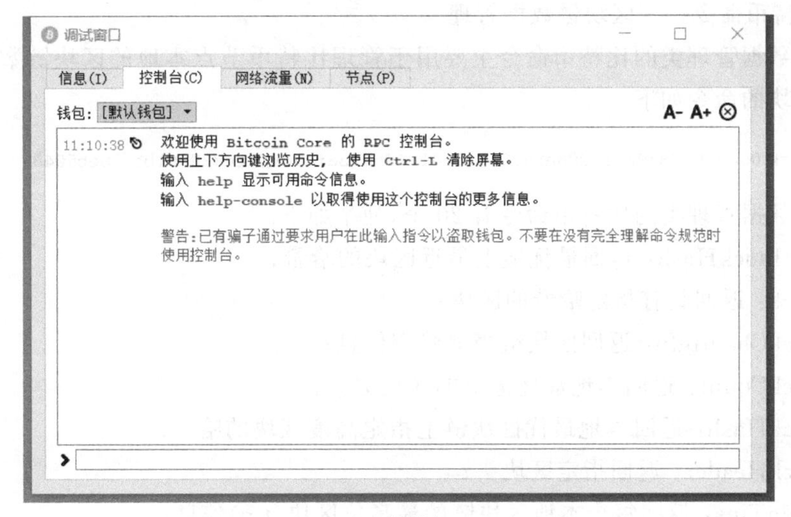

(b) 控制台

图 4-14　比特币验证命令

图 4-15 节点窗口控制台

(1) 比特币命令——区块链数据管理。

区块链数据管理类的比特币命令主要用于管理比特币节点本地的区块链数据。例如，查询指定区块的命令如下：

```
> getblock 00000000839a8e6886ab5951d76f411475428afc90947ee320161bbf18eb6048
```

区块链数据管理类的比特币命令有 20 个，列举如下。

GetBestBlockHash：返回最优链上最近区块的哈希；

GetBlock：返回具有指定哈希的区块；

GetBlockChainInfo：返回区块链当前状态信息；

GetBlockCount：返回本地最优链上的区块数量；

GetBlockHash：返回本地最优区块链上指定高度区块的哈希；

GetBlockHeader：返回指定区块头；

GetChainTips：返回每个本地区块链的最高位区块(tip)信息；

GetDifficulty：返回 PoW 难度；

GetMemPoolAncestors：返回交易池内指定交易的所有祖先；

GetMemPoolDescendants：返回交易池内指定交易的所有后代；

GetMemPoolEntry：返回交易池内指定交易的池数据；

GetMemPoolInfo：返回交易池信息；

GetRawMemPool：返回交易池内的所有交易；

GetTxOut：返回指定交易输出的详细信息；

GetTxOutProof：返回一个或多个交易的证明数据；

GetTxOutSetInfo：返回 UTXO 集合的统计信息；

PreciousBlock；同样工作量下更早被接收的区块；

PruneBlockChain：对区块链执行剪枝操作；

VerifyChain：验证本地区块链的每个记录；

VerifyTxOutProof：验证交易输出证明。

(2) 比特币命令——节点控制。

节点控制类的比特币命令主要用于管理 Bitcoin Core 节点。例如，安全关闭节点的命令如下：

```
> stop
```

结果如下：

```
关闭了 Bitcoin Core 窗口!!!也就是服务.
```

节点控制类的比特币命令有以下 3 个。

GetRpcInfo：返回 RPC 服务器详情；

Help：返回所有可用的 RPC 命令，或返回指定命令的帮助信息；

Stop：安全关闭 Bitcoin Core 的节点服务。

(3) 比特币命令——挖矿出块操作(注意：此类命令需要在比特币测试网络环境下运行)。

挖矿出块的比特币命令主要用于挖矿相关的操作。例如，生成新的比特币区块的命令如下：

```
~$ bitcoin-cli generate 2 500000
```

结果如下：

```
[
    "36252b5852a5921bdfca8701f936b39edeb1f8c39fffe73b0d8437921401f9af",
   "5f2956817db1e386759aa5794285977c70596b39ea093b9eab0aa4ba8cd50c06"
]
```

挖矿出块的比特币命令有以下 7 个。

Generate：生成区块；

GenerateToAddress：生成区块并将新生成的比特币转入指定地址；

GetBlockTemplate：返回节点模板；

GetMiningInfo：返回挖矿相关信息；

GetNetworkHashPS：返回估算的全网哈希速率；

PrioritiseTransaction：设置交易优先权；

SubmitBlock：提交区块。

(4) 比特币命令——P2P 网络管理。

P2P 网络管理类的比特币命令主要用于管理 Bitcoin Core 节点的 P2P 连接，例如添加新的节点、断开已连接的节点或者查看所有已连接的节点等。

P2P 网络管理类的比特币命令共有以下 12 个。

AddNode：添加节点；

ClearBanned：清理禁止的节点；

DisconnectNode：断开与指定节点旳连接；

GetAddedNodeInfo：返回新增节点的信息；

GetConnectionCount：返回与其他节点的连接总数；

GetNetTotals：返回网络流量统计信息；

GetNetworkInfo：返回节点的网络连接信息；

GetPeerInfo：返回所连接其他节点信息；

ListBanned：返回所有被禁止的 IP 或子网；

Ping：向所有连接的节点发送 P2P 的 ping 报文；

SetBan：管理禁止访问清单；

SetNetworkActive：禁止/启用 P2P 网络。

(5) 比特币命令——交易编解码与签名。

交易编解码类的比特币命令主要用于比特币裸交易的操作。例如，广播一个已经签名的裸交易的命令如下：

```
> sendrawtransaction 01000000011da9283b4ddf8d\
89eb996988b89ead56cecdc44041ab38bf787f1206cd90b51e000000006a4730\
4402200ebea9f630f3ee35fa467ffc234592c79538ecd6eb1c9199eb23c4a16a\
0485a20220172ecaf6975902584987d295b8dddf8f46ec32ca19122510e22405\
ba52d1f13201210256d16d76a49e6c8e2edc1c265d600ec1a64a45153d45c29a\
2fd0228c24c3a524ffffffff01405dc600000000001976a9140dfc8bafc84198\
53b34d5e072ad37d1a5159f58488ac00000000
```

输出结果如下：

```
f5a5ce5988cc72b9b90e8d1d6c910cda53c88d2175177357cc2f2cf0899fbaad
```

交易编解码类的比特币命令共有如下 7 个。

CreateRawTransaction：创建未签名的序列化交易；

FundRawTransaction：向裸交易添加新的 UTXO；

DecodeRawTransaction：解码指定的裸交易；

DecodeScript：解码指定的 P2SH 赎回脚本；

GetRawTransaction：返回指定的裸交易；

SendRawTransaction：验证并发送裸交易到 P2P 网络；

SignRawTransaction：签名裸交易。

(6) 比特币命令——辅助工具。

辅助工具类的比特币命令主要提供一些辅助的功能。例如，签名消息验证的命令如下：

```
> verifymessage mgnucj8nYqdrPFh2JfZSB1NmUThUGnmsqe \ IL98ziCmwYi5pL
+ dqKp4Ux + zCa4hP/xbjHmWh + Mk/lefV/0pWV1p/gQ94jgExSmgH2/ + PDcCCr0HAady2IEySSI = \
    'Hello, World! '
```

输出结果如下：

```
true
```

辅助工具类的比特币命令有以下6个。

CreateMultiSig：创建P2SH多重签名地址；

EstimateFee：估算交易费率；

EstimatePriority：估算交易的优先级；

GetMemoryInfo：返回内存使用情况；

ValidateAddress：验证指定的地址；

VerifyMessage：验证签名的消息。

(7) 比特币命令——钱包操作。

钱包操作类的比特币命令主要用于管理Bitcoin Core内置的层级密钥钱包。例如,创建新的地址的命令如下：

```
> getnewaddress
```

输出结果如下：

```
mft61jjkmiEJwJ7Zw3r1h344D6aL1xwhma
```

钱包操作类的比特币命令有以下46个。

AbandonTransaction：放弃指定交易；

AddWitnessAddress：添加见证地址；

AddMultiSigAddress：添加P2SH多重签名地址；

BackupWallet：备份钱包；

BumpFee：替换未确认交易并提高手续费；

DumpPrivKey：导出指定私钥；

DumpWallet：导出钱包；

EncryptWallet：加密钱包；

GetAccountAddress：返回指定账户的当前地址；

GetAccount：返回指定地址关联的账户；

GetAddressesByAccount：按账户分组列出地址；

GetBalance：返回钱包账户余额；

GetNewAddress：返回一个新的地址用于接收支付；

GetRawChangeAddress：返回新的找零地址；

GetReceivedByAccount：返回指定账户的收入情况；

GetReceivedByAddress：返回指定地址的收入情况；

GetTransaction：返回指定的钱包交易的详情；

GetUnconfirmedBalance：返回钱包全部未确认收入总额；

GetWalletInfo：返回钱包信息；
ImportAddress：导入地址或公钥脚本；
ImportMulti：导入多个地址或公钥脚本；
ImportPrunedFunds：无须重新扫描即可导入资金；
ImportPrivKey：导入私钥；
ImportWallet：导入钱包；
KeyPoolRefill：密钥池填充；
ListAccounts：返回钱包内账户及对应余额；
ListAddressGroupings：按地址列出余额；
ListLockUnspent：列出锁定的 UTXO；
ListReceivedByAccount：按账户列出收到的比特币；
ListReceivedByAddress：按地址列出收到的比特币；
ListSinceBlock：列出指定区块之后发生的、与钱包有关的交易；
ListTransactions：列出最近指定数量的、与钱包有关的交易；
ListUnspent：返回钱包内的 UTXO；
LockUnspent：暂时性锁定/解锁指定的 UTXO；
Move：链下转账；
RemovePrunedFunds：从钱包中删除指定的交易；
SendFrom：使用指定的本地账户向指定的比特币地址转账；
SendMany：创建并广播一个包含多个输出的交易；
SendToAddress：向指定地址发送比特币；
SetAccount：将指定地址与账户关联；
SetTxFee：设置千字节交易费率；
SignMessage：签名消息；
SignMessageWithPrivKey：使用指定私钥签名消息；
WalletLock：锁定钱包；
WalletPassphrase：输入钱包口令；
WalletPassphraseChange：修改钱包口令。

4.4 以 太 坊

4.4.1 以太坊简介

以太坊是一个图灵完备的区块链一站式开发平台，采用多种编程语言实现协议，采用 Go 语言写的客户端作为默认客户端（即与以太坊网络交互的方法，支持其他多种语言的客户端）。基于以太坊平台之上的应用是智能合约，这是以太坊的核心。智能合约配合友好的界面，外加一些额外的支持，可以让用户基于合约搭建各种 DApp 应用，使得开发区块链应用的门槛大大降低。

以太坊的目的是基于脚本、竞争币和链上元协议（on-chain meta-protocol）概念进行整合和提高，使得开发者能够创建任意的基于共识的、可扩展的、标准化的、特性完备的、易于开发的、协同的应用。以太坊通过建立终极抽象的基础层，内置有图灵完备编程语言的区块链，使得任何人都能够创建合约和去中心化应用并在其中设立他们自由定义的所有权规则、交易方式和状态转换函数。域名币的主体框架只需要两行代码就可以实现，诸如货币和信誉系统等其他协议只需要不到20行代码就可以实现。智能合约，包含价值而且只有满足某些条件才能打开的加密箱子，也能在我们的平台上创建，并且因为具有图灵完备性、价值知晓(value-awareness)、区块链知晓(blockchain-awareness)和多状态所增加的力量，比比特币脚本所能提供的智能合约强大得多。

以太坊的P2P网络主要采用了Kademlia(简称Kad)算法实现，Kad是一种分布式哈希表(DHT)技术，使用该技术，可以实现在分布式环境下快速而准确地路由和定位数据。

4.4.2 以太坊特性

以太坊的消息在某种程度上类似于比特币的交易，两者之间存在的重要不同有以下三点。

(1) 以太坊的消息可以由外部实体或者合约创建，而比特币的交易只能从外部创建。

(2) 以太坊消息可以选择包含数据。

(3) 如果以太坊消息的接收者是合约账户，后者可以选择进行回应，这意味着以太坊消息也包含函数概念。

一个以太坊客户端就是一个以太坊节点。它提供账户管理、数字资产管理、挖矿、转账、智能合约的部署和执行等功能。

1. 以太坊的运行

以太坊究竟是什么？在2.2节的开头曾指出，以太坊是一个一般性的去中心化架构的区块链，使参与者可以以去中心化的协作方式完成任何工作。虽然这个定义很学术化，但并没有帮助我们接近以太坊的本质。

以太坊可以理解为一个去中心化的云服务器，一个个矿工是它去中心化的服务商。他们在本地存储了以太坊的所有数据，以竞争性的关系利用本地的计算机(更确切来讲是本地的以太坊虚拟机，即Ethereum Virtual Machine)为以太坊的使用者提供各种服务。用户通过外部账户在以太坊网络里广播需求(交易数据)，矿工收到需求后，根据需求呼叫相关账户，并进行更改账户内部存储的数据、运行被呼叫的合约账户的代码、呼叫其他账户等工作。第一个完成用户需求的矿工将更新后的所有数据在以太坊全网广播，用户通过以太币向该矿工支付服务费用。下面具体介绍以太坊的运行过程。

(1) 以太坊交易数据的结构。

交易数据按功能可分为发送消息和建立合约账户两种类型，它们都由以下几部分组成。

① nonce：一个防止矿工将这条交易执行多次而设定的数值，其大小必须等于发起账户的nonce值，如果不相等则为非法交易。

② gasPrice、gasLimit：这是发起账户自行设定的两个值，为了确定矿工提供根据交易改变系统状态的服务，账户需要支付交易费用，并防止矿工在改变系统状态时操作次数过大或进入无限循环。gasPrice是矿工在改变系统状态过程中，每一次操作需要的发起账户支付的金额。gasLimit是操作次数的上限，包括使被呼叫的合约账户根据内部代码回应过程

中发生的所有操作次数。矿工如果在操作中途操作次数超过了 gasLimit，便会把该交易数据引发的系统的一切变化复原，但发起账户仍要支付矿工已经进行的操作次数对应的费用。这两个值有效防止“恶性的”交易数据通过命令矿工执行过大的操作任务，耗时过长，导致以太坊瘫痪。

③ to：它记录了交易数据指定的要呼叫的账户的地址。对于建立合约账户的交易数据，这个值为空。

④ value：它是发起账户想要转账给被呼叫账户的以太币金额。

⑤ v、r、s：它们一起记录了发起账户关于本次交易数据的数字签名和地址。

此外，一个建立合约账户的交易数据还包括一个 init 部分。这是一串为了建立合约账户矿工要运行的代码。发送消息的交易数据还可以有选择地包含一个 data 部分。我们可以把合约账户看成一个函数，有些函数在被调用的时候需要提供输入值，data 就是提供的输入值。

(2) 除了交易之外，以太坊还有一个相似的概念——消息。

消息在发起账户和被呼叫的账户之间传递，由 data 和 value 两部分组成，其含义和上文交易数据的 data 和 value 的含义相同。事实上，发送消息的交易数据本质上就是一条消息。消息不仅可被外部账户发送，更可被回应呼叫的合约账户根据代码发送给指定的账户。

当矿工接收到用户广播的交易数据后，先验证交易数据的合法性。然后矿工便根据交易数据改变系统的状态：首先将 gasLimit×gasPrice 数量的以太币从发起账户转账到矿工自己的账户，并将发起账户的 nonce 值加 1。然后，如果是建立合约的交易数据，便根据交易数据建立对应的合约账户，并把 value 对应的以太币转给合约账户；如果是发送消息的交易，首先将 value 对应的以太币转账给被呼叫的账户，如果被呼叫的账户是合约账户就运行它的代码，进行代码所命令的操作，直到结束或者累计运算次数超过 gasLimit。如果正常结束，矿工再将还未进行的操作次数对应的以太币从自己的账户转账回去，如果中途操作次数超过 gasLimit，则将所有对系统状态的变化复原，但仍保留交易费用。在整个过程中，矿工还需要记录交易收据。这样执行若干交易数据后，矿工将执行过的交易数据、产生的交易收据和系统最终的状态数据打包成一个区块，并再给自己的账户增加固定数量的以太币（当前为 3 个以太币），作为制造该区块的酬劳。然后将该区块在全网广播，完成系统状态的更新。

(3) 以太坊采用与比特币交易系统相似的工作量证明机制，使全网对系统状态的更新达成共识，但具体实现又有所不同。

第一，以太坊改变了寻找 nonce 值的方法。比特币交易系统寻找合适 nonce 值的方法为穷举。人们利用穷举是大量重复相同工作的本质，开发专门的 ASIC 挖矿芯片，提升运算效率，这使得全网的挖矿算力逐渐向富人集中。而在以太坊，寻找 nonce 值的过程相对复杂。以太坊希望借此避免他人开发专门的挖矿工具，使得人人均可用普通计算机挖矿。

第二，以太坊提高了区块链延伸的速度。以太坊区块链每延伸一个区块就进行一次难度调整，使得平均每 15 秒延伸一个区块。然而，相对较低的挖矿难度意味着更多的矿工几乎同时挖到新区块。由于这些区块只有一个能被全网认可，更多的区块将被舍弃，这意味着更多的工作量被浪费。此外，更快的出块速度使拥有更多算力的矿工更加提前地制造出新区块，因为他们广播挖到的新区块后可立即开始下一个区块的挖掘工作，而其他矿工必须等待一个网络传播新区块的时间才能挖掘下一个区块。为了解决以上两个问题,以太坊引入了“叔块”的概念——若A区块被全网舍弃而B区块被全网接受、A区块的上一个区块被全网接受、A区块的上一个区块至少提前于B区块两代这三个条件均满足,则称A是B的叔块。在以太坊中,对于一个新制造的区块,它“直系长辈”的数量和所引用叔块的个数均参与评判它的合法性。而且,如果一个区块被全体成员接受,它的制造者和它所引用的叔块的制造者能够额外得到一定以太币的奖励。

2. 智能合约

EVM(Ethereum Virtual Machine,以太坊虚拟机)是以太坊智能合约的运行环境。EVM和Java的JVM类似,是由以太坊节点提供,每个以太坊节点中都包含EVM。EVM是一个隔离的环境,在EVM内部运行的代码和外部没有联系。

EVM中每个堆栈项的大小为256位。堆栈有一个最大的容量,为1024位。EVM有内存,项目按照可寻址字节数组来存储。内存是易失性的,也就是说数据是不持久的。EVM也有一个存储器。不同于内存,存储器是非易失性的,并作为系统状态的一部分进行维护。

在EVM上运行的是合约的字节码,类似于汇编语言。需要在部署之前先对合约进行编译,转换成字节码。将编译好的合约字节码通过外部账号以发送交易的形式部署到以太坊区块链网络上,由实际矿工出块之后,才会真正部署成功。

合约部署后,当需要调用这个智能合约的方法时,只需要向这个合约账户发送消息(交易)即可,通过消息触发后智能合约的代码就会在EVM中执行。

3. 以太坊账户

以太坊账户分为两种：一种是被外部参与者通过私钥控制的账户,与比特币交易系统中的账户类似；另一种是通过代码控制的合约账户。合约账户是以太坊实现一般性去中心化应用的重要机制。概念上,它与外部参与者控制的账户地位平等,内部也存储一定数据,也拥有一定数量的以太币。两者的不同是,外部账户可以主动发起交易,主动与其他账户交互(下文将与其他账户的交互称为“呼叫其他账户”),而合约账户无法发起交易,但可以对其他账户的呼叫根据代码进行任何预先指定好的回应,如变更自身存储的数据、呼叫其他账户、创建新的合约账户、回答信息等。参与者想实现的复杂操作绝大部分由合约账户承担。参与者只需要发起一条适当的交易数据,呼叫对应的合约账户执行任务即可。

(1) 外部拥有账户(Externally Owned Account)：该类账户由公钥—私钥对控制(用户),没有关联任何代码。外部账户的地址由公钥衍生而来。可以通过创建和用自己的私钥来对交易进行签名,来发送消息给另一个外部拥有账户或合约账户。在两个外部拥有账户之间传送的消息只是一个简单的价值转移。但是从外部拥有账户到合约账户的消息会激活合约账户的代码,允许它执行各种动作。

(2) 合约账户(Contract Account)：该类账户为智能合约分配的账户,被合约代码控制且有代码与之关联。智能合约的部署会把合约字节码发布到区块链上,并使用一个特定的地址来标识这个合约,这个地址就是合约账户。不同于外部拥有账户,合约账户不可以自己发起一个交易。

合约账户存储了代码，而外部账户则没有。除了这点之外，这两类账户对于以太坊虚拟机(EVM)来说都是一样的。外部账户到合约账户会激活合约代码。

在以太坊区块中，每个账户都由以下四部分组成，如图 4-16 所示。

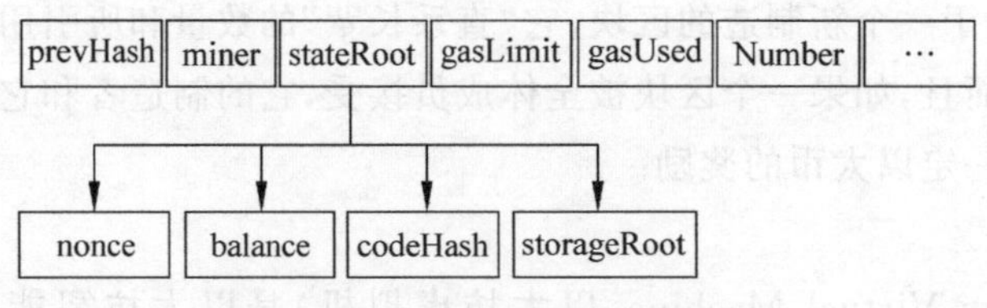

图 4-16 以太坊区块链结构示意图

nonce：这是为了防止某条交易数据被矿工执行多次而设定的值。对于外部账户，其大小等于从这个账户发出的交易数据的数量；对于合约账户，其大小等于其建立其他合约账户的次数。

balance：这个值是账户余额，记录了该账户名下的以太币数量。

storageRoot：这是该账户内部存储的数据的概要，每个账户内存储的数据由一棵 MerklePatriciaTree 记录，storageRoot 是这棵树根节点的哈希值。

codeHash：当该账户是合约账户时，该值是控制该账户的代码的哈希值；当该账户是外部参与者控制的账户时，该值为一个空字符串的哈希值，没有意义。

4. 以太坊交易

以太坊是一个基于交易的状态机。换句话说，在两个不同账户之间发生的交易才让以太坊的全球状态从一个状态转换成另一个状态。最基本的概念即一个交易，就是将由外部拥有账户生成的加密签名的一段指令序列化，然后提交给区块链。以太坊有两种类型的交易：消息通信和合约创建(也就是交易产生一个新的以太坊合约)。

对于任何类型的交易，如图 4-17 所示的交易(Transaction)结构都包含以下几部分。

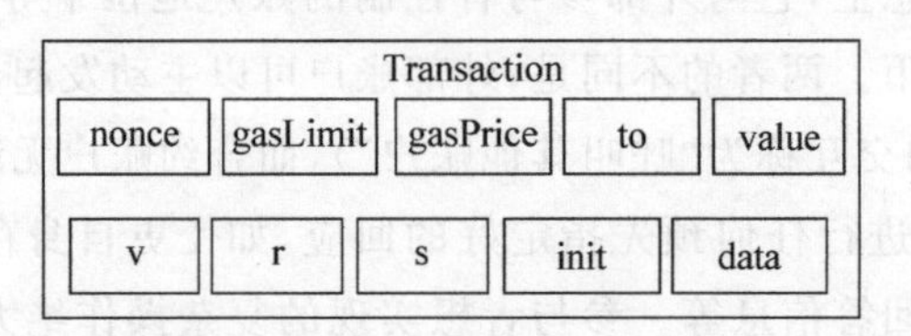

图 4-17 交易(Transaction)结构

- nonce：发送者发送交易的计数。
- gasPrice：发送者愿意支付执行交易所需的每个 gas 的 Wei 数量。
- gasLimit：发送者愿意为执行交易支付 gas 数量的最大值，这个数量被设置之后在任何计算完成之前被提前扣掉。
- to：接收者的地址。在合约创建交易中，合约账户的地址尚未存在，所以值暂为空。
- value：从发送者转移到接收者的 Wei 数量。在合约创建交易中，value 作为新建合约账户的开始余额。
- v,r,s：用于产生标识交易发生着的签名。
- init(只有在合约创建交易中存在)：用来初始化新合约账户的 EVM 代码片段。init

值会执行一次,然后就会被丢弃。当 init 第一次执行的时候,它返回一个账户代码体,也就是与合约账户永久关联的一段代码。

- data(可选域,只在消息通信中存在):消息通信中的输入数据(也就是参数)

例如,如果智能合约就是一个域名注册服务,那么调用合约可能就会期待输入,如域名和 IP 地址。

当一个合约发送一个内部交易给另一个合约,存在于接收者合约账户相关联的代码就会被执行,交易结构如图 4-18 所示。

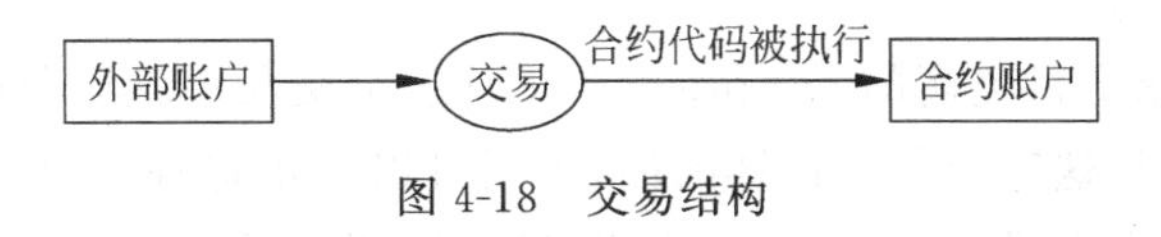

图 4-18　交易结构

一个重要需要注意的事情是内部交易或者消息不包含 gas limit。因为 gas limit 是由原始交易的外部创建者(也就是外部拥有账户)决定的。外部拥有账户设置的 gas limit 必须要高到足够将交易完成,包括由于此交易而产生的任何“子执行”,如合约到合约的消息。如果在一个交易或者信息链中,其中一个消息执行使 gas 已不足,那么这个消息的执行会被还原,包括任何被此执行触发的子消息,不过父执行没必要被还原。

5. gas 和费用

在以太坊中一个比较重要的概念就是费用(fee),由以太坊网络上的交易而产生的每次计算都会产生费用,这个费用是以“gas”来支付。

gas 就是用来衡量在一个具体计算中要求的费用单位。gas price 就是你愿意在每个 gas 上花费 Ether 的数量,以“gwei”进行衡量。“wei”是 Ether 的最小单位,1Ether 表示 10^{18} wei,1gwei 是 1 000 000 000wei。

对每个交易,发送者设置 gas limit 和 gas price。gas limit 和 gas price 就代表着发送者愿意为执行交易而支付的 wei 的最大值。

例如,假设发送者设置 gas limit 为 50 000,gas price 为 20gwei,这就表示发送者愿意最多支付 50 000×20gwei=1 000 000 000 000 000wei=0.001 Ether 来执行此交易。执行交易费用的计算如图 4-19 所示。

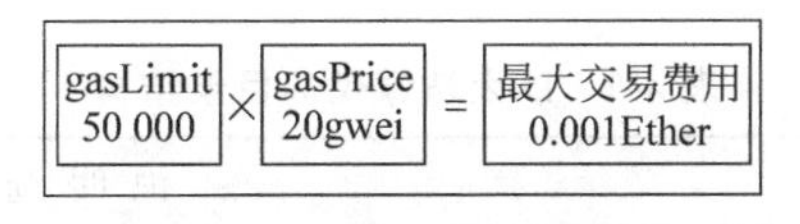

图 4-19　执行交易的费用

记住 gas limit 代表用户愿意花费在 gas 上的最高费用。如果在他们的账户余额中有足够的 Ether 来支付这个最高费用,那么就没问题。在交易结束时任何未使用的 gas 都会被返回给发送者,以原始费率兑换。交易流程如图 4-20 所示。

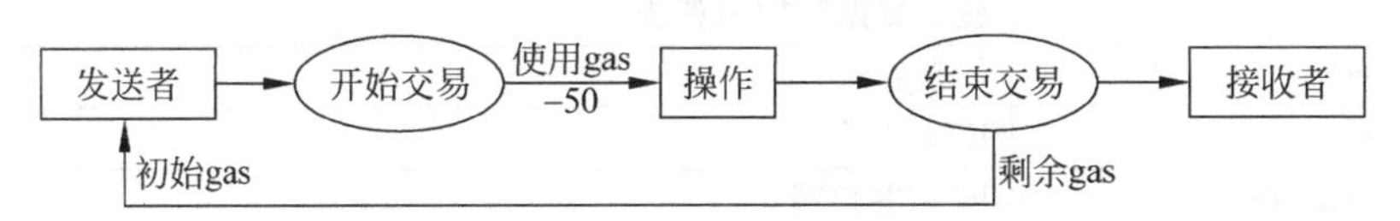

图 4-20　正常交易流程

如果发送者没有提供足够的gas来执行交易，那么交易执行就会出现“gas不足”然后被认为是无效的。在这种情况下，交易处理就会被终止，所有已改变的状态将会被恢复，最后就又回到了交易之前的状态——完完全全的之前状态，就像这笔交易从来没有发生。因为机器在耗尽gas之前还是为计算做出了努力，所以理论上将不会有任何gas被返回给发送者。

这些gas的费用到底去了哪里？发送者在gas上花费的所有费用都发送给了“受益人”地址，通常情况下就是矿工的地址。因为矿工为了计算和验证交易做出了努力，所以矿工接收gas的费用作为奖励。

通常，发送者愿意支付更高的gas price，矿工从这笔交易中就能获得更多的价值，因此，矿工也就更加愿意选择这笔交易。这样的话，矿工可以自由选择自己想要验证或忽略的一笔交易。为了引导发送者设置gas price的值，矿工可以建议一个最小的gas值，以确保对方愿意进行交易。

4.4.3 以太坊程序

1. 代码结构

以太坊的架构设计可以简单地分为三层：协议层、接口层和应用层。

(1) 协议层。

协议层又可以分为网络层和存储层。从技术角度看，协议层主要包括P2P网络通信、分布式算法、加密签名和数据存储技术。对于数据存储，比特币和以太坊都选用了Google开源的LevelDB数据库。

(2) 接口层。

接口层与协议层完全分离(除了交易时与协议层进行交互)，保证不受约束地开发各种基于区块链的应用层业务，包括分布式存储业务、机器学习、物联网等。

(3) 应用层。

应用层主要是从区块链自身的特性出发，在不引用第三方机构的前提下，提供去中心化、不可篡改、安全可靠的场景应用，主要包括金融服务、征信和权属管理、资源共享、投资管理以及物联网和供应链等。

代码目录如表4-9所示。

表4-9 以太坊源代码目录结构

目录选择	说 明 选 择
accounts	以太坊账户管理
build	编译和构建的一些脚本和配置
cmd	命令行工具
common	公共的工具类
consensus	共识算法
core	核心数据结构和算法
crypto	加密算法
eth	ETH 协议
ethclient	RPC 客户端

续表

目录选择	说 明 选 择
ethdb	eth 数据库，即 levelDB
ethstats	网络状态报告
event	处理实时事件
les	以太坊的轻量级协议子集
light	以太坊轻量级客户端，提供按需检索的功能
metrics	提供磁盘计数器
miner	以太坊的区块创建和挖矿
mobile	移动端
node	以太坊的多种类型的节点
p2p	以太坊 P2P 网络协议
rlp	以太坊序列化处理(Recursive Length Prefix，RLP)
rpc	远程方法调用
swarm	网络处理
trie	以太坊重要的数据结构
whisper	whisper 节点的协议

RLP 是以太坊中的序列化方法，以太坊的所有对象都会使用 RLP 方法序列化为字节数组。

2. 编译安装

先安装并配置好 Go 语言环境。

(1) 下载安装环境。

```
git clone https://github.com/ethereum/go-ethereum
```

(2) 编译。

```
makegeth
```

3. 常用命令

geth 是一个多用途命令行工具，可以执行 JavaScript 代码。

内嵌的 JavaScript 对象如下。

eth：包含一些跟操作区块链相关的方法；

net：包含一些查看 P2P 网络状态的方法；

admin：包含一些与管理节点相关的方法；

miner：包含启动和停止挖矿的一些方法；

personal：主要包含一些管理账户的方法；

txpool：包含一些查看交易内存池的方法；

web3：包含以上对象和一些单位换算的方法。

geth 命令格式如下：

```
geth 命令 [命令选项] [参数 … ]
```

示例如下。

以下命令启动 4 个线程挖矿：

```
geth --mine --minerthreads=4
> miner.start(8)
    true
> miner.stop()
    true
```

以下命令用于生成一个新账户，账户存储在 mydir/keystore 目录中，每个账户对应一个文件：

```
geth --datadir "mydir" account new
```

以下命令用于启动节点并进入 JavaScript 环境：

```
geth --datadir "mydir" console
```

以下命令用于查看命令帮助：

```
geth help <command>
```

以下命令用于查看 account 命令的帮助：

```
geth help account
```

4.4.4 合约语言 Solidity

1. 简介

编写智能合约的高级语言有 Solidity、Serpent、LLL 和 Mutan。Solidity 类似于 JavaScript，也是目前使用最广的。Serpent 类似于 Python，LLL 是类似于汇编的底层语言，Mutan 是类 C 的编程语言，已经被废弃。

Solidity 是面向智能合约的高级编程语言，它的设计受 C++、Python 和 JavaScript 影响，旨在针对 EVM。Solidity 是静态类型语言，支持继承、库和复杂的自定义类型等功能。

可以这样理解，Solidity 是用于编写在以太坊区块链上运行的智能合约的最流行的编程语言。它是一种高级语言，编译时转换为 EVM 字节码。这与 Java 非常相似，包括 Scala、Groovy、Clojure、JRuby 在内的所有 JVM 语言编译后都生成可在 JVM 中运行的字节码。

2. Remix

Remix 是一个开源的 Solidity 智能合约开发环境，基于浏览器的 IDE，提供基本的编译、部署至本地或测试网络、执行合约等功能，而无需服务端组件。Remix 是以太坊官方推荐的智能合约开发 IDE。

Remix IDE 是简单的代码编写和运行环境，可以在内存中模拟合约、直接运行，而不需要部署等复杂流程。

(1) 以下网址的 IDE 可以直接使用：http://remix.ethereum.org。

(2) 以下网址的 IDE 需要安装到本地使用：https://github.com/ethereum/remix-ide。

可以从以下网址下载 Remix 文档：http://remix.readthedocs.io/。

Remix 有以下三种运行模式。

- 默认模式：javascript vm；
- 通过本地私有网络的 RPC 端口，链接到本地私有网络进行调试；
- 使用 Metamask 插件提供的网络。

3. Truffle 示例

Truffle 是针对基于以太坊的 Solidity 语言的一套开发框架，本身基于 JavaScript。Truffle 环境涉及较复杂的代码编译和部署。

(1) 安装 Node.js 和 NPM。

(2) 安装 Truffle 框架。在终端执行如下命令：

```
$ sudo npm install -g truffle
```

(3) 安装 Truffle 客户端 EtherumJS TestRPC。执行如下命令：

```
$ sudo npm install -g ganache-cli
$ truffle init
$ cd contracts/
$ truffle create contract HelloWorld
```

HelloWorld.sol 文件内容如下：

```
pragma solidity ^0.4.4;
contract HelloWorld {
    function HelloWorld() public {
        // constructor
    }
    function sayHello() public pure returns (string) {
        return ("Hello World");
}
```

代码第 1 行声明目前使用的 Solidity 版本，不同版本的 Solidity 可能会编译生成不同的 字节码。^代表兼容 Solidity 0.4.4～Solidity 0.4.9 版本。

contract 关键字的含义类似于其他语言中常见的 class。

编译结果如下：

```
$ truffle compile
$ truffle console
$ let contract
HelloWorld.deployed().then(instance => contract = instance)
```

4.5 EOS

4.5.1 简介

EOS(Enterprise Operation System，企业操作系统)是为企业级分布式应用设计的一种区块链操作系统。相比于目前性能低、开发难度大、手续费高的区块链平台，EOS 拥有高性能处理能力、易于开发及用户免费等优势，能够极大满足企业级的应用需求，被誉为继比特币、以太坊之后的"区块链 3.0"技术。

EOS 的优秀基因是由其底层的石墨烯软件架构所决定的。区块链领域的"石墨烯"是指 Graphene Blockchain library(石墨烯区块链库)，其创始人 Dan Larimer(绰号为 BM)在区块链业界是鼎鼎有名的人物。他创建了比特股(BitShares)，提出了 DPOS 共识机制，因为种种原因发布了"石墨烯"区块链，并升级比特股到 2.0 版本。后来，他离开比特股，创建了 Steemit，此后又创建了 EOS。基于此架构开发的著名区块链项目还有 OracleChain、Crypviser、Dascoin、DEEX、公信宝、YOYOW、Peerplays、Cybex、Decent、MUSE、Ark、Scorum、Karma、Payger、μNEST、SEER、ECHO、GCS 等。

石墨烯采用的是 DPOS 共识机制，出块速度大约为 1.5 秒。石墨烯技术使得区块链应用能够实现更高的交易吞吐量，BTS 可以处理十万级别的 TPS，而 EOS 则宣称可实现百万级别的 TPS。同时，石墨烯技术的高并发处理能力也是比特币和 ETH 无法实现的。

石墨烯有自己的特色，如 DPOS 共识算法、P2P 距离计算、账户体系、数据存储等。

4.5.2 EOS 特性

1. EOS vs 比特币

比特币采用 POW 共识算法确认区块，流程如下。

(1) 小明向小旺发出一笔转账消息；

(2) 客户端将消息广播给所有矿工节点，暂存在矿工的交易池中；

(3) 矿工根据区块所能容纳的交易数量，从交易池中取出一定量的交易，假设小明的这笔转账很幸运，或者是手续费足够高，刚好被选中打包进区块；

(4) 矿工开始进行 POW 计算，10 分钟碰撞出结果，将区块打包广播，这次小明的转账才生效(不考虑 6 次确认)。

这种交易确认的效率无法和传统的中心化金融机构相比，接下来看看 EOS 的确认过程。

EOS 通过股东投票选举出可信的 21 个超级节点，然后由他们轮流生产区块，每 3 秒产出一个区块，这样就避免了 POW 算法的耗时问题，相当于提前建立了信任。但是 3 秒的确认时间还是太长，所以 EOS 采用块内分片技术，即在区块中维护了一条私有区块链，将一个 block 分割成多个 cycle(循环)，每个 cycle 的生成时间很短，而且不用等待完整的 block 确认完成(3 秒)，生成后直接以异步广播发送，这样，交易很快就会被确认。

另外，块内分片使交易确认时间更平滑。例如，小明向小旺的转账信息如果在打包的最后时刻发送，那么交易确认时间几乎是 0 秒；如果在打包的开始时刻发送，打包时间则是 3 秒。比特币、以太坊和 EOS 交易的确定时间和 TPS 的比较如表 4-10 所示。

表 4-10 EOS、比特币及以太坊的比较

	比特币	以太坊	EOS
交易确认时间	10 分	18 秒	3 秒
TPS	7	20	百万量级(理论上)

那么，究竟哪些交易可以并行执行，哪些交易只能串行执行？EOS 的设计者给出如下解释：涉及同一个账户 U 的交易 A 和 B，只能包含在同一个 cycle 中的同一个 thread(后来

也改称 shard)，或者包含在不同 cycle 的 thread 中，也就是说，涉及相同账户的交易必须串行处理。

2. 石墨烯架构

石墨烯区块链并不是整个应用程序。它是由一系列库和可执行程序组成，并用于提供可部署分布式应用程序的节点，如图 4-21 所示。

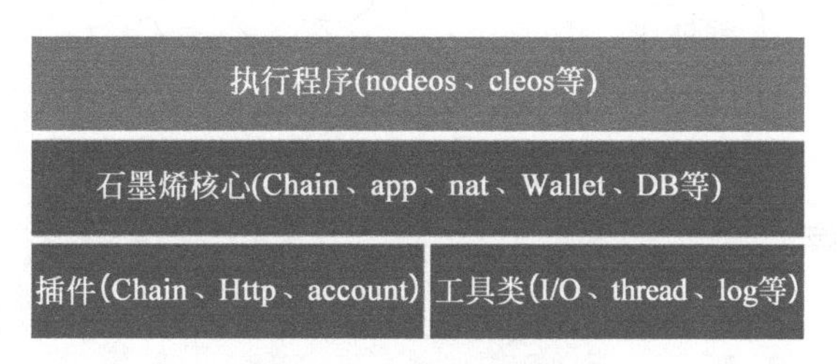

图 4-21 石墨烯区块链

石墨烯的关键技术之一就是高度模块化，将内部节点间的分布式通信能力封装成插件(plugins)，由上层的应用程序(DApp)动态加载、调用，使得应用开发者无须关注区块链底层细节，极大降低了开发难度，同时更具可扩展性。

EOS 借鉴了图 4-23 所示的石墨烯架构思想，后面又进行了重新开发，主要包括应用层、插件层、库函数层和智能合约层。

cleos 会将一组 action 封装成一个 transaction 数据包后发送给服务器。这里借用了数据库事务的概念，一个 transaction 代表一个事务，在事务内的 action 要么全部执行，要么都不执行，必须保证事务的原子性。一个 transaction 可以包含一个 action，也可以包含多个 action。

(1) 本地多节点测试系统。

本地多节点测试系统(如图 4-22 所示)更接近真实的区块链网络，只是运行在同一台计算机中。各个程序各司其职，keosd 管理私钥，cleos 连接用户与节点，nodeos 作为节点出块。

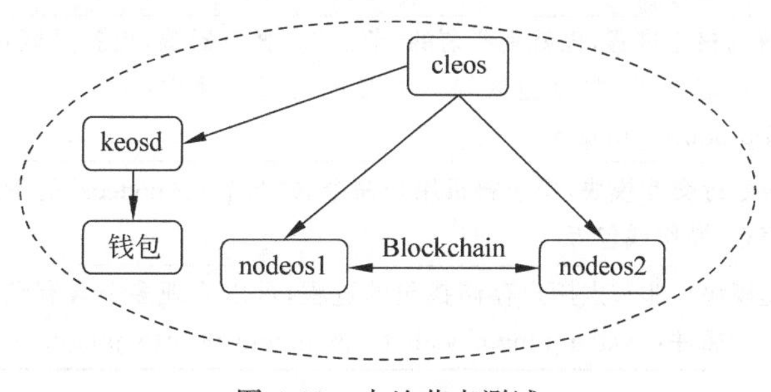

图 4-22 本地节点测试

(2) 公共测试网络。

公共测试网络(如图 4-23 所示)的架构与即将上线的 EOS 主网基本相同，只是缺少了 100 个后备节点，有 21 个主节点。用户通过 cleos 连接到 nodeos，nodeos 再连接到区块链网络(或其他 nodeos)。

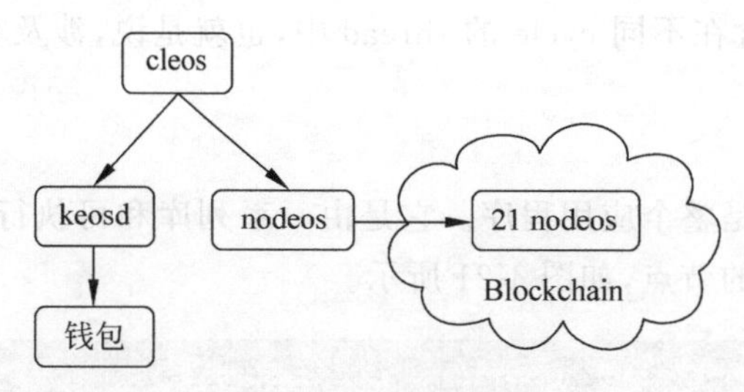

图 4-23　公共测试网络

4.5.3　EOS 程序

1. 代码分析

EOS 程序源代码的主要目录及其说明如表 4-11 所示。

表 4-11　EOS 程序源代码的目录结构

目　录	说　明
CMakeModules	cmake 编译所需要使用的配置信息
libraries	EOS 依赖的一些库
plugins	插件
programs	应用
scripts	脚本

EOS 主要包括应用层、插件层、库函数层和智能合约层。

了解系统架构之前，先看看目前 EOS 系统的主要组成部分，EOS 应用层程序的说明如表 4-12 所示。

表 4-12　EOS 应用层程序说明

程　序	说　明
nodeos	EOS 系统的核心进程，也就是所谓的“节点”。服务器端，也就是区块生产节点，用于接收客户端的远端请求，并打包区块。主要包括四个插件：chain_plugin、http_plugin、net_plugin 和 producer_plugin
cleos	客户端命令行交互模块，用于解析用户命令，并与节点(nodeos)的 REST 接口通信。如查看区块信息、操作钱包等
keosd	钱包管理模块。非节点用户存储钱包的进程，可以管理多个含有私钥的钱包并加密。主要包括三个插件：wallet_plugin、wallet_api_plugin 和 http_plugin

EOS 项目的插件代码位于 eos/plugins 目录下，包括以下 4 个层次：

- 模板层，eos/plugins/template_plugin 定义了 EOS 项目中所有插件的模板；
- 基类层；
- 派生类层；
- 封装层。

EOS 的 5 个基类插件如表 4-13 所示，这 5 个插件承担了 EOS 插件体系的基本功能。

表 4-13　EOS 的 5 个基类插件

插　　件	说　　明
chain_plugin	链的插件,承载了 nodeos 节点程序与区块链交互的基本功能
net_plugin	P2P 网络插件,承载了 EOS 系统的 P2P 网络中 TCP/IP 层相关功能
wallet_plugin	钱包插件
http_plugin	HTTP 插件,承载了 EOS 系统的 P2P 网络中 http 层相关功能
account_history_plugin	账户历史记录插件

EOS 对表 4-13 中的特定插件进行封装,只暴露 API,对应的 API 有 chain_api_plugin、wallet_api_plugin、account_history_api_plugin 和 net_api_plugin。

(1) chain_plugin 的基本功能。

- 读取本地不可逆区块链的基本信息;
- 设置本地链检查点;
- 设置本地链参数;
- 设置可逆区块数据库的参数;
- 设置账户和智能合约的黑/白名单;
- 重载区块链初始状态文件;
- 删除、重写、替换本地区块链数据(包括开始、停止等动作)。

(2) net_plugin 的基本功能。

建立节点之间的握手并互联;监听/发送/接收新交易以及新区块的请求;验证所接收数据的合法性。

(3) wallet_plugin 的基本功能。

创建/读取钱包文件;设置 unlock timeout 值;将密钥导入钱包。

(4) http_plugin 的基本功能。

监听/发送/接收新交易以及新区块请求;验证所接收数据的合法性。

(5) acount_history_plugin 的基本功能。

指定区块、账户的状态或交易查询。

2. 编译安装

(1) 下载。

通过以下命令下载 EOS:

```
git clone https://github.com/EOSIO/eos
```

(2) 编译。

通过以下命令编译 EOS:

```
cd eos
./eosio_build.sh
```

3. 常用命令

启动钱包环境:

```
keosd --http-server-address=127.0.0.1:8900
```

创建钱包：

```
cleos wallet create [ - n < wallet_name >]
```

显示钱包列表：

```
cleos wallet list [ - n < wallet_name >]
```

EOS 的基本命令如表 4-14 所示。

表 4-14 EOS 的基本命令

命令功能	命令格式
获取所有命令	$ cleos
获取所有子命令	$ cleos ${command}
链接节点	$ cleos-url ${node}：${port}
查询区块链状态	$ cleos get info
通过 transaction_id 获取交易	$ cleos get transaction ${transaction_id}
通过账户获取交易	$ cleos get transaction ${account}
转账 EOS	$ cleos transfer ${from_account} ${to_account} ${quantity}
钱包-创建钱包	$ cleos wallet create {-n} ${wallet_name}
钱包-查看钱包列表	$ cleos wallet list
钱包-查看导入密钥	$ cleos wallet import ${key}
钱包-查看 key 列表	$ cleos wallet keys
钱包-查看锁	$ cleos wallet lock -n ${wallet_name}
钱包-解锁钱包	$ cleos wallet unlock -n ${wallet_name} --password ${password}
钱包-打开钱包	$ cleos wallet open
账户-创建密钥	$ cleos create key
账户-创建账户	$ cleos create account ${control_account} ${account_name} ${owner_public_key} ${active_public_key}
账户-查看子账户	$ cleos get servants ${account_name}
账户-检查账户余额	$ cleos get account ${account_name}
权限-创建或修改权限	$ cleos set account permission ${permission} ${account} ${permission_json} ${account_authority}
合约-部署	$ cleos set contract ../${contract}.wast ../${contract}.abi or $ cleos set contract ../${contract}
合约-查询 ABI	$ cleos get code -a ${contract}.abi ${contract}
合约-推送操作	$ cleos push action ${contract} ${action} ${param} -S ${scope_1} -S ${scope_2} -p ${account}@active
合约-查询表	$ cleos get table ${field} ${contract} ${table}

(1) nodeos 命令。

跳过签名的命令如下：

```
$ nodeos -- skip - transaction - signatures
```

(2) keosd 命令。

使用独立的钱包应用的命令如下:

```
$ keosd --http-server-endpoint ${node}:{port}
```

4.6 Hyperledger Fabric

4.6.1 简介

2015 年 12 月,由开源领域的旗舰组织 Linux 基金会牵头,30 家初始企业成员共同宣布 Hyperledger 联合项目成立。成立之初,IBM 公司贡献了 4 万多行已有的 OpenBlockchain 代码,Digital Asset 则贡献了企业和开发者相关资源,R3 组织贡献了新的金融交易架构,Intel 公司也贡献了分布式账本相关的代码。

作为一个联合项目,Hyperledger 由面向不同场景的子项目构成,包括 Fabric、Sawtooth、Iroha、BlockChain Explorer、Cello、Indy、Composer、Burrow 八大顶级项目。

Fabric 架构的核心逻辑包含三方面: membership、blockchain 和 chaincode。membership services 用来管理节点身份、隐私、保密性、可审计性。blockchain services 使用建立在 HTTP/2 上的 P2P 协议来管理分布式账本,提供最有效的哈希算法来维护区块链世界状态的副本。采取可插拔的方式来根据具体需求设置共识协议,如 PBFT、RAFT、PoW 和 PoS 等,其中 IBM 公司首选 PBFT 算法。chaincode services 提供一种安全且轻量级的沙盒运行模式,来在 VP 节点上执行 chaincode 逻辑,类似于以太坊的 EVM 及其上面运行的智能合约。

底层采用 P2P 网络和 gRPC 协议实现对分布式账本结构的连通。通过 Gossip 协议进行状态同步、数据分发和成员探测。

Hyperledger Fabric 支持多链,每个链对应一套账本,所以区块链的每个 peer 节点会维护多套账本。每个超级账本包含以下元素。

- 账本编号: 快速查询存在哪些账本;
- 账本数据: 实际的区块数据存储;
- 区块索引: 快速查询区块/交易;
- 状态数据: 最新的世界状态数据;
- 历史数据: 跟踪键的历史。

Fabric 包含下面的核心概念。

- chaincode: 智能合约。上文已提到,每个 chaincode 可提供多个不同的调用命令。
- transaction: 交易。每条指令都是一次交易。
- world state: 对同一个 key 的多次交易形成的最终 value,就是世界状态。
- endorse: 背书。其在金融上的意义为持票人为将票据权利转让给他人或者将一定的票据权利授予他人行使,而在票据背面或者粘单上记载有关事项并签章的行为。通常引申为对某个事情负责。在我们的共识机制中的投票环节里,背书意味着参与投票。
- endorsement policy: 背书策略。由智能合约 chaincode 选择哪些 peer 节点参与到

背书环节中。

- peer：存放区块链数据的结点，同时还有 endorse 和 commit 功能。
- channel：私有的子网络，事实上是为了隔离不同的应用。一个 channel 可含有一批 chaincode。
- PKI：即 Public Key Infrastructure，一种遵循标准的、利用公钥加密技术为电子商务的开展提供一套安全基础平台的技术和规范。
- MSP：即 Membership Service Provider，联盟链成员的证书管理。它定义了哪些 RCA 以及 ICA 在链里是可信任的，包括定义了 channel 上的合作者。
- org：即 orginazation，管理一系列合作企业的组织。

4.6.2 Fabric 的特性

1. 技术架构

Fabric 联盟链的开发人员主要分为三类：底层是系统管理人员，负责系统的部署与维护；其次是组织管理人员，负责证书、MSP 权限管理、共识机制等；最后是业务开发人员，负责编写 chaincode、创建和维护 channel、执行 transaction 等。Fabric 的架构大致分为网络层(底层)、权限管理、共识机制和业务层，如图 4-24 所示。

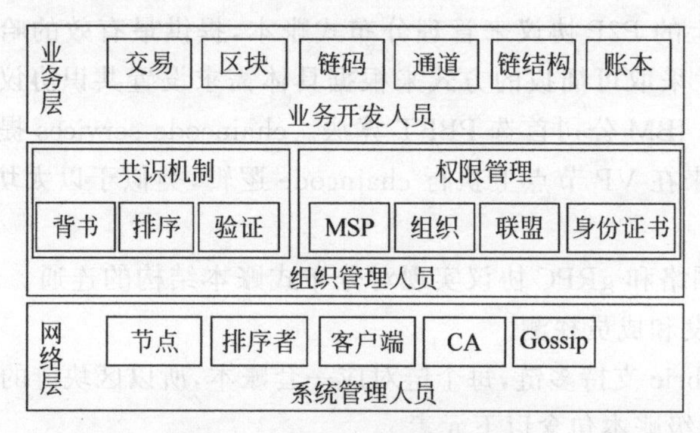

图 4-24 Fabric 联盟链的架构

Fabric 通过 SDK 和 CLI 对应用开发者提供服务。Fabric 联盟链的网络节点本质上是互相复制的状态机，节点之间需要保持相同的账本状态。为了实现分布式节点的一致性，各个节点需要通过共识过程对账本状态的变化达成一致性的认同。Fabric 联盟链的共识过程包括 3 个阶段：背书、排序和校验。

Fabric 共识采用 Endorse＋Kafka＋Commit 模式(简称 EKC 共识)。

Hyperledger Fabric 采用三种交易排序算法：Solo、Kafka、SBFT。

- Solo：只有一个排序服务节点负责接收交易信息并排序，是最简单的一种排序算法，一般用于开发测试环境中。Solo 共识模式属于中心化的处理方式，不支持拜占庭容错。
- Kafka：Kafka 是 Apache 的一个开源项目，主要提供分布式的消息处理/分发服务，每个 Kafka 集群由多个服务节点组成。Hyperledger Fabric 利用 Kafka 对交易信息进行排序处理，提供高吞吐、低延时的处理能力，并且在集群内部支持节点故障容错，但不支持拜占庭容错。

- SBFT：简单拜占庭算法，是支持拜占庭容错的可靠排序算法，包括容忍节点故障以及一定数量的恶意节点。

2. 设计特点

Fabric克服了比特币等公有链项目的缺陷，如吞吐量低、交易公开无隐私性、无最终确定性以及共识算法低效等，使得用户能够方便地开发商业应用；满足企业区块链应用的要求，即高吞吐量、低时延、交易保证隐私与机密。Fabric具有以下特点：

(1) 高度模块化，使得平台可以适用于不同的行业，如供应链、银行、金融、保险、医疗、人力资源等；

(2) 支持以通用编程语言来编写智能合约，如Java、Go，网络要求是permissioned；

(3) 共识协议可插拔，可以适用于不同的环境；

(4) 没有令牌，减少被攻击的风险，不需要挖矿；

(5) 账本支持多种数据库；

(6) 有可插拔的背书和验证策略。

3. 交易流程

Fabric包含下面四个关键节点。

(1) peer节点。

该节点是参与交易的主体，可以说是代表每个参与到链上的成员，它负责存储完整的账本数据即区块链数据，负责共识环节中的执行智能合约，其中所有peer节点都维护完整的账本数据，称为Committer，而根据具体的业务划分背书策略时决定哪些peer。

(2) orderer节点。

该节点负责收集交易请求、进行排序并打包生产新的区块，主体功能便是对交易排序，从而保证各peer节点上的数据一致性，也包含了ACL即访问控制。

(3) CA节点。

该节点负责对加入链内的所有节点进行授权认证，包括上层的client端，每个节点都有其颁发的证书，用于交易流程中的身份识别。

(4) 客户。

Fabric对于客户端提供了SDK，让开发人员可以更容易地对接到区块链内的交易环节，交易的发起是通过SDK进行。

Fabric中的所有交易都是通过chaincode执行的，Fabric中不会有空块，只有有交易才会出块。Fabric的交易流程如图4-25所示，具体步骤如下。

① 应用程序客户端通过SDK调用证书服务(CA)服务，进行注册和登记，并获取身份证书。

② 应用程序客户端通过SDK向区块链网络发起一个交易提案(proposal)，交易提案把带有本次交易要调用的合约标识、合约方法和参数信息及客户端签名等的信息发送给背书节点。

③ 背书节点收到交易提案后，需要进行以下验证：

- 交易预案是完好的；
- 该预案以前没有提交过(防止重放攻击)；
- 签名是合法的；

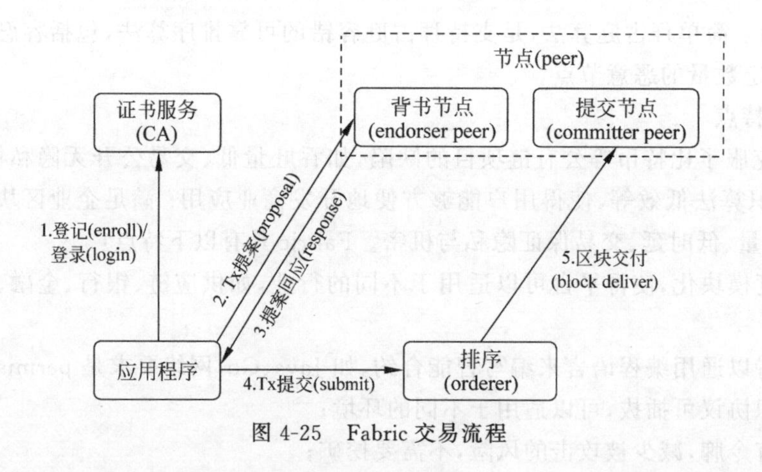

图 4-25　Fabric 交易流程

• 交易发起者(客户 A)是否满足区块链写策略。

④ 满足以上要求后，背书节点把“交易预案”作为输入参数，调用智能合约中的函数，智能合约根据当前的账本状态计算出一个“交易结果”，该结果包括返回值和读写集。此时，区块链账本并不会被更新。“交易结果”在被签名后与一个是/否的背书结果一同返回，称为“预案回复”。

⑤ 应用程序客户端收到背书节点返回的信息后，判断提案结果是否一致，以及是否参照指定的背书策略执行。如果没有足够的背书，则中止处理；否则，应用程序客户端把数据打包到一起，组成一个交易并签名，发送给 orderer 节点。

⑥ orderer 节点对接收到的交易进行共识排序，分通道对交易消息按时间排序，并按通道将交易打包成块，发送给提交节点；

⑦ 提交节点收到区块后，会对区块中的每笔交易进行校验，检查交易依赖的输入输出是否符合当前区块链的状态，完成后将区块追加到本地的区块链，并修改世界状态。

4. MSP 服务

整个交易流程中，MSP 服务担当权限管理的职责，包括身份识别、权限鉴定、签名、认证、背书策略校验等功能。下面详细解释 MSP 在整个 Fabric 网络中的定义及功能。

MSP 出现在区块链网络中的两个地方：Channel 配置和本地。因此，MSP 可以分为 local MSP 和 channel MSP。

(1) local MSP。

local MSP 是为节点(peer 或 orderer)和用户(使用 CLI 或使用 SDK 的客户端应用程序的管理员)定义的。每个节点和用户都必须定义一个 local MSP，以便在加入区块链的时候进行权限验证。

(2) channel MSP。

channel MSP 在 channel 层面定义管理和参与权。参与 channel 的每个组织都必须为其定义 MSP。channel 上的 peer 和 orderer 将在 channel MSP 上共享数据，并且此后将能够正确认证 channel 参与者。这意味着如果一个组织希望加入该 channel，那么需要在 channel 配置中加入一个包含该组织成员的信任链的 MSP，否则来自该组织身份的交易将被拒绝。

channel MSP 主要管理 channel 资源，如 channel 或网络级别、运营的 ledgers、智能合约和联盟等。

将这些 MSP 视为处于不同级别是有好处的，其中较高级别的 MSP 处理与网络管理有关的问题，而较低级别的 MSP 处理私有资源管理的身份。MSP 在每个管理级别上都是必需的。按照网络，channel、peer、orderer 和 users 等资源的等级可将 MSP 分为以下几类。

(1) network MSP。

通过定义参与者组织 MSP，来定义网络中的成员。同时定义这些成员中哪些成员有权执行管理任务(如创建 channel)。

(2) channel MSP。

channel 提供了一组特定的组织之间的私人通信，这些组织又对其进行管理控制。在该 channel 的 MSP 上下文中的 channel policies 定义谁能够参与 channel 上的某些操作，例如添加组织或实例化 chaincode。

(3) peer MSP。

此 local MSP 在每个 peer 的文件系统上定义，并且每个 Peer 都有一个 MSP 实例。从概念上讲，它执行的功能与 channel MSP 完全相同，限制条件是它仅用于定义它的 peer 上。

(4) orderer MSP。

与 peer MSP 一样，orderer local MSP 也在节点的文件系统上定义，并且仅用于该节点。与 peer 节点相似，orderer 也由单个组织拥有，因此只有一个 MSP 来列出其信任的参与者或节点。

peer 和 orderer 的 MSP 是本地的，而 channel MSP 和 network MSP 在该 channel 的所有参与者之间共享，其关系如图 4-26 所示。

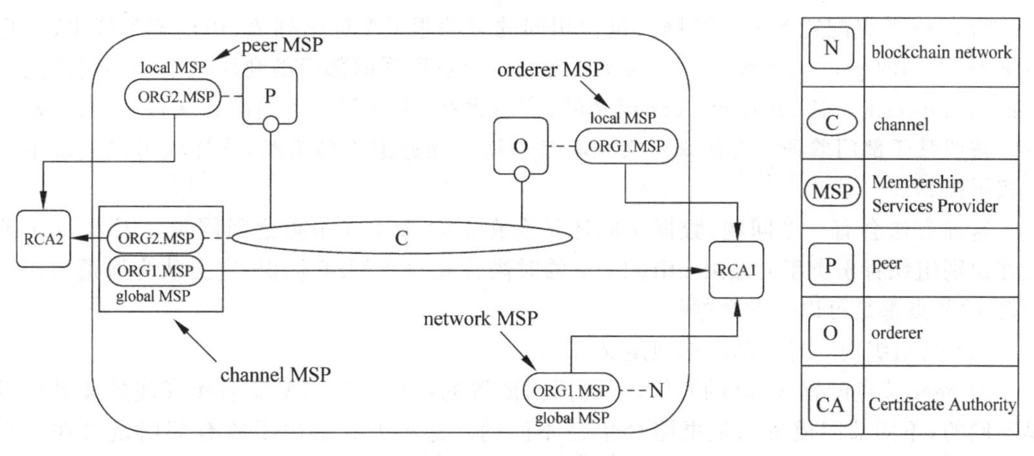

图 4-26 MSP 类别

在图 4-26 中，网络配置 channel 由 ORG1 管理，但另一个应用程序 channel 可由 ORG1 和 ORG2 管理。peer 是 ORG2 的成员，并由 ORG2 管理，而 ORG1 管理 orderer。ORG1 信任来自 RCA1 的身份，而 ORG2 信任来自 RCA2 的身份。请注意，这些是管理员身份，反映了谁可以管理这些组件。所以，当 ORG1 管理网络时，ORG2. MSP 确实存在于网络定义中。

5. MSP 的实践

在实际的生产环境中，组织与 MSP 存在着多种映射关系，而且通过设置不同的 MSP，可以实现不同的权限控制目的。接下来，将从以下两个方面介绍 MSP 的实践。

1）组织与 MSP 之间建立映射关系

通常情况下，建议实际的组织和 MSP 之间建立一一对应关系。当然也可以选择其他类型的映射关系，下面详细介绍。

(1) 一个组织对应多个 MSP。

这种情况是一个组织有多个部门，从方便管理的角度或者隐私保护的角度而言，每个部门都要设置不同的 MSP。每个 Peer 节点只设置一个 MSP，同一组织内不同 MSP 的 Peer 节点之间不能互相认证，这样相同组织的不同部门之间不能同步数据，数据不能共享。

(2) 多个组织对应一个 MSP。

这种情况是同一个联盟的不同组织之间采用相同的成员管理架构，数据会在不同组织之间同步。在 peer 节点之间的 gossip 通信中，数据是在相同通道配置了相同 MSP 的 peer 节点之间同步的。如果多个组织对应一个 MSP，则数据就不会限制在组织内部，会跨组织进行同步。这种情况有较多应用场景。例如，C9 联盟可以在同一个 MSP 管理下，既能够确保信任的基础，又能够实现数据的共享。

其实这是由 MSP 定义的粒度问题，一个 MSP 可以和一个组织对应，也可以和多个组织对应，还可以和一个组织内部的多个部门对应。根据 MSP 配置好 peer 节点后，数据同步就限制在了 MSP 定义的范围内。

2）一个组织内部实现不同的权限控制

一个组织内部有多个部门，从而实现不同部门的权限控制。以下两种方法可以实现这个场景。

(1) 给组织内的所有部门定义一个 MSP。

给 peer 节点配置 MSP 的时候，包含相同的可信根 CA 证书列表、中间 CA 证书、管理员证书，不同的 peer 节点设置不同的所属部门。节点所属的部门是利用证书和部门之间映射的 OrganizationalUnitIdentifiers 定义的，它包含在 MSP 目录下的配置文件 config. yaml 中。按照基于部门验证的方法来定义交易背书策略和通道管理策略，这样就可以实现不同的权限控制。

这种方法会有一个问题，数据实际还是会在不同的 peer 节点之间同步。因为 peer 节点在识别组织身份类型 OrgIdentityType 的时候获取的是 MSP 标识，它会认为通道内相同 MSP 的节点都是可以分发数据的。

(2) 给组织内的每个部门单独定义 MSP。

给 peer 节点配置 MSP 的时候，不同部门配置的可信中间 CA 证书和管理员证书可以是不同的，不同部门成员的证书路径也是不同的。这种方式解决了所有部门定义在一个 MSP 中的问题，但是会带来管理上的复杂度。

另外一个方法是为每个部门都设置不同的 MSP，利用证书和部门之间映射的 OrganizationalUnitIdentifiers 实现不同部门的权限控制，数据同步仍然会限制在组织的不同部门内，这同样也会产生管理上的复杂度。

4.6.3 Fabric 程序

1. 代码包分析

表 4-15 为部分重要代码包的说明。

表 4-15　Fabric 程序的重要代码包

目　　录	说　　明
bccsp	区块链加密服务提供者(Blockchain Crypto Service Provider),提供一些密码学相关操作的实现,包括 Hash、签名、校验、加解密等
common	一些通用的功能模块。包括常用的配置 config、加密签名的 crypto、ledger 设置,工具包含协议设置等
core	大部分核心实现代码都在该包下。其他包的代码封装上层接口,最终调用该包内代码。包含区块链操作 chaincode 代码实现、peer 节点消息处理及行为的实现、容器 container 的实现,如 docker 交互实现、策略实现 policy 及预处理 endorser 等
msp	成员管理的实现代码
gossip	gossip 算法的实现,最终确保状态一致

2. 编译安装

(1) 下载。

可以通过以下命令下载 Fabric:

```
git clone https://github.com/hyperledger/fabric.git
```

(2) 编译。

可以通过以下命令编译 Fabric:

```
make release
./Bootstrap.sh
```

(3) 从 github 上克隆 hyperledger/fabric-samples 并进入该目录,然后检出适当的版本。

(4) 在 fabric-samples 目录下安装特定平台的 Hyperledger Fabric 二进制可执行文件和配置文件。

(5) 下载指定版本的 Hyperledger Fabric 的 Docker 镜像。

3. 常用命令

peer 命令包含以下五个不同的子命令。

1) peer chaincode [option] [flags]

以下命令将指定的链代码打包到部署规范中,并将其保存到 peer 路径中:

```
peer chaincode install [flags]
```

以下命令调用指定的链代码,尝试提交指定的事务到网络中:

```
peer chaincode invoke
```

以下命令获取指定通道实例化的链代码,或在 peer 节点上获取已安装的链代码:

```
peer chaincode list
```

以下命令列出在 peer 节点上安装的链码(默认为 peer0.org1):

```
peer chaincode list -- installed
```

以下命令列出在通道上实例化的链码：

```
peer chaincode list -- instantiated - C channel1
```

以下命令将指定的链代码打包到部署规范中：

```
peer chaincode package
```

2）peer channel [command]

以下命令创建一个通道，并将创世区块写入文件：

```
peer channel create
```

以下命令获取指定块，并将其写入文件：

```
peer channel fetch
```

以下命令获取指定频道的区块链信息，需要加参数-c：

```
peer channel getinfo -c channel1
```

以下命令将 peer 节点加入通道中：

```
peer channel join
```

以下命令列出当前 peer 加入的通道：

```
peer channel list
```

3）peer logging [option] [flags]

该命令允许用户动态观察和配置 peer 的日志级别。

4）peer node [option] [flags]

该命令用于启动一个 peer 节点或者改变 peer 节点的状态。

以下命令通过 status 返回正在运行的节点状态：

```
peer node status
```

以下命令将所有通道重置为创世区块。执行该命令时，peer 必须处于脱机状态。

```
peer node reset
```

5）peer version [option] [flags]

该命令用于显示 peer 的版本号和版本信息等。

4.7 开源联盟链

4.7.1 Quorum

Quorum 是由 J. P. Morgan（摩根大通，美国金融机构）推出的企业级区块链平台，基于以太坊分布式账本协议开发，属于联盟链。Quorum 为金融服务行业提供以太坊许可链方案，支持交易与合约的隐私性。

Quorum 是一个企业级分布式账本和智能合约平台，可被看作企业版的以太坊。企业级以太坊模型与传统以太坊模型不同，其准入门槛、共识处理及交易的安全机制与传统公链模型不同。Quorum 通过一套区块链架构，提供私有智能合约执行方案，并满足企业级性能要求。适用于任何需要高速和高吞吐量地处理联盟许可之间私有交易的应用程序。Quorum 解决了将区块链技术应用于金融等行业的特殊挑战。

Quorum 和以太坊的主要区别如下：

- 交易与合约的隐私性，提供了 Transaction 和 Contract 的私有化功能；
- 多种共识方式；
- 网络与节点的权限管理；
- 更高的性能。

联盟链一直是业内公认最适合的形式，J. P. Morgan 早在 2016 年就启动了开源区块链项目 Quorum。区别于公链，Quorum 针对的是特定的企业或组织，支持节点间的隐私合约，参与方节点和非参与方节点在调用同一个合约地址的 ABI 时会得到不同的结果，从而达到隐私合约数据只被参与方共享的目的。与公链相比，提高了安全性和交易效率，同时节约了电力和计算硬件等成本投入。

Quorum 的主要组件如下：

- Quorum node(节点)；
- Constellation-Transaction Manager(用于私有 Transaction 的管理)；
- Constellation-Enclave(用于加解密私有 Transaction 的信息)。

1. 技术架构

Quorum 的本质是使用密码学技术来防止交易方以外的人看到敏感数据，其架构如图 4-27 所示。该解决方案需要一个单独的共享区块链和一个智能合约框架与以太坊原始代码的修改组合，其中智能合约框架对隐私数据进行了隔离，对 go-ethereum 代码库进行的修改包括对区块提案和验证过程的修改。区块验证过程是通过执行交易合约代码来进行的。例如所有节点都对公开交易和与交易方相关的私有交易进行验证；对于其他私有交易，节点将会忽略合约代码的执行过程。

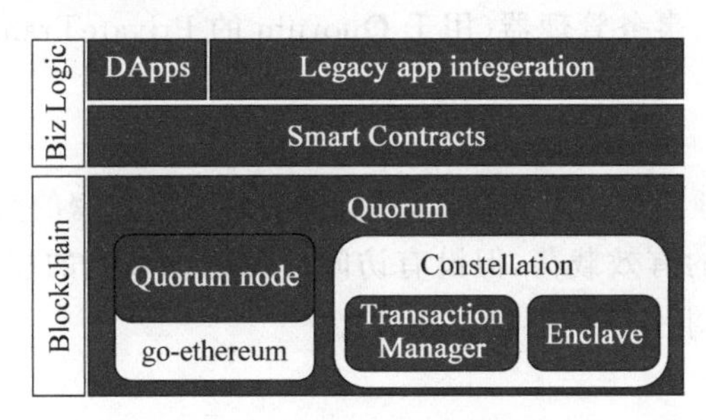

图 4-27 Quorum 架构

这样的操作将导致状态数据库的分离，如状态数据库被分成私有状态数据库和公开状态数据库两类。网络中所有节点的公开状态均完美达成状态共识。私有状态数据库的情况有所不同，即使客户端节点的状态数据库不再保存整个全局状态数据库的状态，实际的分布式区块链及其中所有事务仍可以同步到所有节点，为防篡改而进行加密安全处理。与其他基于多链的分段策略相比，这是一个明显的区别，同时增强了设计的安全性和弹性。

Quorum 节点被有意设计成轻量级的 geth 分叉，其结构如图 4-28 所示，以便继续利用成长中的以太坊社区研发优势。

图 4-28 Quorum 节点的结构

Quorum 节点对 geth 做了以下改动：

(1) PoW 共识算法改成 QuorumChain，一种基于投票的共识机制（Quorum 2.0 之后将弃用 QuorumChain）；

(2) P2P 网络层改成只有授权节点才能连入或连出网络；

(3) 区块生成逻辑由检查"全局状态根"改为检查"全局公开状态根"；

(4) 区块验证逻辑在区块头，将"全局状态根"替换成"全局公开状态根"；

(5) 状态树分成公开状态树和私有状态树；

(6) 区块链验证逻辑改成处理"私有事务"；

(7) 创建事务改成允许交易数据被加密哈希替代，以维护必需的隐私数据；

(8) 删除以太坊中 gas 的定价，但保留 gas 本身。

2. 安全管理

Constellation 和 Tessera（以下简称 C&T）是一种用 Java 和 Haskell 实现的安全传输信息模型，它们就像是网络中的信息传输代理（Message Transfer Agent，MTA）所有消息的传输都通过会话信息密钥进行加密。

Constellation 是一个 P2P 的加密消息交换机，是以安全的方式提交信息的通用系统。它与用 PGP 加密消息的 MTA 网络相当，它不是区块链专用的，可以适用于许多其他类型的应用程序，比如用户希望在交易对手网络中进行单独封装的消息交换时。Constellation 模块由两个子模块组成：事务管理器（用于 Quorum 的 PrivateTransactionManager 的默认实现）和 Enclave。

(1) 事务管理器。

Quorum 的事务管理器负责事务隐私，存储并允许访问加密的交易数据，与其他参与方的事务管理器交换加密的有效载荷，但没有访问任何敏感私钥的权限。它用 Enclave 来加密（尽管 Enclave 可以由事务管理器自己托管）。

(2) Enclave。

分布式账本协议通常利用密码技术来保证事务真实性、参与者身份验证和历史数据存储（通过加密哈希数据链）。为了实现相关事务的隔离，同时通过特定加密的并行操作来提供性能优化，包括系统密钥生成和数据加解密的大量密码相关工作，会委托给 Enclave。

4.7.2 Corda

Corda 是为金融机构（特别是银行）打造的一个系统，里面没有代币机制，也就是说不能进行ICO。它基于最简单的共识机制(Notary),利用现有的、已被证实的技术和架构,例如开发语言是最普及的JVM上的Kotlin,加密协议是基础的PKIX,消息通信协议是Apache ActiveMQ下的Artemis。

Corda采用分布式账本技术(DLT),它并不生成区块,也没有一条单一的链,与比特币和以太坊不同。

Corda专注于B2B,例如一家银行要与另一家银行进行结算和实时清算等,或者一家银行持有另一家银行的资金,与消费者没有关系,只涉及银行之间的业务结算,这正是Corda的专注点。

Corda是受区块链启发的开源分布式账本平台。在Corda究竟是不是区块链技术这件事情上存在争议,原因是与比特币、以太坊等典型区块链平台相比,Corda舍弃了每个节点都要验证和记录每笔交易的账本全网广播模式,仅仅要求每笔交易的参与方对交易进行验证和记录。

这同时也带来了问题,即如何避免"双花"。在比特币和以太坊等区块链平台上,由于每个节点都拥有整个账本的副本,所以要解决双花问题很容易。Corda为解决双花问题,引入了Notary机制,简单来说就是在Notary节点之间形成更广泛的共识,而Corda上的每笔交易都需要通过至少一个Notary节点的验证。

Fabric和Corda的开发是受具体用例驱动的。其中,Corda的用例来自于金融服务行业,这也是Corda可见的主要应用领域。Fabric设计提供一种模块化、可扩展的架构,可用于从银行、医疗保健到供应链等各个行业。以太坊则完全独立于任何特定的应用领域。然而与Fabric相比,以太坊并未突出模块化,而重在为各种交易和应用提供一个通用平台。

以太坊、Hyperledger Fabric和Corda的对比如表4-16所示。

表4-16　以太坊、Hyperledger Fabric和Corda的对比

特性	以太坊	Hyperledger Fabric	Corda
平台描述	通用区块链平台	模块化区块链平台	金融行业专用的分布式账本平台
管理方式	以太坊开发者	Linux基金会	R3
运行模式	无授权,公开、私有均可	有授权,私有	有授权,私有
共识	基于PoW	支持多种方法,交易层面	公证节点,交易层面
智能合约	智能合约代码(如Solidity)	智能合约代码(如Go、Java)	智能合约代码(如Kotlin、Java),智能法律合约
货币	以太币	无	无

以太用于向帮助通过挖矿达成共识的节点支付奖励,并支付交易费用。因此,去中心化应用(DApps)可以基于支持货币交易的以太坊构建。此外,通过部署符合预定义标准的智能合约,可以创建为用例定制的数字代币。使用这种方式,人们可以定义自己的货币或资产。

Fabric和Corda不支持通过挖矿达成共识,因此不需要内建的加密货币。但是使用Fabric,也可以开发本地货币,或是带有区块链代码的数字代币。使用Corda,不建议创建数字货币或代币。

与Fabric相比,专注于金融服务交易使Corda得以简化其架构设计。因此,Corda可以提供更多的“开箱即用”体验。不过，Fabric 的模块化支持定制类似于 Corda 的功能集，因此，Corda 不能被视为 Fabric 的竞争对手，而更多地作为一种补充。

4.7.3 百度超级链

百度超级链（XuperChain）简称超级链，是一个支持平行链和侧链的区块链网络。在 XuperChain 上有一条特殊的链——Root 链。Root 链管理着 XuperChain 网络的其他平行链，并提供跨链服务。其中基于 Root 链诞生的超级燃料是整个 XuperChain 网络运行消耗的燃料。Root 链有以下功能：

(1) 创建独立的一条链；

(2) 支持与各个链的数据交换；

(3) 管理整个 XuperChain 网络的运行参数。

XuperChain 是一个能兼容一切区块链技术的区块链网络，其平行链可以支持 XuperChain 的解决方案，也同时支持其它开源区块链网络的技术方案。

超级链底层基于 UTXO 模型，因此任何针对比特币系统的优化都适用于 XuperChain。XuperChain 在 UTXO 的基础上进行了智能合约的扩展，在扩展区可加载各种不同的合约虚拟机，每个合约机需要实现运行合约和回滚合约两个接口。

XuperChain 内嵌合约机制，规定了智能合约编写的接口，可直接用当前语言（Go、C++、Java 等）编写智能合约放入 XuperChain。XuperChain 直接支持以太坊的 Solidity 语言，因此以太坊的智能合约代码可以在 XuperChain 部署和执行。XuperChain 同时支持 WebAssembly，并能通过它支持其他任何语言。

XuperChain 在设计的时候就支持轻量级节点技术。轻量级节点仅同步少量数据就可以完成数据的访问和校验。轻量级客户端可以部署在 PC、手机、嵌入式器件等设备上，不需要算力和存储支持就能有效访问区块链网络的数据。

XuperChain 的共识机制有以下几种。

1. 可插拔共识机制

不同的平行链允许采用不同的共识机制，任意时刻通过投票表决机制实现共识的升级，从而实现共识机制的热升级。

XuperChain 的共识机制包括但不限于 PoW、PoS、PBFT、中心化共识（Raft）等。

2. DPoS 共识算法创新——TDPoS 共识

TDPoS 为百度自主研发的一套 DPoS 共识，参数包括每轮的 proposer 个数、出块间隔、节点每轮出块个数等，在创建平行链的时候可以指定，也可以通过提案机制升级。通过 GPS 和原子钟保证时钟同步。例如，如果配置的参数为每轮 21 个节点，出块间隔为 3s，每个节点每轮出块个数为 200，则每轮的时间为 3.5h。

3. 自定义共识机制

如果 DApp 开发者觉得系统默认的共识机制都无法满足自身的业务需求，可以通过智能合约和共识机制的编程接口编写自己的共识，如图 4-29 所示，并以智能合约的形式发布到 XuperChain 中。

图 4-29 简要说明了如何使用 XuperChain 的提案机制进行共识升级。XuperChain 提供可插拔共识机制，通过提案和投票机制，可以升级共识算法或者参数。

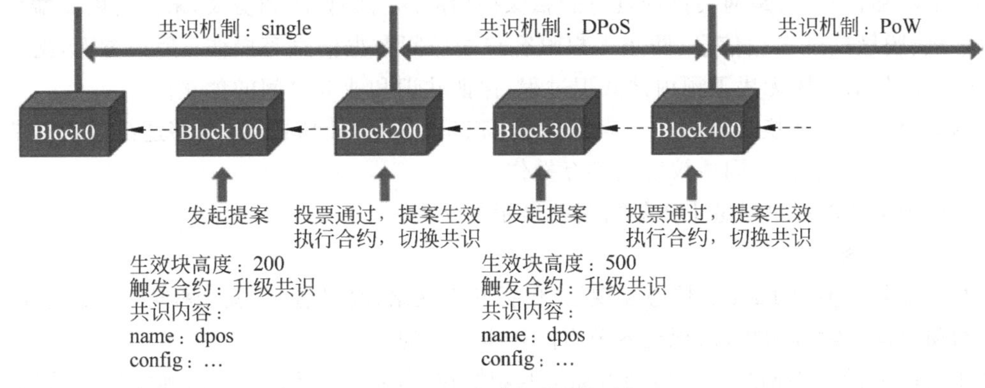

图 4-29　自定义共识机制

4.7.4　京东智臻链

京东智臻链(JD Chain)的目标是实现一个面向企业应用场景的通用区块链框架系统，能够作为企业级基础设施，为业务创新提供高效、灵活和安全的解决方案。

JD Chain 的当前版本以 Java 语言开发，需要安装配置 JVM 和 Maven，JDK 版本不低于 1.8。

京东区块链的架构体系分为 JD Chain 和 JD BaaS(Blockchain as a Service)两部分。JD Chain 作为核心引擎，在数据账本、共识协议、密码算法、存储等方面引入新的研究成果和工程架构，解决处理性能、伸缩性、扩展性、安全性等基础和关键的技术问题，建立创新性的技术架构和应用方案。

JD Chain 按功能层次分为 4 个部分：网关服务、共识服务、数据账本和工具包，如图 4-30 所示。

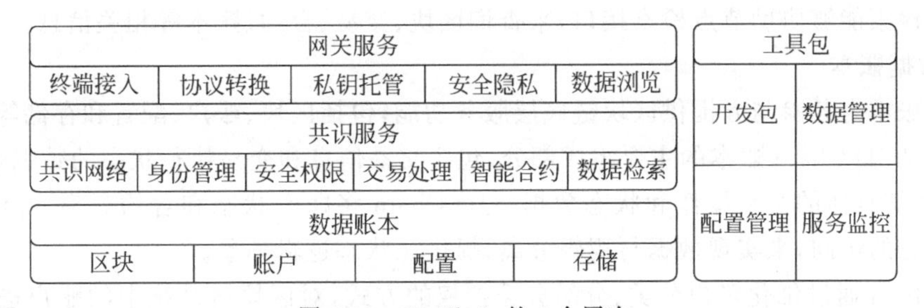

图 4-30　JD Chain 的 4 个层次

1. 网关服务

JD Chain 的网关服务是应用的接入层，提供终端接入、私钥托管、安全隐私、协议转换和数据浏览等功能。

终端接入是 JD Chain 网关的基本功能，在确认终端身份的同时提供连接节点、转发消息和隔离共识节点与客户端等服务。网关确认客户端的合法身份，接收并验证交易；网关根据初始配置文件与对应的共识节点建立连接，并转发交易数据。

私钥托管功能使共识节点可以将私钥等秘密信息以密文的形式托管在网关内，为有权限的共识节点提供私钥恢复、签名生成等服务。

安全隐私，一方面是网关借助具有隐私保护功能的密码算法和协议，来进行隐藏端到端身份信息、脱敏处理数据信息、防止无权限客户端访问数据信息等操作；另一方面，网关的隔离作用使外部实体无法干预内部共识过程，保证共识和业务之间的独立性。

网关中的协议转换功能提供了轻量化的 HTTP Restful Service，能够适配区块链节点的 API，实现各节点在不同协议之间的互操作。

数据浏览功能提供对链上数据可视化展示的能力。

2. 共识服务

共识服务是 JD Chain 的核心实现层，包括共识网络、身份管理、安全权限、交易处理、智能合约和数据检索等功能，来保证各节点间账本信息的一致性。

JD Chain 的共识网络采用多种可插拔共识协议，并加以优化，来提供确定性交易执行、拜占庭容错和动态调整节点等功能，进而满足企业级应用场景需求。按照模块化的设计思路，将共识协议的各阶段进行封装，抽象出可扩展的接口，方便节点调用。共识节点之间使用 P2P 网络作为传输通道来执行共识协议。

身份管理功使 JD Chain 网络能够通过公钥信息来辨识并认证节点，为访问控制、权限管理提供基础身份服务。

安全权限指根据具体应用和业务场景，为节点设置多种权限形式，实现指定的安全管理，契合应用和业务场景。

交易处理指共识节点根据具体的协议来对交易信息进行排序、验证、共识和结块等处理操作，使全局共享相同的账本信息的功能。

智能合约是 JD Chain 中一种能够自动执行的链上编码逻辑，用来更改账本和账户的状态信息。合约内容包括业务逻辑、节点的准入退出和系统配置的变更等。此外，JD Chain 采用相应的合约引擎来保证智能合约能够安全、高效地执行，降低开发难度并增加扩展性。开发者可以使用该合约引擎进行开发和测试，并通过接口进行部署和调用。

数据检索能够协助节点检索接口，来查询区块、交易、合约、账本等相关信息。

3. 数据账本

数据账本为各参与方提供区块链底层服务功能，包括区块、账户、配置和存储等。

区块是 JD Chain 账本的主要组成部分，包含交易信息和交易执行状态的数据快照哈希值，但不存储具体的交易操作和状态数据。JD Chain 将账本状态和合约分离，并约束合约对账本状态的访问，来实现数据与逻辑分离，提供无状态逻辑抽象。

JD Chain 通过细化账户分类、分级分类授权的方式，对区块链系统中的账户进行管理，达到逻辑清晰化、隔离业务和保护相关数据内容的目的。

配置文件包括密钥信息、存储信息以及共享的参与者身份信息等内容，使 JD Chain 系统中各节点能够执行连接其他节点、验证信息、存储并更新账本等操作。

存储格式采用简洁的 KV 数据类型，使用较为成熟的 NoSQL 数据库来实现账本的持久化存储，使区块链系统能够支持海量交易。

4. 工具包

节点可以使用 JD Chain 中提供的工具包获取上述三个层级的功能服务，并响应相关应用和业务。工具包贯穿整个区块链系统，使用者只需要调用特定的接口即可使用对应工具。工具包包括开发包(SDK)、数据管理、安装部署和服务监控等。

上述三个功能层级都有对应的开发包，以接口形式提供给使用者，这些开发包包括密码算法、智能合约、数据检索的SPI等。

数据管理是对数据信息进行管理操作的工具包，这些管理操作包括备份、转移、导出、校验、回溯，以及多链情况下的数据合并、拆分等操作。

安装部署类工具提供密钥生成、数据存储等辅助功能，帮助各节点部署区块链系统。

服务监控工具能够帮助使用者获取即时吞吐量、节点状态、数据内容等系统运行信息，实现运维管理和实时监控。

5. 部署模型

在企业的实际应用过程中，应用场景随着业务的不同往往千差万别，不同的场景下如何选择部署模型，如何进行部署，是每个企业都会面临的实际问题。面对复杂多样的应用场景，JD Chain从易用性方面考虑，为企业应用提供了一套行之有效的部署模型解决方案。

JD Chain通过节点实现信息之间的交互，不同类型的节点可以在同一物理服务器上部署运行。JD Chain中定义了以下三种不同类型的节点。

- 客户端节点(Client)：通过JD Chain的SDK进行区块链操作的上层应用；
- 网关节点(Gateway)：提供网关服务的节点，用于连接客户端节点和共识节点；
- 共识节点(Peer)：共识协议参与方，会产生一致性账本。

不同企业规模的应用，部署方案会有较大区别，JD Chain根据实际应用的不同规模，提供了面向中小型企业和面向大型企业的两种部署模型。

4.8 习　　题

1. 比特币UTXO的作用是什么？
2. SPV节点和全节点的区别是什么？
3. 说明EVM的作用。
4. 联盟链的TPS为什么比公链的TPS高？
5. Fabric有几个关键节点？各有什么作用？

第5章

区块链开放平台

本章思维导图

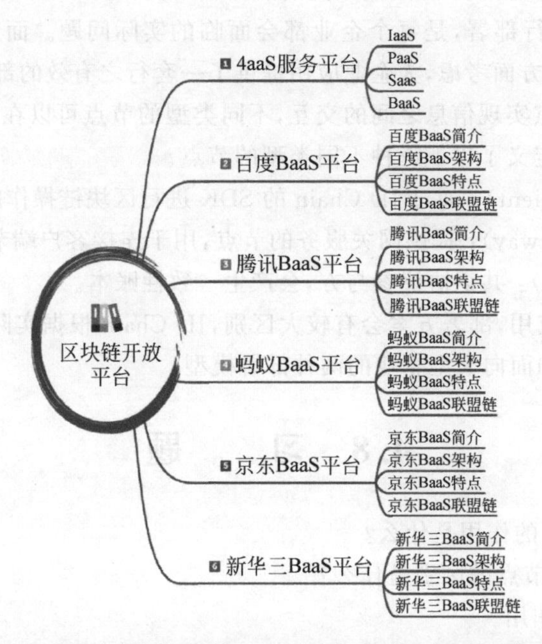

第4章概要介绍了各大开源软件的特性和编译、安装，起到了抛砖引玉的作用。对于每个开源软件，要想使用它进行二次开发，需要进行深入研究。可以学习这些开源软件的设计思想，读者只要有一定的技术基础，就可以基于这些开源软件搭建自己的区块链，不过这些开源软件更新太快，在搭建的过程中可能会遇到一些问题。

基于这些开源软件，国内的各大云服务厂商（如BATJ）都推出了各自的BaaS平台，用户可以很轻松地在这些平台上创建自己的联盟链。

目前平台架构有IaaS、PaaS、BaaS、SaaS 4种，简称4aaS服务平台，这4种平台有各自的定位。本章先阐述这4种服务平台的区别，然后逐一介绍市面上主流的BaaS平台。

5.1 4aaS服务平台

如图5-1所示，IaaS、PaaS、BaaS和SaaS就是云服务提供的4种层次，最基础的是IaaS，中间的为PaaS和BaaS，最后直观呈现出来的是SaaS。

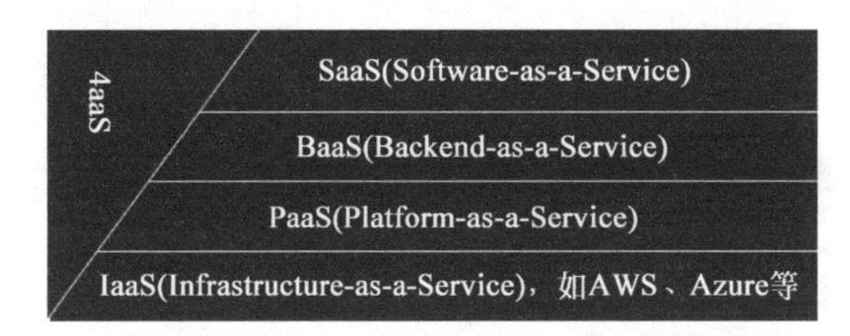

图 5-1　云服务类型

5.1.1　IaaS

IaaS 的全称是 Infrastructure-as-a-Service(基础设施即服务)，即云计算交付模式，提供给客户的服务是对所有计算基础设施的利用，包括处理 CPU、内存、存储、网络和其他基本的计算资源，用户能够部署和运行任意软件，包括操作系统和应用程序。

在这种服务模型中，用户不用自己构建硬件设施，而是通过租用的方式，利用 Internet 从 IaaS 服务商获得计算机基础设施服务，包括服务器、存储和网络等服务。IaaS 服务商根据用户对资源的实际使用量或占有量进行计费。在使用模式上，IaaS 与传统的主机托管有相似之处，但是在服务的灵活性、扩展性和成本等方面具有很强的优势。

主流的 IaaS 服务商有 Amazon、Microsoft Azure、VMware、阿里云等。

5.1.2　PaaS

PaaS 的全称是 Platform-as-a-Service(平台即服务)，有时也叫作中间件，是云计算的重要组成部分，提供运算平台与解决方案服务，为某些软件提供云组件，这些组件主要用于应用程序。在云计算的典型层级中，PaaS 层介于 Saas 与 IaaS 之间。PaaS 服务商提供各种开发和分发应用的解决方案，如虚拟服务器和操作系统、应用开发、存储、安全等工具。

PaaS 提供了一个基于 Web 的软件创建平台，使开发人员可以自由地专注于创建软件，同时不必担心操作系统、软件更新、存储或基础架构。

PaaS 抽象了硬件和操作系统细节，可以无缝地扩展(scaling)。开发者只需要关注自己的业务逻辑，不需要关注底层。

主流的 PaaS 服务商有 Google App Engine、OpenShift、CloudFoundry 等。

5.1.3　SaaS

Saas 的全称是 Software-as-a-Service(软件即服务)。软件的开发、管理、部署都交给 SaaS 服务商，客户不需要关心技术问题，可以拿来即用。SaaS 代表了云市场中企业最常用的选项，利用互联网向其用户提供应用程序，而这些应用程序由第三方供应商管理。大多数 SaaS 应用程序可以直接通过 Web 浏览器运行，不需要在客户端进行任何下载或安装。

主流的 SaaS 服务商有 Salesforce、Zoom、腾讯会议等。

5.1.4　BaaS

Baas 的全称是 Backend-as-a-Service(后端即服务)。BaaS 公司为移动应用开发者提供整合云后端的边界服务，为应用开发提供后台的云服务，其架构如图 5-2 所示。

BaaS 平台
使用示例

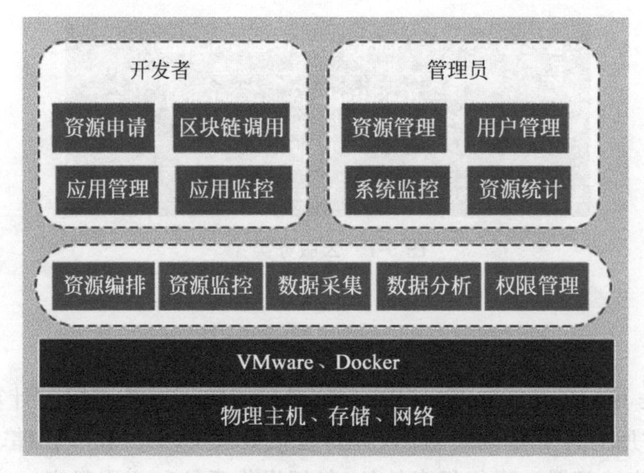

图 5-2 BaaS平台基础架构

BaaS分为公有云和私有云。公有云面向开发者提供运营服务；企业私有云是企业构建移动信息化应用的基础平台，大量的移动应用基于该平台开发和管理，能有效地降低企业的移动信息化成本。

国内的主流区块链BaaS平台有百度、腾讯、蚂蚁、京东、新华三等。

5.2 百度BaaS平台

百度BaaS平台的网址为https://console.bce.baidu.com/bbe/#/bbe/block/list。

5.2.1 简介

百度BaaS平台，也称为百度区块链引擎(Baidu Blockchain Engine，BBE)，是为用户提供全面的云端区块链服务平台，能快速地为企业和开发者在公有云、私有云中搭建区块链网络，支持Fabric、Quorum等多种技术框架的联盟链以及多种框架的私有链，支持多链架构、跨链数据同步、可信计算、链上链下安全、多层级激励体系等。适配企业对于多账本、隐私交易等多场景的需求；同时兼容外部联盟链，支持接入行业联盟链(十二行联盟、中国贸易金融跨行交易联盟)。

百度BaaS平台基于百度云容器引擎CCE，用户仅需要根据企业对于区块链网络的需求进行简单的参数配置，即可搭建出符合业务要求的区块链网络。解决了区块链网络到业务系统构建的“最后一公里”，让企业开发者快速完成基于区块链网络开发和搭建可信的去中心化业务系统，如图5-3所示。

(1) 合约网关RESTful API。

开发以太坊Dapp，与智能合约交互时通常使用Web3，这种方式需要开发者管理Nonce、构建交易、签名交易、解析合约返回数据等，并且在调用过程中容易出现各种错误，没有很好的提示和处理机制，对开发人员来说并不友好。基于此，百度公司开发的以太坊合约网关旨在为用户提供企业级的合约管理服务，使用传统的RESTful API设计让应用开发人员聚焦于自身的业务逻辑和用户体验，将复杂的合约事务提交、Nonce管理等交由合约网

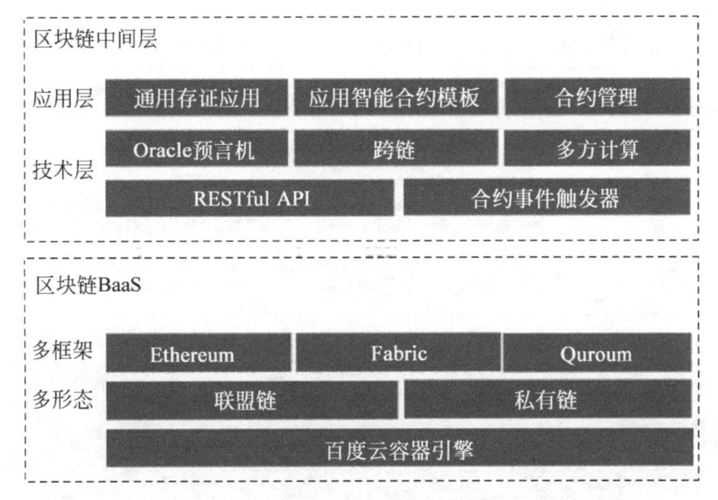

图 5-3 百度 BaaS 平台与区块链中间层

关来处理。

(2) Oracle 预言机。

由于区块链是确定性的环境,它不允许不确定的事情或因素,智能合约不管何时何地运行都必须是一致的结果,所以虚拟机(EVM)不能让智能合约有网络调用,不然结果就是不确定的。而这个特性大大限制了 DApp 的发展,因为很多 DApp 都需要与链下数据进行交互。所以区块链只能由特定的服务把外部数据传递给区块链上的智能合约,这个特定的服务就被称为 Oracle 预言机。BBE 提供封装好的、基于 SGX 和 MesaTEE 的 Oracle 可信预言机,可以让用户快捷地实现链上、链下数据打通。

(3) 通用存证 API。

无须浪费精力于研究如何开发智能合约,BBE 提供通用存证 API,封装区块链与智能合约间的复杂交互,企业开发者使用传统的 API 方式即可将业务系统与区块链底层网络打通。同时,支持用户自定义存证内容的关键字段,满足用户多样的存证诉求。在此之上,提供大文件哈希存证、音频视频指纹提取存证、基于 IPFS 的分布式存储等技术解决方案,适用于多种存证场景。

5.2.2 架构

百度 BaaS 平台的技术框架分为两大部分:百度区块链商业化技术栈和商业化技术能力。技术栈核心主要包括三大部分:区块链 PaaS、区块链 Framework、区块链中间层。百度区块链平台是由这三层技术栈合力驱动的,形成一个完备的商业化技术方案,其框架如图 5-4 所示。

1. 区块链 PaaS

区块链 PaaS 是为了解决商业化环境的差异性问题。PaaS 层能够对上层的区块链 Framework 屏蔽资源环境因素,引入了基于 Kubernetes 和 Docker 的容器集群引擎、镜像仓库和函数计算等能力,实现了计算和存储资源的统一化抽象和高效利用,还提供了镜像级的版本管理和函数式的合约编程框架。

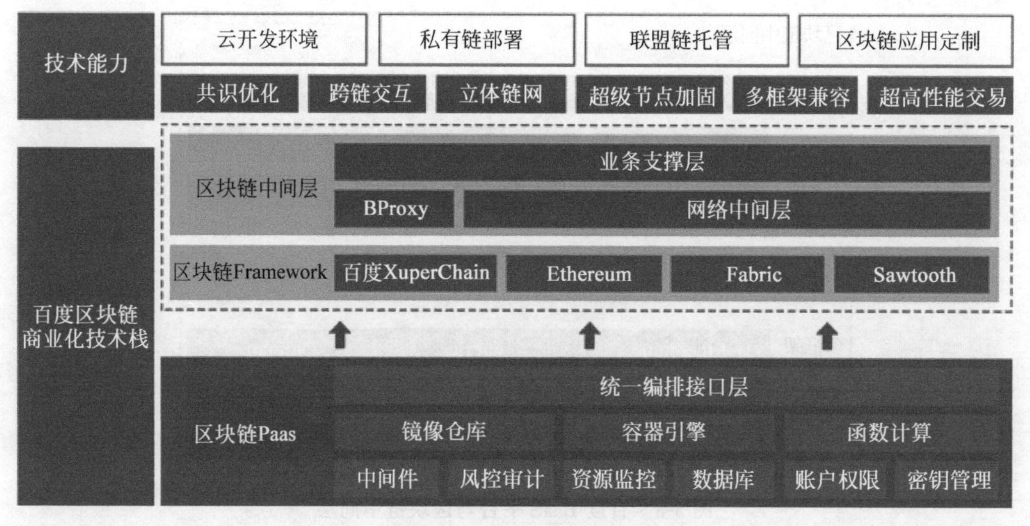

图 5-4 百度区块链框架

区块链 PaaS 在顶层封装了统一的编排 API 层。编排 API 整体面向资源，包括函数计算任务资源、镜像资源、实例容器资源和其他基础资源，统一资源调度动作描述和描述结构体，可以简化上层 Framework 调用不同服务的复杂性。

2. 区块链 Framework

区块链 Framework 层主要解决以下三个问题。

(1) 多种区块链网络的兼容部署。

在节点部署、合约部署、DApp 部署全流程中支持 XuperChain 的一键部署，同时也支持以太坊、Fabric 等其他开源框架。

(2) 多种区块链网络的托管和监控方案。

区块链 PaaS 层提供了资源 failover 策略，保证网络节点故障可自动恢复；还提供了不同区块链框架的兼容性监控方案，指标包括链上区块数、出块速度、单位块验证速度、每秒交易数(TPS)、每区块交易数、子链数、跨链交互次数、机构数等。

(3) 多种区块链网络的交互逻辑抽象。

部署区块链网络的流程可以归纳为“配参＋部署”的交互逻辑，其中配参包括的参数项有框架类型、联盟参与方信息、网络规模、账号、合约和 DApp 等信息。

平台将使用 Framework 预设逻辑调用区块链 PaaS 接口进行一键式部署。

3. 区块链 BProxy

区块链 BProxy 是一个代理模块，解决了多种区块链方案私有化场景的适配问题，实现了多方的身份互信管理，同时也在跨网环境中解决了数据上链的问题。

4. 区块链网络中间层

不同的区块链框架偏向不同的交易类型，区块链网络中间层完成了跨链数据的结合读写，通过与不同类型的区块链网络交互，完成多类型数据的事务性同步，直接与 DApp 进行数据交互。

5. 区块链业务支撑层

区块链业务支撑层主要为了将不同业务应用与底层区块链方案进行实际解耦，支持数据和签名的差异化存储上链，提供场景化的身份定义，同时平台在业务支撑层增加了通用的合约基础库和合约模板。

5.2.3 特点

1. 可信计算环境

BBE 基于以下多个维度的可信计算环境支持，实现全方位区块链网络安全保护，全时段维护业务链上的应用信息、数据、执行逻辑的安全可信。

(1) 多级加密技术。

支持数据上链、数据传输、合约调用等多流程多种加密算法逐级加密及验证，如图 5-5 所示。

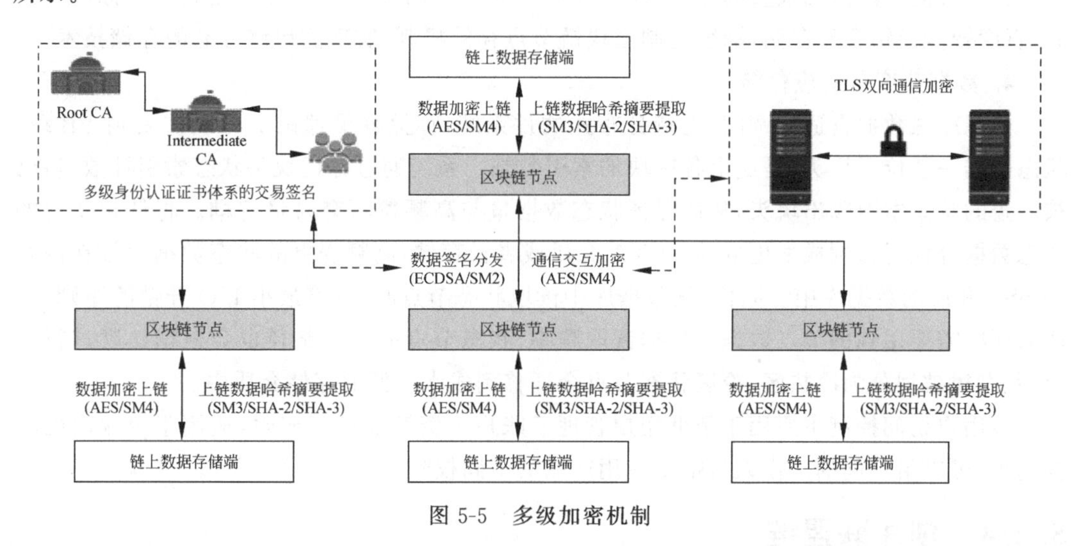

图 5-5 多级加密机制

(2) 国际/国密标准的加密算法支持。

- 非对称加密算法：SM2、ECC；
- 哈希算法：SM3、SHA-2、SHA-3；
- 对称加密算法：SM4、AES、DES。

(3) 跨链网安全代理：多架构、多类别跨链数据交互及合约调用通过安全代理模块支持跨链数据安全的加密及安全准入、审计控制。

(4) 基于可信硬件的自研合约安全执行环境。

2. 高性能高吞吐

实现基于公有链、私有链、联盟链的多链架构，支持区块链网络及链上应用的规模性增长。用户可根据业务场景需求选择区块链架构，进行链网参数优化及共识机制切换，突破性能与吞吐的极限。

(1) 适配不同业务场景的多种共识机制：针对 BBE 跨链架构及具体业务场景，提供针对公有链、私有链及联盟链的多种共识机制支持。

- 公有链场景下，百度超级链实现了基于时序的 TDPOS 共识算法，支持 20 000+TPS；
- 联盟链场景下实现了 Paxos/Raft/PBFT 等多种共识机制，最大可支持 10 000+TPS。

(2) 基于以太坊的私有链场景可选 POW、POA、DPOS 等多种共识机制。

(3) 支持多链架构水平动态扩容和缩容。

(4) 基于轻量级内存缓存的架构优化。

3. 可扩展的存储

区块链通过节点间存储的高冗余来保障链上数据的高可用和安全性。这也就意味着相比于中心化的存储系统，区块链网络保存的数据副本基本上随节点规模线性增长。反之，由于世界状态的不可破坏性，区块链中每个节点都会尽量多地保存原始的全局数据，包括状态数据、交易数据、交易凭证甚至事件数据都会持久化到节点存储中。在实际生产环境中，区块链节点需要的存储空间大小会随着交易数量的增加而持续增长。

百度智能云提供无限量的存储空间，并达到数据可用性和数据安全性的业界标准。同时，百度智能云结合云存储，深度定制区块链节点存储机制，实现区块链专有的存储技术。

4. 数据热度自适应存储

实现冷热数据自适应调度，支持分布式文件系统，存储容量理论上可以扩展到 PB 级。状态数据一般位于块头，是链上各区块的索引数据。系统通过标记块头状态索引计数，将已被覆盖的状态索引踢出块头，从而保证状态数据量与高频覆写交易量解耦。将低频变更的状态数据分代迁移到成本更低的 SATA 介质或者云存储，高频变更的状态数据存放在内存和 SSD 介质的数据库中。同样，从数据库中读取状态节点时，本着最小 I/O 开销的原则，仅读取那些需要用到的节点数据。根据读取频率，状态节点的索引路径也会根据热度进行打分，状态树被划分为冷热区，冷区状态节点会迁移到成本更低的存储介质中。

多用户访问控制主要用于帮助用户管理云账户下资源的访问权限，适用于企业内的不同角色，可以给不同的工作人员赋予使用产品的不同权限。

5.2.4 创建联盟链

用户需要先创建组织，再以组织的身份创建或加入联盟。一个组织可以加入多个联盟，但对于某个联盟只允许用户的一个组织加入。

联盟是由多个组织组成，联盟创建者即为盟主，加入联盟者为成员组织。

(1) 创建组织 1，使用组织 1 创建联盟；

(2) 邀请用户 2；

(3) 用户 2 接受邀请，创建组织 2，并发起加入联盟申请；

(4) 待审批通过后用户 2 使用组织 2 加入联盟；

(5) 部署智能合约；

(6) 部署 DApp；

(7) 发起隐私交易。

对于区块链的便签板应用，只有参与隐私交易的成员才能添加、更新和查看便签。

关于用户授权，在“用户管理”→“子用户管理列表”中对应子用户的“操作”列选择“添加权限”，可以为用户选择系统权限或通过自定义策略进行授权。

说明：如果要在不修改已有策略规则的情况下修改某子用户的权限，只能通过删除已有的策略并添加新的策略来实现，不能取消勾选已经添加的策略权限。

5.3 腾讯 BaaS 平台

腾讯 BaaS 平台的网址为 https://baas.qq.com/doc/dev.shtml。

5.3.1 简介

腾讯区块链以自主可控的区块链基础设施，基于场景构建安全高效的解决方案。为整体应用框架秉持区块链的分布式、弱中心、自组织精神，尽可能地弱化各个节点在业务开展过程中对中心化设施的依赖，并且能解决应用从前到后全生命周期的问题。

腾讯区块链主要包括 BaaS 和 TrustSQL 两部分。BaaS 主要提供商户注册、链、节点信息查询以及一些链的操作，商户注册成功之后，通过 BaaS 可以获取机构 ID、链信息等，这些信息是后续接口服务的必要信息。TrustSQL 是腾讯区块链的底层服务，主要提供交易的插入、交易的查询等操作，用户可以直接针对这一层进行开发。

为了更好地让用户快速接入腾讯区块链，对 TrustSQL 提供了上层接口封装，主要有两种，即数字资产服务和共享信息服务，这两种服务提供 rest 风格的接口，可以很方便地接入。数字资产服务、共享信息服务及 TrustSQL 服务都是去中心化的，以镜像的形式部署到节点上，并有操作权限的控制，用户可以根据自己的需要关闭和打开接口。

为了减少用户接入的成本，针对市场上主流的开发语言，提供了 Java、C++的 SDK，主要用于签名、验签、生成公私钥、根据公私钥生成地址，以及生成一些 demo。

5.3.2 架构

腾讯区块链从技术实现上可以把区块链整体应用分为四层：区块链基础服务层、行业应用服务层、业务逻辑表现层、联盟治理层。整体应用框架如图 5-6 所示。

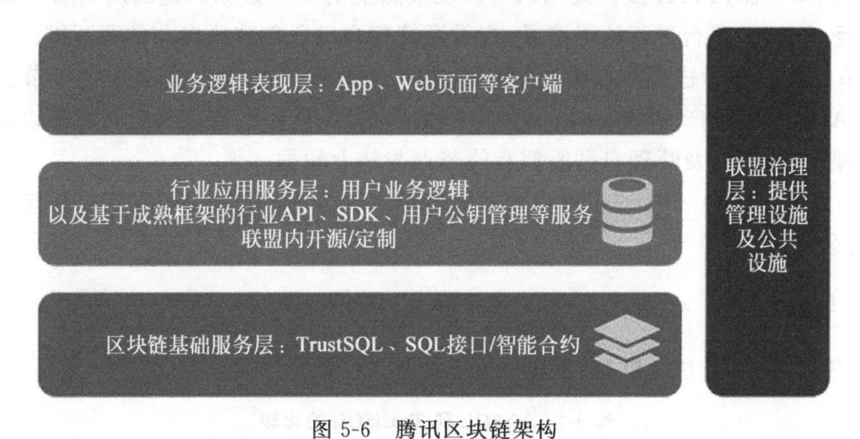

图 5-6 腾讯区块链架构

- 区块链基础服务层、行业应用服务层、业务逻辑表现层属于节点软件范畴，应部署于各自的节点上，属于联盟成员的自有设施。
- 联盟治理层属于联盟的公共设施，应部署于联盟委员会性质的中立节点上，目前可由区块链技术服务商来进行运营，便于维护升级。

以上两类分层属于不同维度，因此联盟链的管理者与节点的所有者权限各不相同。

BaaS 开放平台为腾讯区块链提供的企业级区块链应用开放平台，客户可使用测试链进行服务测试或搭建自己专属的联盟链。根据 1.2.1 节中的总体设计，BaaS 开放平台整体架构设计分为两部分：链管理平台和节点管理平台。

链管理平台是中心化管理平台，负责建链及链、节点、成员的管理，不涉及业务逻辑与读写数据。主要用于联盟链的搭建以及节点、成员的增删等。

节点管理平台是去中心化管理平台，部署于节点本地，提供节点本地工具，帮助用户管理数据和业务逻辑，具备用户公钥管理及区块链浏览器等功能。

两个平台的区别与联系如图 5-7 所示。

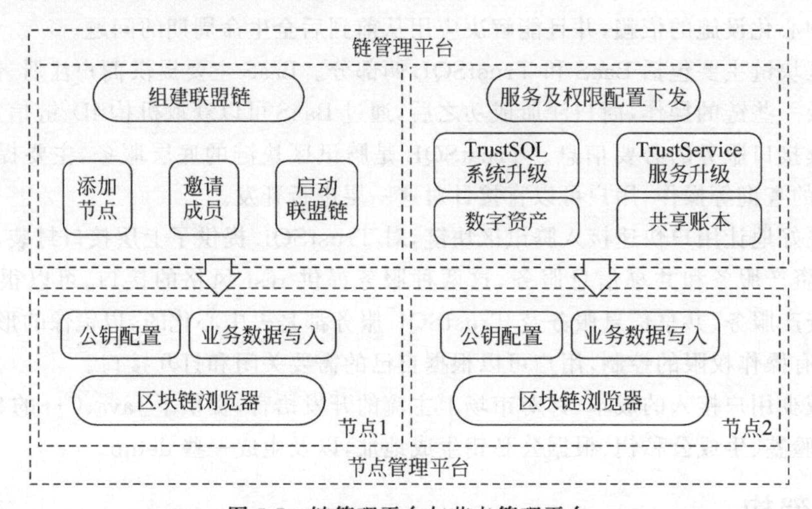

图 5-7 链管理平台与节点管理平台

(1) 链管理平台进行联盟链维度的管理，偏重于管理功能，提供 BaaS 级功能 API 以供调用(区块链浏览器、TPKI 接口文档)，不涉及节点上的业务数据。链的所有者与参与者均可以注册登录 BaaS 平台进行注册登录，查看及管理自己所创建或参与的联盟链。

(2) 节点管理平台进行节点维度的管理，偏重于业务功能，提供部署于各个节点上的节点级功能 API(数字资产、共享账本、区块链浏览器)以供调用。节点的所有者可以登录自己的节点管理平台，查看及管理自己所拥有的节点与链上数据。

(3) 使用两个平台 API 的用户均需要上传对应的公钥，用来完成对应 API 接口的通信校验(上传公钥)。

5.3.3 特点

TrustSQL 的接入方式和 MySQL 类似，如表 5-1 所示。

表 5-1 MySQL 和 TrustSQL 的比较

项目	MySQL	TrustSQL
协议	MySQL 协议	兼容 MySQL 协议
支持的操作	CURD	仅支持 Insert 和 Select
插入操作	随意插入	所有入链的数据需要使用私链进行签名
查询操作	随意查询	兼容 MySQL 查询

TrustSQL 统一采用 ECDSA 进行数字签名，曲线选择与比特币相同，即 secp256k1。

公钥和私钥：采用 secp256k1 椭圆曲线生成一对公钥和私钥，或者通过私钥可以算出公钥。在 TrustSQL 中公钥和私钥的编码格式为 Base64。

地址：通过私钥可以算出公钥，通过公钥可以算出地址。在 TrustSQL 中地址的编码格式为 Base58。

智能合约：腾讯智能合约的特殊之处如表 5-2 所示。

表 5-2 腾讯智能合约的特殊之处

	内置合约	常见区块链锁
加载方式	以 so、JAR 包形式嵌入共识逻辑层或使用合约语言(目前支持 JavaScript)，由参与的多方链达成线下共识之后，动态加载到区块链上来	合约在独立环境(Docker 中执行 JVM、Go)，由参与的任意节点编写
特点	1. 允许有限的合约编写； 2. 与共识逻辑一体，无独立执行环境中的安全隐患； 3. 执行效率更高	1. 灵活性强，合约数量几乎无限制； 2. 独立执行环境安全性挑战大； 3. 逻辑复杂，执行效率低
适合场景	更适合联盟链，稳定且有重点地解决有限个核心诉求	更适用于公有链，自由创新合约逻辑

5.3.4 创建联盟链

开发者可在“链管理”页面新建专属联盟链，单击“新建联盟链”按钮，则进入建链流程。建链流程共分为四个步骤，依次为新建联盟链、添加节点、邀请成员和启动联盟链。建链流程如图 5-8 所示。

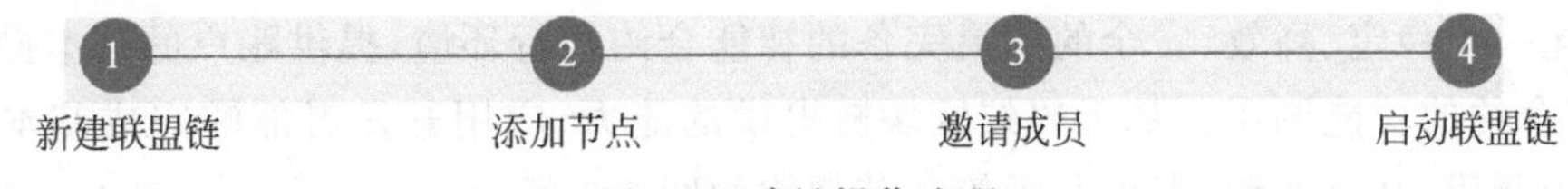

图 5-8 建链操作流程

说明：客户新建联盟链时，如中途中断、未完成整体流程，则在“链管理”页面单击“查看”按钮，可以继续完成建链。

1. 新建联盟链

新建联盟链主要是为该联盟链命名，即完成相关描述。此处已经产生该联盟链的链 ID(chain_id)，即使未完成建链的后续操作，该链也已经存在，可后面继续完成。

2. 添加节点

联盟链由节点组成，且一条联盟链至少需要 4 个节点共同参与才能运行。此处主要在新建联盟链的流程中为该联盟链添加节点，即此处添加的节点都会添加到该联盟链上。每个联盟链的参与方都可以提供一个或多个节点参与到联盟链中。有三种方式可添加节点，分别是：购买节点，添加已关联节点，关联已有腾讯云机器。

3. 邀请成员

邀请其他机构进入联盟链。根据被邀请方是否需要自带节点进入联盟链，可分为两类：分配节点和自带节点。

分配节点：即联盟的创建方提供多个节点，并将自己的节点分配给其他联盟链的参与方，该节点的使用权限则归属被分配方。

自带节点：即联盟链创建方邀请其他机构参与联盟链的共同建设，其他机构需要自带节点加入联盟链。

4. 启动联盟链

启动一条联盟链至少需要 4 个节点。当满足该条件时，即可启动、运行一条联盟链。

5.4 蚂蚁 BaaS 平台

蚂蚁 BaaS 平台的网址为 https://antchain.antgroup.com/products/baas。

5.4.1 简介

蚂蚁 BaaS 平台是蚂蚁金服自主研发的具备高性能、强隐私保护的金融级区块链技术平台。该平台提供一站式服务，有效解决金融、零售、生活等多场景下的区块链应用问题。

该平台以联盟链为目标，提供简单易用、一键部署、快速验证、灵活可定制的区块链服务，加速区块链业务应用的开发、测试、上线，助力各行业区块链的商业应用场景落地。提供高性能、稳定可靠、隐私安全、支持多种类型数据的区块链存证能力。

该平台基于蚂蚁区块链提供基础技术能力，并输出定制化的区块链整体解决方案，应用于诸如数据存证与溯源、多方参与的业务协同、资产登记流转等场景。

5.4.2 架构

蚂蚁区块链通过引入 P2P 网络、共识算法、虚拟机、智能合约、密码学、数据存储等技术特性，构建一个稳定、高效、安全的图灵完备的智能合约执行环境，提供账户的基本操作以及面向智能合约的功能调用。基于蚂蚁区块链提供的能力，应用开发者能够完成基本的账户创建、合约调用、结果查询、事件监听等。其架构如图 5-9 所示。

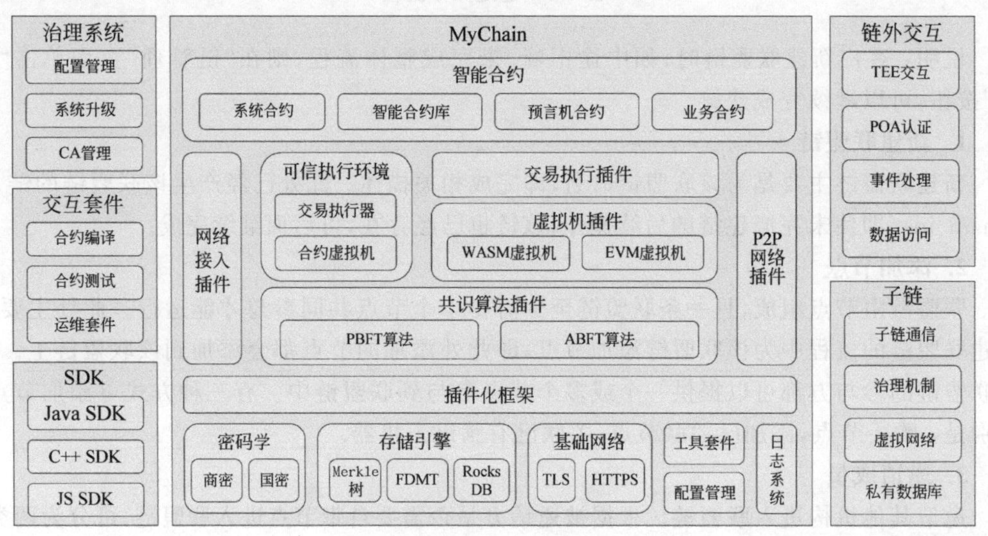

图 5-9 蚂蚁区块链的架构

其核心逻辑如图 5-10 所示。

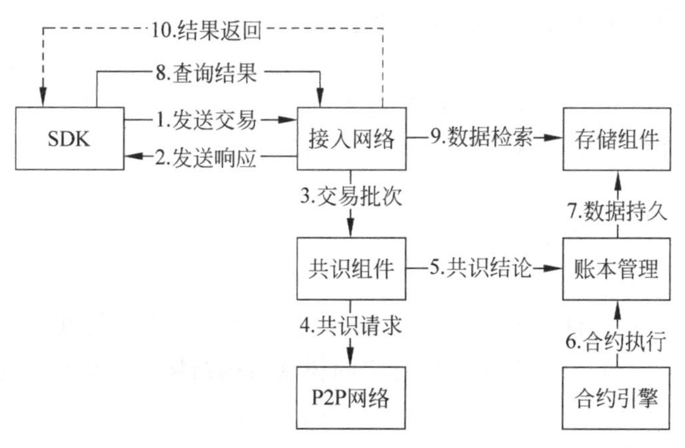

图 5-10　蚂蚁区块链的核心逻辑

基于蚂蚁区块链开发应用时，可以有以下 3 种选择。

选项 1：通过 SDK 在命令行与蚂蚁区块链交互。

选项 2：通过 Web 应用(Client)集成 SDK 直接与蚂蚁区块链交互。该方式让客户端直接访问区块链平台，去掉了中间的后端服务，更加透明，比较适合轻量级的合约调用、查询等操作。

选项 3：与传统 Web 应用开发相似，访问后端服务(Service)，后端服务集成 SDK 后与蚂蚁区块链交互。该方式适合与传统的业务系统相结合，在后端服务层实现比较重要的业务逻辑和计算任务。

在实际操作中，选项 2 和选项 3 比较常用，可以根据具体应用场景进行选择。

5.4.3　特点

1. 账户模型与状态转换

蚂蚁区块链采用的新型账户模型设计能够支持多重签名机制与私钥恢复机制，从而解决了账户控制权重问题与单一私钥丢失导致账户不可用的问题。

出于安全性考虑，蚂蚁区块链基于密码学与链式结构，通过签名机制实现交易数据的不可篡改性和不可伪造性。

2. 智能合约

智能合约实质上是一套以数字形式定义的承诺(Promises)，包括合约参与方可以在上面执行这些承诺的协议。蚂蚁区块链基于此定义设计了自己的智能合约平台，支持智能合约的拓展能力，能够基于智能合约编写图灵完备的业务逻辑来实现丰富的业务场景。

(1) 合约生命周期。

蚂蚁区块链中，一份智能合约的典型的生命周期覆盖合约编写、合约编译、合约部署、合约调用、合约升级、合约冻结 6 个环节。

(2) 合约类型。

蚂蚁区块链提供图灵完备的智能合约能力，目前提供对 EVM、Native、MYVM、Precompiled 这几种合约类型的支持。其中，MYVM 合约类型由蚂蚁自研的 MYVM 虚拟机类型支持，以 LLVM(Low Level Virtual Machine)编译模型支持多种合约编程语言（如 Solidity 和 C++），支持更优秀的性能以及更出色的开发者友好特性。

(3) 合约扩展。

蚂蚁区块链智能合约提供了多种形式的合约扩展能力，包括隐私保护、RSA 验签、Base64 编解码、上下文获取、JSON & XML 解析等。

3. 存储设计

蚂蚁区块链具备以下存储能力。

(1) 数据存储。

数据存储分为本地文件系统的 KV 数据库存储和上层的抽象世界状态数据存储。蚂蚁区块链智能合约平台的对象存储利用特定的树状数据结构存储数据来达到全局状态快速计算摘要。

(2) 世界状态存储。

蚂蚁区块链中，合约对象分为成员变量、成员函数。其中，成员变量存储在合约状态(Storage)中，成员函数存储在合约代码(Code)中。合约代码与合约状态数据分离，为合约状态和世界状态提供了唯一稳态哈希值的计算，同时支持树上节点快速索引和更新。

(3) 历史数据。

蚂蚁区块链中，不同的区块拥有不同的全局状态根哈希。根据不同区块和不同的全局状态根哈希，可以构造出不同的全局状态历史树，进而查询不同历史状态下的数据。

4. 共识协议

在蚂蚁区块链中，共识协议被定义成使分布式系统中的节点快速、有效地达成数据的一致性，即确保所有诚实节点以完全相同的顺序执行共识结论中的交易，达成数据一致性，同时正确的客户端发送的有效交易请求最终会被处理和应答。

蚂蚁区块链平台的共识组件通过提供不同的共识插件来实现共识协议。目前，蚂蚁区块链系统中已实现的共识算法包括 PBFT 和 HoneyBadgerBFT。

PBFT 共识协议支持系统中不超过 1/3 的节点容错性。通过 PrePrepare、Prepare、Commit 三阶段提交协议来实现网络共识节点之间的交易数据的一致性。蚂蚁区块链提供的 PBFT 共识插件具有快速终止、恢复可靠、状态同步等特性。

HoneyBadgerBFT 是一个满足拜占庭要求的异步共识协议，具备无主节点、异步交互、支持较大节点规模、拜占庭容错等优势，但实现的复杂程度较高。具体而言，蚂蚁区块链的 HoneyBadgerBFT 共识插件可以有效地降低网络带宽负载，以及避免选择性共识问题。

5. 虚拟机

虚拟机的职责是在特定的执行环境下通过一组指定的字节码指令来指定蚂蚁区块链状态机抽象模型的全局状态的更改方式。

除蚂蚁金服自主研发的类 EVM 虚拟机插件，蚂蚁区块链还提供 MYVM、Native 虚拟机插件。EVM 虚拟机插件支持流行的 Solidity 合约语言，MYVM 虚拟机插件以 LLVM 编译模型支持多种合约编程语言。

6. 安全机制与隐私保护

蚂蚁区块链的安全机制主要分为网络安全、数据安全、存储安全三个维度。

网络安全：客户端和节点通过 CA 中心获取 TLS 证书，客户端与节点之间、节点与节点之间进行 TLS 双向认证，且通信流量经 TLS 加密，可抵御中间人攻击。除了基本的证书验证外，节点与节点之间还增加了握手逻辑，通过在握手过程中添加验证对方节点私钥签名的方式来确保节点间通信的可靠性。

数据安全：交易使用用户私钥签名，保证交易内容无法篡改。

存储安全：数据多节点存储，单节点数据丢失不影响整个网络，通过节点间数据同步机制保障数据的正确复制，提供数据归档工具，可以归档数据并使用传统方式备份。

同时，蚂蚁区块链通过零知识证明和数据隔离来提供隐私保护。

7. 可信执行环境与跨链技术

蚂蚁区块链基于硬件可信执行环境(TEE)提供强隐私和高性能的链上数据隐私保护服务，可以对敏感交易数据提供全链路、全生命周期的隐私保护。

蚂蚁区块链的跨链技术包括三个组成部分：UDAG 跨链协议、跨链合约服务、基于 TEE 的 Oracle 集群服务。蚂蚁区块链使用可信计算环境打造可以被外部数据调用的 Oracle 集群，解决区块链协议只能访问链上数据的局限性。

5.4.4 创建联盟链

联盟是一个虚拟组织，由多个机构组成。联盟机构可以进行以下操作：

- 共享联盟区块链；
- 创建区块链应用，并共享给联盟内的其他机构。

创建联盟的过程如下。

(1) 登录控制台，选择"产品与服务"→"区块链"→"BaaS 平台"，进入 BaaS 控制台。

(2) 单击"我的联盟"，如果用户当前没有联盟，可单击"添加联盟"。

(3) 在"创建联盟"窗口中，选择创建类型，即"为合作商户创建联盟"或"创建自己的联盟"，然后输入联盟信息，如图 5-11 所示。

图 5-11 创建联盟链

(4) 设置完毕后，单击"创建"按钮，此时联盟创建成功，"我创建的联盟"区域将显示刚创建的联盟。

(5) 联盟创建成功后,可以邀请机构加入联盟和添加联盟链。

5.5 京东 BaaS 平台

京东 BaaS 平台的网址为 https://blockchain.jd.com。

5.5.1 简介

区块链是一种新型分布式架构,以密码学和分布式技术为核心,无须借助“第三方”就能在多个业务方之间进行安全、可信、直接的信息和价值交换。在这种点对点的信息和价值交换中,区块链起到了“协议”的作用。基于这一视角,JD Chain 的目标是实现一个面向企业应用场景的通用区块链框架系统,能够作为企业级基础设施,为业务创新提供高效、灵活和安全的解决方案。

京东 BaaS 平台提供全面的“区块链即服务”功能,从企业和开发者角度出发,提供多种部署形式,既能灵活部署,又安全、易用,基于目前流行的 Kubernetes 技术,提供高可靠、可扩展的区块链平台。

京东 BaaS 平台支持企业提供集群和存储环境,支持企业自建 Baas 平台,数据完全由企业持有,从根本上解决数据安全问题。

京东 BaaS 平台提供适合于开发者的一键部署功能,可以轻松定制区块链底层和示例应用;提供适合于企业级建链的跨平台建链功能,安全方便。

通过身份链对企业证书进行透明管理,企业节点数据通过签名后完全可信,为数据交易和接口开放提供保障。基于区块链的身份认证系统为所有用户和区块链节点背书,去中心化地管理 BaaS 网络用户。

5.5.2 架构

京东 BaaS 平台充分考虑对区块链底层技术的最优封装,采用层级架构,各层级分工明确,互相协同,如图 5-12 所示。

京东 BaaS 平台提供灵活易用和可伸缩的区块链系统管理能力,无缝融合包括 JD Chain、Fabric 在内的多种区块链系统的部署管理,向企业级用户提供公有云、私有云和混合云环境的快速部署能力。

1. 资源层

京东 BaaS 平台支持企业级用户在公有云、私有云和混合云上协同部署区块链,这种跨云组网的能力使得联盟链部署更方便、灵活,通过支持多种类型的基础资源,而非捆绑在特定云平台,可提高区块链应用项目中基础设施建设的多样性,避免资源的集中导致区块链失去去中心化特征的损失。

京东 BaaS 平台基于容器编排工具调度资源,相比于裸机,具有分散调度、简化部署、提高资源利用率等优点。同时采用分布式存储系统作为区块链节点存储介质,支持海量数据存储。

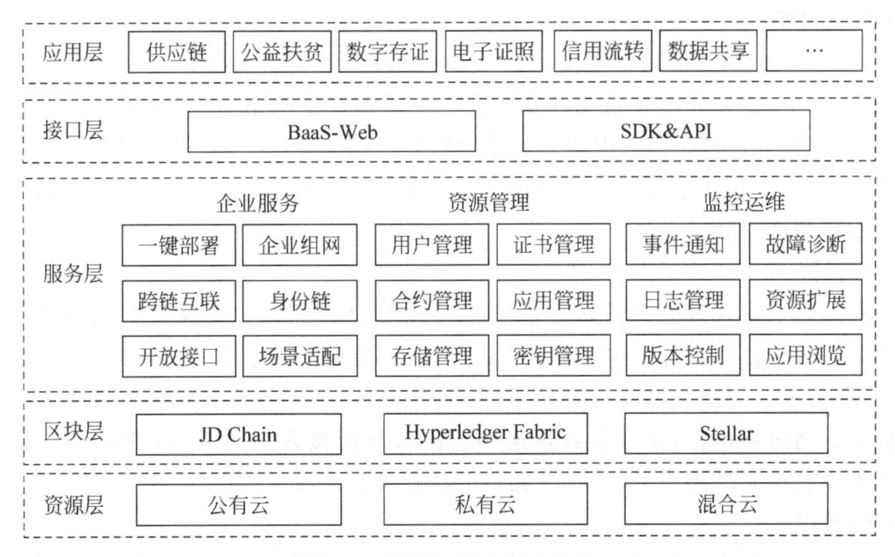

图 5-12 京东 BaaS 平台架构

2. 区块层

为满足企业对不同区块链底层技术的需要，京东 BaaS 平台支持多种区块链底层技术，供企业根据业务场景自由选择。每种区块链底层技术各有特点。JD Chain 作为京东自主研发的区块链底层，具备积木化定制等特点，适用于需要定制化高性能区块链底层的相关场景；Hyperledger Fabric 因其通用的数据存储格式，能够满足大多数企业应用的需求；Stellar 具备很强的金融属性，因此适合于金融业务场景。

3. 服务层

在区块层之上，京东 BaaS 平台依托底层区块链的支持，抽象封装了一系列服务模块。总的来说，包括 3 个种类：企业服务、资源管理和监控运维。企业服务主要帮助企业快速部署区块链技术，提供丰富功能，降低企业对区块链的入门门槛。资源管理服务主要对京东 BaaS 平台中的用户及证书进行管理，同时管理链上合约。监控运维服务在平台与区块链网络运行的过程中实时监控数据，帮助运维人员及时发现并解决问题。

4. 接口层

为满足不同用户群体的差异化需求，京东 BaaS 平台同时提供 Web 控制台和 SDK&API 接口。Web 控制台适合业务型应用场景使用，对外 API 接口采用 openAPI 标准，并提供多语言版本 SDK，可方便地将京东 BaaS 与外部系统对接。

5. 应用层

应用层通过接口层与京东 BaaS 平台解耦，基于京东 BaaS 平台提供丰富的服务接口，使得平台可以支持多种业务场景，以满足各个企业的需求。

5.5.3 特点

1. 特色服务

在京东 BaaS 平台中，各层功能相对独立，每层的内含组件各司其职，各层功能互相配合，为企业提供优质服务。其中服务层是京东 BaaS 平台的核心。

(1) 区块链组网。

京东 BaaS 平台根据区块链在实际使用中的问题，为企业提供了一键部署和企业组网两种组网模式。一键部署能够帮助开发者秒级启动私有链网络，且无须关心区块链具体如何实施，只需要将关注点保持在其业务本身，降低了入门门槛。当在私有链网络中调试好业务逻辑后，企业组网模式帮助企业便捷地创建或加入生产环境的企业联盟链网络，实现业务与区块链网络快速对接。

(2) 身份链。

身份链是基于区块链的身份认证系统，去中心化地认证京东 BaaS 用户，为用户和区块链节点背书。身份链的目标不是取代传统的 PKI 认证系统，相反，身份链是传统体系的信任增强，即 PKI＋区块链＝可信身份，同时也能够避免传统 CA 根密钥丢失或被盗等导致的灾难性后果。通过身份链，使身份管理透明、可信，任何接入京东 BaaS 平台的企业及开发者都能验证平台内其他用户的身份，从而提升信任度。

(3) 密钥管理。

密钥的管理对所有服务平台都是较敏感的话题，如何保障数据的安全是个永恒的课题。京东 BaaS 平台的密钥管理从三个方面保证用户数据的安全。

- 信道安全：在密钥传输的过程中，API 接口强制实行 SSL/TLS 双向认证，最大程度保证传输信道安全；
- 访问安全：提供完善的访问控制策略，被策略阻挡的操作一律禁止访问，而且每次操作都会有相应的访问令牌，如令牌过期或无效都会拒绝访问，全方位保障数据访问安全；
- 存储安全：拥有完整的数据加密体系，将根私钥通过密钥分发技术分成 N 份，而需要 M 份（$N \geqslant M$）才可以解锁数据。即便数据被脱库，违法者得到的也只是加密后的数据，除非数据与 M 份密钥一同丢失。

(4) 应用浏览。

主流的区块链底层技术都提供面向区块的浏览器，在数据的展示上更多的是呈现原始数据，很难与具体的应用关联起来。京东 BaaS 平台提供自研的应用浏览器（以下简称 ChainEye），ChainEye 通过支持在智能合约中内置数据展示样式，提供全网统一的、不可篡改的、符合业务规范和习惯的应用数据展示功能。

其核心内容是智能合约描述规约，规约内容涵盖智能合约的数据定义、行为定义和展示定义，这些规约内容是任何项目使用 ChainEye 来支持应用数据展示所必备的。智能合约规约的应用不仅仅局限在应用数据展示，规约本身也是业务的抽象表达。通过借助配套的辅助开发工具，能够提升智能合约的抽象层次和业务亲和性，简化智能合约代码及客户端代码的开发。

2. 设计原则

设计原则是系统设计和实现的第一价值观，从根本上指导技术产品的发展方向。京东区块链在技术规划和系统架构设计上遵循以下设计原则，如图 5-13 所示。

(1) 面向业务。

"企业级区块链"的目标定位决定了系统的功能设计必须要从实际的业务场景出发，分析和抽象不同业务领域的共性需求。京东的区块链应用实践案例涉及金融、供应链、电子存

图 5-13　京东智臻链设计原则

证、医疗、政务、公益慈善等众多领域,从中获得丰富的应用实践经验,这能够为京东区块链获得良好通用性提供设计输入和业务验证。

(2) 模块化。

企业应用场景的多样性和复杂性要求系统有良好的可扩展性。遵循模块化的设计原则,可以在确保系统核心逻辑稳定的同时,对外提供最小的扩展边界,实现系统的高内聚、低耦合。

(3) 安全可审计。

区块链的可信任需要在系统设计和实现上遵循安全原则和数据可审计原则,以及满足不同地区和场景的标准与合规要求,保障信息处理满足机密性、完整性、可控性、可用性和不可否认性等要求。

(4) 简洁与效率。

简洁即高效,从设计到编码都力求遵循这一原则。采用简洁的系统模型可以提升易用性并降低分布式系统的实现风险。此外,在追求提升系统性能的同时,也注重提升应用开发和方案落地的效能。

(5) 标准化。

区块链作为一种点对点的信息和价值交换的"桥梁",通过定义一套标准的操作接口和数据结构,能够提升多方业务对接的效率,降低应用落地的复杂度。遵循标准化原则,要求在系统设计时数据模型及操作模型独立于系统实现,让数据"系于链却独于链",可在链下被独立地验证和运用,更好地支持企业进行数据治理,提升区块链系统的灵活性和通用性。

5.6　新华三 BaaS 平台

5.6.1　简介

Gaea 区块链平台是新华三集团技术预研部发布的一款区块链云服务平台产品,支持扩容、日志查询、API 调用、区块浏览器、跨集群设计等功能。Gaea 区块链平台旨在帮助开发者快速构建区块链基础设施,提供区块链应用开发、部署、测试和监控的整套解决方案。

Gaea 区块链平台以开发者需求为导向,底层网络基于开源架构 Hyperledger Fabric,屏蔽底层区块链的复杂部署和管理,为开发者提供简单、易用的开发者工具与区块链浏览器功能,开发者可以在可视化的操作界面下完成区块链的构建与操作,极大地降低了开发门槛和运维难度,提高了开发效率。

2018 年,Gaea 区块链平台成为全国首批通过中国信息通信研究院发起的可信区块链 BaaS 测试的平台之一,同时,用 Gaea 区块链平台创建的光模块溯源链也一次性通过了区块链功能测试。2022年，新华三集团成为国家级区块链基础设施“星火·链网”骨干节点技术供应商。

5.6.2 架构

Gaea区块链平台的架构如图5-14所示，底层网络可以依托华三云平台，也可以直接搭建在物理服务器上，对外提供一套非常精简的RESTful API接口，用户业务系统可以通过这些API接口实现和区块链的对接，从而对外提供基于区块链的服务。

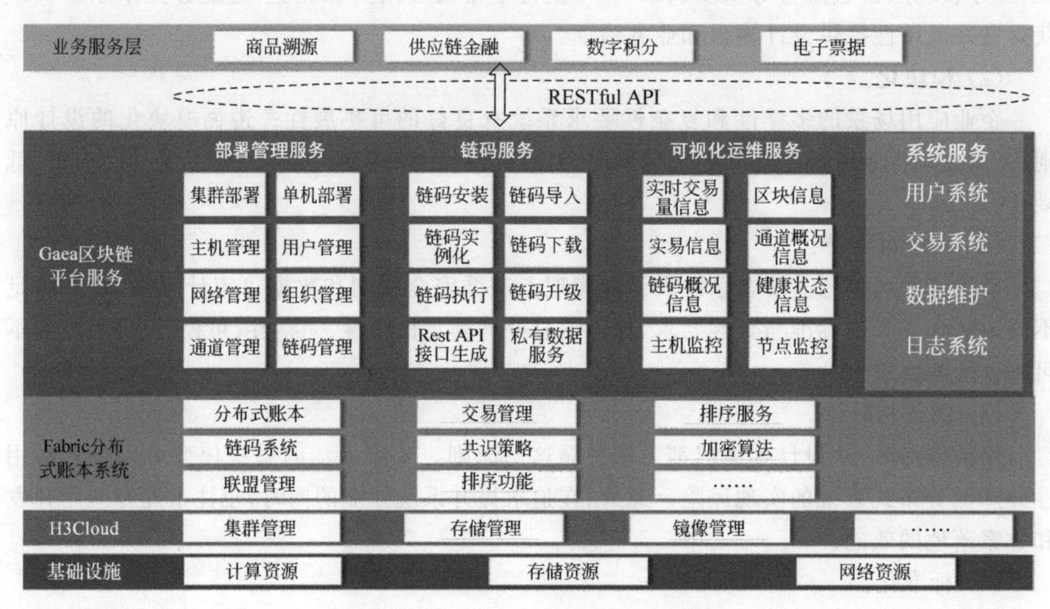

图5-14 H3C区块链服务的总体架构

Gaea区块链平台可以细分为区块链网络管理、组织管理和区块链浏览器三个较大的子系统，各子系统的细分如图5-15所示。

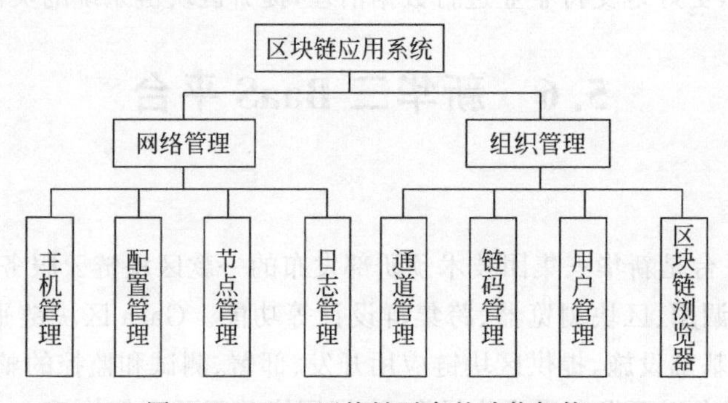

图5-15 Gaea区块链平台的功能架构

1. 网络管理子系统

网络管理子系统可以细分为主机管理、组织管理、节点管理、日志管理4部分，如图5-16所示。

主机管理功能主要实现区块链平台和主机的连接，主机类型可以是单机或者

Kubernetes集群。对于单机，需要打开2375端口，以便实现Docker的管理；对于Kubernetes集群，需要通过6443端口实现对微服务的管理。主机是区块链核心Fabric的载体，区块链的共识、记账、查询等复杂功能都存储在主机内，当前的Fabric已经微服务化，各种节点都以Docker的形式存在。

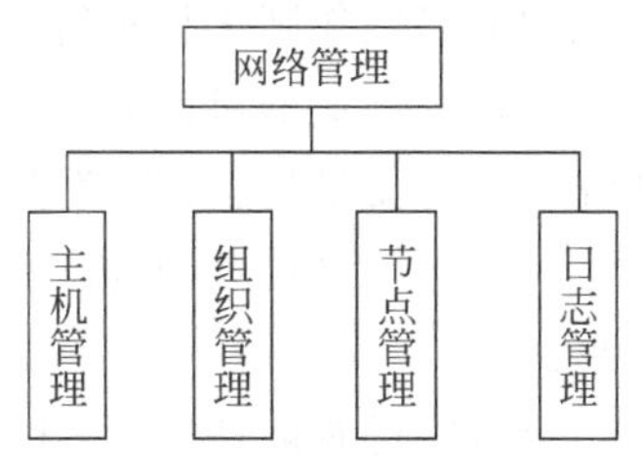

图5-16　网络管理子系统

配置管理的功能是对区块链网络中的各组织进行配置。组织是构成区块链网络的基本单元，在一个区块链网络中必须包含两种类型的组织，分别是Peer类型和Orderer类型。Orderer类型的组织所起的作用是为交易排序；Peer类型的组织可以根据实际需求自行定义，一个组织可以是一个公司、机关单位或社会团体，也可以是更小规模的集体，如部门。每个组织内包含若干节点，Peer类型的组织所包含的节点称为记账节点，区块链的区块信息就存放在记账节点内；Orderer类型的组织所包含的节点称为排序节点，用来为每一笔交易排序。在创建组织的时候，需要选择组织所存储的主机，这样，不同的组织可以存在于不同的主机中。对于联盟链来说，联盟成员可以把自己的账本存储到自己的主机上，从而保证了账本的可靠性。

节点管理的功能是用来创建和管理区块链网络，把若干个组织组合在一起，并选择了一定的共识算法以后，就可以创建一个区块链网络。在创建的过程中会生成创世区块，并在组织所在的主机上把对应的记账和排序节点启动起来。网络还具有扩容功能，在特定的情况下，可能会根据需要，通过网络扩容功能在网络中增加新的组织。

日志管理功能主要用来记录各种操作和错误日志，在问题定位和运维过程中发挥作用。

2. 组织管理子系统

组织管理子系统可以细分为通道管理、链码管理、用户管理和区块链浏览器4部分，如图5-17所示。

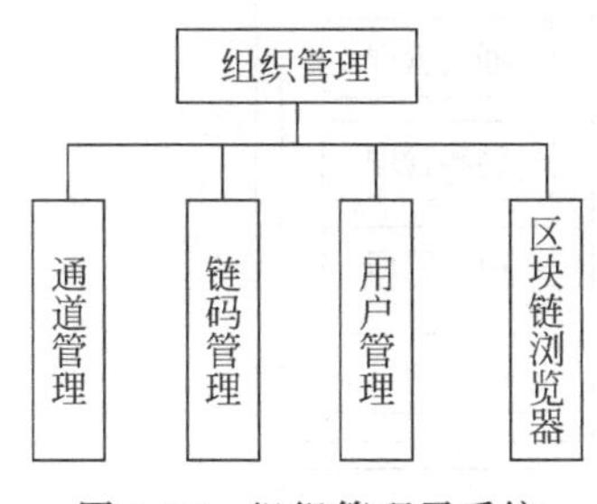

图5-17　组织管理子系统

在Fabric系统中引入了通道的概念，不同的通道之间账本互相隔离，不同的节点可以选择加入不同的通道，在实现平台透明的同时，兼顾了隐私和安全性。区块链平台在通道管理功能中还实现了扩容(缩容)功能，通过邀请和批准机制解决公平性问题，每个新组织的加入(离开)必须要经过当前通道内一半以上的组织同意才能完成。

链码管理包括链码的导入、安装、实例化、升级和模拟执行等功能。在链码导入的时候，可以选择链码的语言类型，同时需要输入链码压缩包的MD5值，以保证正确性。链码的安装可以选择需要安装的节点。链码的实例化则可以根据需要设置背书策略。在当前链码不再适用的时候，还可以通过升级来更新链码。链码的模拟执行包括Invoke和Query两类，Invoke的操作结果会记录到区块链中，而Query的结果则不会记入，这个和最终提供给用户的RESTful API接口保持一致，用户可以通过这两个动作验证链码的正确性。

在组织管理子系统的登录界面中，每个用户登录的同时就确定了该用户的组织信息，一旦登录，该用户只能管理自己组织内的资源，对于其他组织的资源则没有管理权限。

组织的用户管理功能可以用来创建一个本组织的管理员或者普通用户，管理员拥有本组织的所有操作权限，普通用户则只具有链码的模拟执行和一些查询功能权限，对于通道和其他的链码操作则无权进行。

区块链浏览器可以对当前的区块链系统实现运维查看和监控，通过浏览器，可以对当前系统的实时交易量、交易信息、区块信息、通道概况和链码概况进行查看。

实时交易量监控功能：可以通过浏览器页面查看某个通道内某个节点的实时交易信息。

交易信息查询功能：可以通过交易 ID 查看某个通道内某个节点的具体交易细节。

区块信息查询功能：可以查询某个通道内某个节点的区块信息，可以进一步细分为块号查询、块数查询和时间段查询，分别是通过区块号查询某个具体的区块信息，通过区块数量查询最新的一些区块信息，通过时间段查询某一段时间内生成的区块信息。

通道概况和链码概况功能：可以监控当前系统的通道和链码的概要信息。

5.6.3 特点

Hyperledger Fabric 是目前市面上最成熟的联盟区块链系统，由 Linux 基金会主导发起，具有功能强大、性能优异、用户众多等优点，但同时存在着部署复杂、维护不便、规模受限等缺点。Gaea 区块链平台充分发挥 Fabric 系统的优点，克服 Fabric 系统的缺点，同时提供强大的运维功能，如图 5-18 所示。

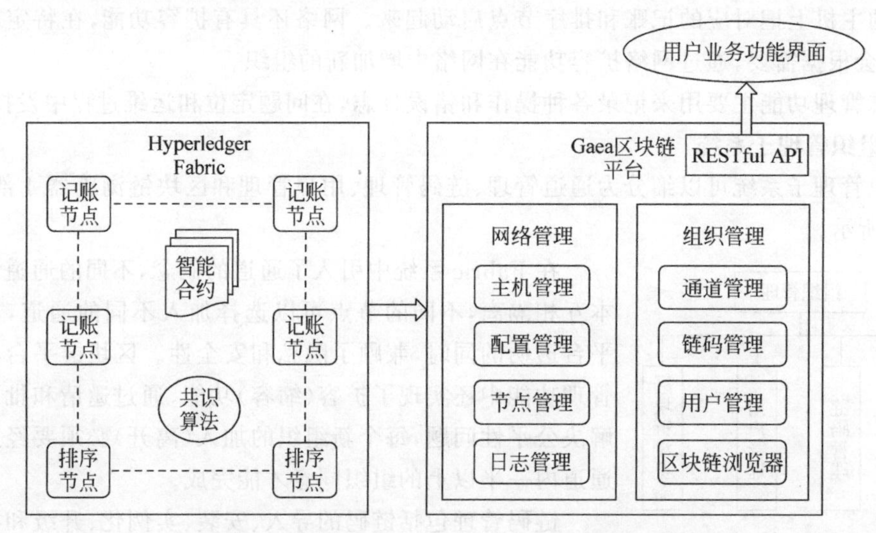

图 5-18 Hyperledger Fabric 与 Gaea 区块链平台

1. 跨主机和跨集群组网

Fabric 系统由于设计的限制，默认的组网中，一个网络中的所有组织和节点都必须在同一个主机（单机模式）或者同一个 K8S 集群中，联盟链的各个联盟成员之间并不一定是互相信任的，而在实际的工作中，大部分时候都希望自己的组织、节点、账本等运行在自己控制的主机或者 K8S 环境中，并由自己来管理。Gaea 区块链平台通过独创性的设计方案，克服了 Fabric 的默认限制，能够实现多个主机或者多个 K8S 集群联合组网，这一点对于区块链的去中心化功能非常重要。

2. 动态扩容（缩容）

Gaea 区块链平台支持动态扩容和缩容，已经创建的区块链通道由于各种原因或者环境的变化，原有的组织规模很可能已经不再适用，这时就需要在通道中添加新的组织。Gaea 区块链平台的实现方案使用了邀请的方式，通过已有的组织向新的组织发起邀请，然后，现有的组织通过签名确认来保证新组织加入的合法性，必须搜集到一半以上现有组织的签名，新的组织才能够成功加入。已有的组织如果想要离开现有的通道，也同样需要搜集一半以上的现有组织签名。该机制在保证区块链网络灵活性的同时，兼顾了安全性。

3. 专用分布式存储系统支持

区块链系统中的组织实体很多都是已有的公司或者单位，这些组织实体拥有自己的专用存储系统，在组建区块链系统的时候，会希望把账本系统存放到自己的专用存储系统中，以保证自己的账本不会丢失，Gaea 区块链平台能够很好地支持分布式专用存储系统，充分利用已有的专用存储系统，并能够与 K8S 系统结合，实现分布式存储。另外，Gaea 区块链平台还能够提供节点故障恢复功能，在记账节点故障的情况下，提供账本恢复功能。

4. 可视化管理

Gaea 区块链平台上集成了区块链浏览器，区块链浏览器的基本功能包括日志管理、实时交易量查看、区块信息查看、交易信息查看、节点信息查看等，其中最重要的功能是交易信息查看和区块信息查看。交易信息查看是指通过交易 ID 在通道内的节点上实现具体交易信息的查看，区块信息查看是指通过区块数量查看最新一段区块信息，或者通过时间段查看某一段时间内所有的区块信息，或者通过块号查询某一个具体的区块信息。通过该功能可以直观、方便地协助运维人员来维护当前区块链。

5. 快速业务支持

Gaea 区块链平台对外提供了一套非常简洁、易用的 RESTful API 接口，当用户把自己的业务处理链码上传到 Gaea 区块链平台以后，通过这套 API 接口，可以很容易地实现对链码功能的调用，而所有和区块链相关的复杂处理全部都由 Gaea 区块链平台实现，用户只需要关注自己的业务可用性和实用性。这套 API 接口同时还提供了用户单点登录功能，通过 Token 来实现安全对接。

6. 故障恢复

当记账节点发生故障的时候，可以动态检测到节点故障，并进行重启恢复，并在重启后从其他节点重新拉取账本，保证节点可靠运行；当发现 K8S 主机故障的时候，会在正常的主机上重启故障主机上的记账节点，并保证账本平滑地恢复；采用了基于 K8S 集群的分布式存储系统作为账本存储介质，充分利用集群的备份和恢复功能。

7. 平滑升级

Gaea 区块链平台独立运行，版本升级不会影响区块链系统的正常工作，升级只需要简单的一键操作即可完成。Fabric 版本的更新可以在保证区块链业务不中断的条件下平滑进行，通过 K8S 系统的服务升级能力来完成。对于已经不再适用的链码，可以通过平台的链码升级功能完成升级，保证用户业务的更新换代。

8. 多种语言链码支持

支持 Go、Java、NodeJS 等多种语言的链码，给用户更加灵活的选择。

5.6.4 创建区块链系统

Gaea 区块链平台创建区块链系统的流程分为创建区块链网络和开展区块链业务两个

部分。创建区块链网络的流程如图 5-19 所示。

创建区块链网络流程

(1) 添加主机 → (2) 创建组织 → (3) 创建网络

图 5-19　Gaea 创建区块链网络的流程

（1）添加主机。

主机是运行区块链网络的载体，添加主机前需要确认主机网络连接正常，确认后到主机管理页面，将目标主机添加到 Gaea 系统中。主机可以是单个服务器或虚拟机，也可以是 Kubernetes 集群。

（2）创建组织。

在组织管理中，可创建新的组织。组织分为两种类型，分别为 Peer 和 Orderer，每个网络中必须包含至少一个 Orderer 组织和多个 Peer 组织。Orderer 组织的主机（创建组织的时候会自动生成，不必单独创建）为交易排序，Peer 组织为联盟中的成员，可根据具体需求定义。在创建组织的过程中需要选择一个主机，作为该组织内节点的承载主体，后续组织内节点启动后，可以在对应的主机上查看和管理对应的节点。

（3）创建网络。

在主机和组织都准备好之后，到网络管理中创建区块链网络。网络在创建之后会自动启动，所有属于本网络组织的节点都会启动。至此，已完成了区块链网络的构建。在创建网络的过程中需要选择使用的共识协议和使用的数据库类型。

开展区块链业务的流程如图 5-20 所示。

开展区块链业务流程

(1) 创建通道 → (2) 加入节点 → (3) 上传链码 → (4) 安装链码 → (5) 实例化链码

图 5-20　Gaea 开展区块链业务的流程

（1）创建通道。

通道是区块链中各组织间开展业务的载体，可以选择网络内的一部分组织来创建通道。

（2）加入节点。

在通道创建好之后，可以选择组织内的一部分或者全部账本节点，将其加入到所创建的指定通道中。

（3）上传链码。

链码是包含业务执行逻辑的代码，开展具体业务前需要将已开发好的链码上传至链码中心。

（4）安装链码。

上传完链码之后，需要将链码安装到指定的账本节点。

（5）实例化链码。

已安装好的链码需要实例化，从而实现相应业务的开展。链码实例化的过程中需要设定背书策略。

经过以上步骤，一个完整的区块链系统已经可以使用，此时用户需要调用 Gaea 区块链平台提供的 RESTful API，实现和区块链的对接。

5.7　习　　题

1. 简述 BaaS、PaaS 和 SaaS 的区别。
2. 举例说明各 BaaS 平台的应用场景。

第6章

区块链的产业化应用

本章思维导图

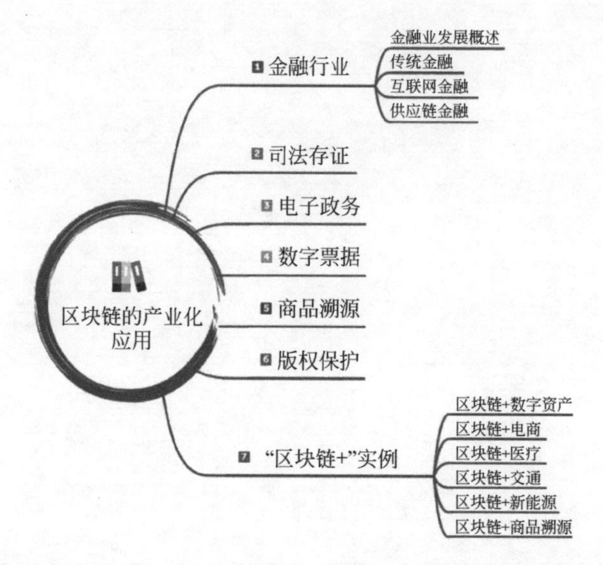

区块链通过分布式数据存储、点对点传输、共识机制或算法、加密技术等计算机技术，推动“信息互联网”向“价值互联网”变迁，利用计算机网络内部的积极力量，维护网络世界的生态秩序，实现良性的分布式治理架构，正在引发一场全球性的技术和产业革命。在相关政策的有效支持与调控下，经过不断的研究与实践，区块链应用在我国得到一定的发展，以数字货币为代表的区块链 1.0 时代已经过去，以智能合约为代表的区块链 2.0 时代正在向作为价值互联网内核的区块链 3.0 时代升级，区块链技术处在高速发展阶段，各种创新方案不断涌现。

目前，各国对区块链的发展持不同的态度，区块链应用也呈现不同的发展特色。我国重视区块链的技术研究与产业应用，同时也制定了监管法规，如 2017 年 9 月 4 日七部门联合发布的《关于防范代币发行融资风险的公告》。区块链虽然源于数字货币，但我国政府迅速发现其存在的非法集资等法律风险并及时进行了监管。现在区块链在各领域的发展步伐不断加快，在金融、数据存证、政务司法、社会服务、医疗健康、农业、能源等多个垂直行业进行探索，逐渐扩展到经济社会的各个行业领域，如图 6-1 所示。

区块链即服务(Blockchain as a Service)作为一种新型的系统解决方案，利用云服务基础设施的部署和管理优势，与原有部署模式相比，在系统扩展性、易用性、安全性、运维管理等方面有很大优势。BaaS 把云计算与区块链结合起来，采用容器、微服务及可伸缩的分布式云存储技术等创新方案，往往也提供多种不同底层链的技术选项，有助于简化区块链的开

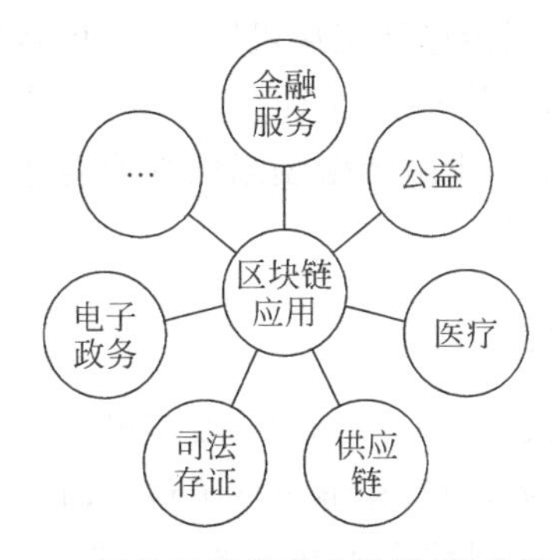

图6-1 区块链应用产业场景(部分场景)

发、部署及运维,降低区块链应用门槛,提高应用灵活性。主流云厂商和区块链技术公司已经纷纷推出了BaaS服务。

6.1 金融行业

金融是货币流通和信用活动以及与其相联系的经济活动的总称,其在国民经济中具有举足轻重的地位,在社会资金的运转中占据越来越大的比重。作为社会经济发展的重要动力,金融是社会资金运动的"中枢神经系统",对经济的增长与发展具有重要的调控作用,同时,金融行业也是中心化程度最高的行业之一。

在金融市场上,资金供求双方需要借助某些金融工具来进行资金交易活动,而供求双方的信息不对称极易导致无法建立长久、有效的信用机制,在信息传递过程中存在着大量的中介机构,降低了整个金融系统的运转效率,同时增加了金融行业运转的经济成本。而区块链技术自比特币诞生以来,作为其技术本质的分布式账本、智能合约、可信共识机制等所带来的数据透明、不可篡改、可溯源、健壮的分布式存储等特点,与金融行业对数据和信息的安全、交易记录溯源等业务需求高度契合,所以区块链技术在金融界得到了高度认可。区块链技术能够给金融行业带来的变化包括但不限于以下几点。

(1) 区块链可以进行数据加密和分布式存储,提高数据安全可靠性,同时解决数据隐私问题,有效避免中心化应用服务器被攻击或隐私数据泄露,用户可以安全地在链上进行交易。

(2) 提高金融服务效率,有效解决"信息孤岛"问题。参与方将各自的数据传至链上,可以有效降低数据不对称程度,提高信息传递的效率,从而降低了金融服务成本,帮助优化金融机构的基础服务架构。

(3) 区块链的智能合约技术为某些跨机构、跨地域的金融交易提供共识节点机制,满足条件后,可以在线上自动完成交易流程,彻底提高了金融流转效率。

区块链技术不仅满足了基本的数据安全要求,在服务平台建设、权益发行等方面均有应用,可以帮助金融机构改善体系机构和服务模式,为金融行业的未来发展提供一个全新的思路。

作为金融科技的重要力量,区块链技术凭借它的交易可追溯、不可篡改、自治性、多中心化等特性,与其他金融科技相融合,重构金融业的基础架构,加速金融创新与产品迭代速度,极大提高金融运行效率，重塑信用传递和交换机制，成为提高金融交易安全性与高效性的先锋。作为金融科技的底层技术，区块链技术具有很强的战略意义，加快对区块链技术的研究、开发、实践和应用，有利于提升我国金融创新的核心竞争力，争取国际金融战略的制高点，助力金融更好地为实体经济服务。

6.1.1 金融业发展概述

金融业的历史源远流长，其起源于公元前2000年巴比伦寺庙和公元前6世纪希腊寺庙的货币保管、收取利息的放款业务，而后相继出现了银钱商和类似于银行的商业机构，17世纪英国建立英格兰银行，为现代金融确立了基本的组织形式。现代金融也经过了长时间的历史演变，从古代社会比较单一的形式逐渐发展成多种门类的金融机构体系，除了占据主导地位的银行外，还涵盖了保险公司、信托基金公司、期货证券公司、租赁公司等。总的来看，金融业发展可分为三个阶段：①以存贷结算业务为主的传统金融，其业务模式单一，多采用手工记账；②利用计算机信息技术实现金融业务自动化的信息化金融；③基于网络平台化的互联网金融服务体系，加速了资金流转效率，使得各国金融市场逐渐链接成统一整体。

随着信息技术的发展，金融也出现了越来越多的经营模式，补充了原有模式的空白，不断通过自我革新完成用户消费升级的新需求。习近平总书记在十九大报告中明确提出，“深化金融体制改革，增强金融服务实体经济能力”“健全金融监管体系”，所以将信息技术融入金融业是大势所趋，特别是区块链技术将推动金融相关产业更快、更安全的发展。

2014年，央行成立发行法定数字货币的专门研究小组，讨论央行发行法定数字货币的可行性，探讨所需的监管框架或国家数字货币。2015年发布了中国人民银行发行数字货币的系列研究报告和央行发行数字货币的运行方案，深入研究了数字货币发行和运算框架、数字货币关键技术、数字货币发行流通环境、数字货币面临的法律问题、数字货币对经济金融体系的影响及国外数字货币的发行经验等。2016年初，进一步明确央行发行数字货币的战略目标，研究数字货币的多场景应用；同年7月，启动基于区块链和数字货币的数字票据交易平台原型研发，决定使用数字票据交易平台作为法定数字货币的试点应用场景，并借助数字票据交易平台验证区块链技术。2018年1月，数字交易凭条实验性生产系统成功上线试运行，结合区块链技术前沿和票据业务实际情况，对前期数字票据交易平台原型系统进行了全方位的改造和完善，开始进行贸易金融区块链等项目的开发。2019年，继续稳步、深入地推进央行数字货币研发，联合苏州市有关单位进行法定数字货币基础设施的建设，对关键技术攻关和试点场景提供支持，从而进行配套研发与测试。我国数字货币的最新研究成果与发展将在7.3.2节详细介绍。

6.1.2 传统金融

在传统金融领域，区块链技术的各种特性正在为其注入创新活力，不仅能够提升现有业务模式的运行效率，降低运行成本，也能够孕育新的业务场景，为现在数据和权益体系相对独立的金融行业提供一种新的发展思路。区块链技术在传统金融领域的最初实践是将区块链技术应用于ABS(Asset Backed Securitization，以项目所属的资产为支撑的证券化融资)或构建ABS平台，使得资产证券化交易更加透明，银行保险的运营效率大大提升，降低运营成本。同时，互联网金融作为一种新型的金融运作模式，与区块链技术相结合将产生更大的价值。

1. 银行业应用

在当代金融市场中，银行仍然是“中心化”的典型代表，频繁维护和更新数据系统的需要，对银行的数据处理和管理能力提出较高的要求。为了监管要求，银行需要不断提高业务的合规度，加大信用审核投入，以尽量避免过度交易等系统性风险。随着区块链技术的迅猛发展，区块链技术的去中心化、不可篡改、公开透明、加密安全等特性逐渐凸显，区块链技术可以将买卖双方以往需要纸质传递的银行单据形式转变为加密电子传递，不仅解决了买卖双方的信任问题，还可以大大简化交易流程。在以前的银行体系中，一家企业可能以同一份材料在多家金融机构获得多笔贷款，但采用区块链平台后，实现了客户信息和往来记录的自动加密与共享，银行对申请者的材料就洞若观火，可以及时避免风险及其他欺诈、洗钱等非法行为。通过分布式记账与集体性数据维护，提高运作效率，降低运营成本。各大银行与上市公司在对区块链技术的探索上都十分积极，逐步实现金融行业基于区块链技术的产业化。

中国人民银行在2015年就开始布局区块链技术，2016年中钞区块链技术研究院承接了中国人民银行的“基于区块链技术的数字票据交易平台”项目，并于2018年成功建立区块链注册开放平台，涉及的领域包括数字货币、数字钱包、数字票据等。2019年7月4日，税务备案表业务正式上“链”，中国人民银行贸易金融区块链平台上“链”的业务拓展为供应链应收账款多级融资、跨境融资、国际贸易账款监管、对外支付税务备案表四大应用场景。中国工商银行在2017年参与基于区块链的数字票据交易平台的研究，启动了脱贫攻坚基金区块链管理平台，并于2018年发布首个区块链专利。中国农业银行在2018年完成基于区块链的涉农互联网电商融资系统“e链贷”，推进金融数字积分系统，积极打造区块链积分体系。中国银行则主要侧重于电子钱包、金融、技术等领域，提出“一种区块链数据压缩方法及系统”的区块链新专利，并将在雄安新区继续将区块链技术应用于雄安住房租赁等领域。交通银行则打造了国内首个资产证券化平台“链交融”。中国建设银行区块链贸易金融平台于2018年4月上线，2019年10月发布了“BCTrade 2.0区块链贸易金融平台”，先后部署国内信用证、福费廷、国际保理、再保理等功能，为银行同业、非银行机构、贸易企业等三类客户提供基于区块链平台的贸易金融服务。各大银行的区块链研究平台如表6-1所示。

表6-1　国家各大银行区块链研究平台

银行名称	平台名称	涉及领域	合作方
中国人民银行	数字票据平台、区块链注册开放平台(BROP)	数字票据、数字货币、数字钱包	腾讯、IBM
中国工商银行	工银融智e信	金融交易、扶贫金融	
中国农业银行	涉农互联网电商融资系统“e链贷”	供应链金融	趣链科技
中国银行	区块链电子钱包	电子钱包、金融、技术	腾讯、阿里
中国建设银行	BCTrade 2.0区块链贸易金融平台	保险、国际保理、外贸授信、贸易金融	IBM
交通银行	资产证券化系统“链交融”	资产证券化业务	

中国工商银行搭建了“工银融智e信”网络融资服务平台，可为客户提供涵盖宏观研判、金融分析、行业研究、企业管理、国别风险等各大领域的研究报告；为权威机构与知名专家学者开设专栏，为客户提供前瞻预测、项目辅导等服务；实时发布银行内部及合作机构的投

资项目信息，精准推送至有投资需求的企业客户；依托银行现有的客户关系网络，通过线下论坛、线上直播等服务，为客户、投资者搭建沟通与信息共享平台。

中国工商银行的"工银e信"是一种可流转、可融资、可拆分的电子付款承诺函，为产业链的上下游企业注入核心企业信用加成，实现银行资金的全产业资金支持。区块链记录工银e信从签发、签收、流转、到期清分等全生命周期的资金流和信息流，通过公式算法解决信任问题，通过智能合约自动执行防范履约风险，其不可篡改的特性保障了各环节全部可追溯，实现核心企业信用沿着供应链条的多级传导，盘活供应商中的应收账款，降低上游供应商的融资成本。金融机构、供应商、核心企业等参与方在区块链技术架构的网络节点中进行交易，传递价值，加速构建全新、可靠的信用体系。

国内五大银行（中国银行、中国工商银行、中国农业银行、中国建设银行、交通银行）对于区块链平台的搭建，也推动着国内很多股份制银行积极联合金融科技公司和区块链研究机构，进行区块链项目的加速落地。

招商银行积极发展并完善BaaS平台生态，拓展区块链领域生态，在跨境支付、资产证券化、供应链金融与区块链电子大票等领域，累计完成的应用项目达20个。平安银行积极推进将区块链、生物识别、云服务等高新技术应用于金融服务全流程，实现科技与管理的多维融合。平安银行借助前沿技术，盘活产业生态，构建智能化金融服务体系，不断丰富区块链的应用场景，为电子政务、扶贫等提供区块链解决方案。兴业银行在重点布局的技术领域中也包含区块链技术，推进金融基础服务平台建设，探索新技术的创新亮点和业务价值，加速区块链创新应用的落地。中信银行建立了国内银行界最大的贸易融资区块链合作平台，并已经落实应用，形成了应收账款的融资新模式。

总体上，区块链技术不仅能够提升银行的服务效率，更能够降低商业银行的运行成本。

2. 保险业应用

保险的历史源远流长。从中国海商联合建立公共基金、对会员因船只发生意外的损失进行补偿，到现在各大保险公司对日常生活中生命、财产、信誉等进行风险管理，保险行业已历经数千年的发展，其主要目的是以个人经济和社会资本建立的信用体系为基础，对未来不确定性的或有损失可能性的风险进行评估来实现风险转移。保险行业对风险进行定价的基础是数据，但又由于数据具有海量化、分散化、信息孤岛及系统数据中心化存储的特点，凸显出保险行业现有的痛点：KYC(Know Your Customer)成本高昂，需要花费大量时间发现并了解用户的相关数据；单一节点造成数据易丢失，客户资料均保存在公司单一中心节点服务器中，如果数据库遭受破坏，后果不堪设想；系统数据中心化导致数据的保密性下降，如客户的身份证明相关、医疗健康相关的敏感数据；人为驱动业务运营成本高，从报价、投保申请、合规审核、出单到第一时间损失通知、核保、核赔等各环节需要人为参与；虚假数据骗保造成巨大损失，有统计显示，美国每年均有5%～10%的骗保案例，金额超过400亿美元。

区块链技术能够改变传统共享数据的方式和过程，可以有效防止数据被篡改。区块链2.0可被看作一台全球性的"大型计算机"，能够实现区块链系统的图灵完备性和智能合约的功能。对于新兴的区块链技术，保险行业也紧抓这个潮流。简单来讲，区块链可以通过加密算法保证客户数据的安全性，区块互相串成"链条"，防止数据被篡改、被伪造，利用共识算法验证投保人的相关信息，避免由于客户信息不对称而存在的骗保现象；智能合约技术能够在满足条件的情况下自动执行索赔、理赔等业务的代码指令，减少传统路径中大量的人工操作，既提高赔付效率，又节约大量运营费用；另外，区块链的分布式存储能够保证账本的一致性，每个节点都是对数据的完整存储及备份，一旦某个（或某些，不超过50%）节点出现问题，就可以用其他节点的副本进行恢复。

随着国内互联网企业BATJ（百度、阿里、腾讯、京东）及国外IBM、Oracle、Facebook、Microsoft等企业对区块链技术的不断探索、研究和部署，区块链技术正逐渐走进保险行业的各大巨头。

首个国际性区块链保险联盟B3i(Blockchain Insurance Industry Initiative，区块链保险行业计划)成立于2016年10月，作为典型的区块链项目，旨在为保险公司提供交换信息及协作测试原型和用例的方法，实现巨灾再保险的自动化，减少经纪人的操作，最终改善风险交易。B3i由15家保险公司和再保险公司组成，其联盟成员包括安联保险集团、荷兰全球保险集团、慕尼黑再保险公司、瑞士再保险公司、苏黎世保险集团、汉诺威、Generali集团、SCOR、Sompo Japan Nipponkoa和美国再保险集团等。2019年11月中国太平洋保险集团旗下的中国太保产险与B3i成功完成一款巨灾超赔再保险产品的上线测试，同年底应用于再保合约续转，成为国内首家实现国际再保区块链商业化应用的保险公司。

国内首个区块链保险实验室作为区块链保险研究和服务机构，于2016年7月由易安保险、火币网、慕尼黑再保险、新发资本等保险和再保险机构联合发起成立。随着互联网保险的发展，区块链在保险行业的应用不断深入，多家大型保险企业相继成立了区块链保险实验室。互联网保险为用户提供了品种多样的产品，其过渡到区块链保险是大势所趋。

国内保险公司已经经历区块链技术研究和产业化尝试的初始阶段。中国人保财险(PICC)作为国有金融保险集团，2017年1月，与蚂蚁金服公益保险平台合作赋能保险扶贫领域，积极探索捐赠透明、公益、高效的解决方案；2017年3月实现了“区块链＋养牛”的项目落地，建成基于区块链的养殖保险服务平台；2018年9月与VeChain合作，利用区块链技术打造“协作生态系统”。平安集团2016年4月宣布加入区块链国际联盟组织R3；2017年5月，平安集团基于超级账本推出BaaS平台，在技术层面解决分布式系统数据同步问题和数据同步中的安全问题；2018年2月，平安金融壹账通科技公司推出“壹账链”，作为区块链的突破性解决方案；2019年2月，“三村晖电子时间银行”上线了首个赋能社会公益组织的养老关怀项目。阳光保险在2016年3月推出了以区块链作为底层技术的“阳关贝”积分及微信保险卡；2018年8月，阳光保险联合慈铭体检和阳光融和医院，共同推出了区块链环境下的个人健康数据授权查看证——健康介绍信；2019年1月，阳光保险推出国内首家区块链“时间银行”。

区块链技术应用于保险行业，能够对保险行业的业务流程及管理产生极大的促进作用。

(1) 利用区块链技术能够有效提高保险业务及数据的安全性。如前文介绍，若要修改区块链账本中的节点信息（如保单保费），需要同时更改半数以上的数据才能够实现，即便某些节点被恶意编辑过，区块链上的其他节点也能够根据共识机制验证其节点数据的真实性，及时将未被共识的节点数据进行自动维护与修复更新。区块链上节点数据的不可篡改性与自动维护性能够保障保险业务及信息数据的完整性和可行度。

(2) 区块链采用共识算法避免保险业务中的信息不对称问题。通过数字化合同管理投保人的信誉，减少人工操作环节，明确保险产品信息、保险条款及理赔等信息，并将其加入到区块链中，形成完整的历史记录，可以独立验证索赔的真实性。投保人与保险公司信息互通，能够有效避免投保人骗保、保险公司赖账等情况。

(3) 利用区块链中的智能合约技术，能够快速完成核保及理赔事项。客户个人的身体健康状况、意外事故等信息均上传至区块链中，保险公司在进行个人合规审核时可及时且准确地掌握客户的真实风险情况，从而减少人力、物力、财力的相关成本。区块链技术使得智能合约由工作原理变成了落地现实，保证了智能合约在存储、执行过程中透明可追溯，保障智能合约的可行性。在出现客户风险时，客户个人或第三方机构将相关实际情况记录到区块链中，保险公司根据其投保情况通过智能合约的方式直接赔付相应的损失到客户的电子钱包中。

(4) 基于区块链技术的保险定价会发生改变。现阶段，保险公司在进行产品定价时会针对不同区域采用不同的价格（即差异化定价）。基于区块链技术的发展，这种模式将得到极大改善，能够根据风险的实际分布，在满足特定人群要求的同时，进行更多个性化产品的推广。区块链技术对互助类保险平台创新业务具有刺激作用。区块链的点对点特性适合互助保险（如支付宝平台的蚂蚁保险）平台的业务展开，智能合约能够保证在一人出险时其他互助个体自动向出险人支付款项。

上海保险交易所作为行业基础设施，承载国家战略，肩负战略使命，是深入贯彻中央"十三五"规划和保险"新国十条"、服务新常态下社会经济发展的重要抓手，是深化上海自贸区建设、探索保险业开放创新的重大举措。自成立以来，上海保险交易所始终坚信区块链技术将在保险行业中展现其信用价值、连接价值和共享价值。2017 年 3 月，上海保险交易所联合 9 家保险机构，成功通过区块链技术测试，一套区块链方案在保险交易所云平台上的处理能力可达到每秒 300 次交易，错误率为零。经过反复酝酿与可行性分析，保险交易所区块链团队从保险行业的特性出发，以服务保险行业为理念，以"为保险行业打造科技创新基础设施"为目标，以提升保险行业的科技研发能力为责任，在 2017 年 9 月研发、建设了"保交链"，即上海保险交易所区块链底层技术平台。该链联盟借助 PBFT 共识算法，将保险信息、保险费用、保险理赔金等全部上线，实现自动对账功能。

保交链作为服务保险行业的区块链底层技术平台，引入国有密码、原子广播、栈式脚本解析等技术，为保险行业运用区块链进行科技创新提供了基础。保交链通过服务归集机制，形成四大服务体系。其中身份认证服务体系实现身份证书的认证、审核、颁发及管理功能；共识服务体系确保分布式数据一致性；智能合约服务体系实现智能合约的安装、实例化、升级等管理功能，为区块链应用场景开发提供了支撑；平台服务体系实现动态组网、同一底层平台下多条区块链的配置管理和访问策略管理功能。同时，保交链通过功能共通化，实现三大支持体系。其中数据安全和加解密支持体系使用中国商用密码算法和国际商用密码为信道安全、数据安全、证书安全提供支持；应用支持体系运用软件开发工具包模式（SDK）和应用程序编程接口模式（API）为应用开发及监控运维提供支持；数据交换支持体系使用 Protobuf 为底层各模块的统一数据交换提供支持。

保交链底层框架依托四大服务体系的基础功能模块，设计了"身份认证""账本""交易""智能合约""链路"五大接口，如图 6-2 所示，实现各大服务体系间的统一接口调用，降低了底层框架的耦合性。

保交链可以充分满足保险行业区块链运用的业务需求。在监管合规方面，满足监管审计要求；在密码安全方面，满足国家金融系统的安全要求；在性能方面，达到企业级应用水

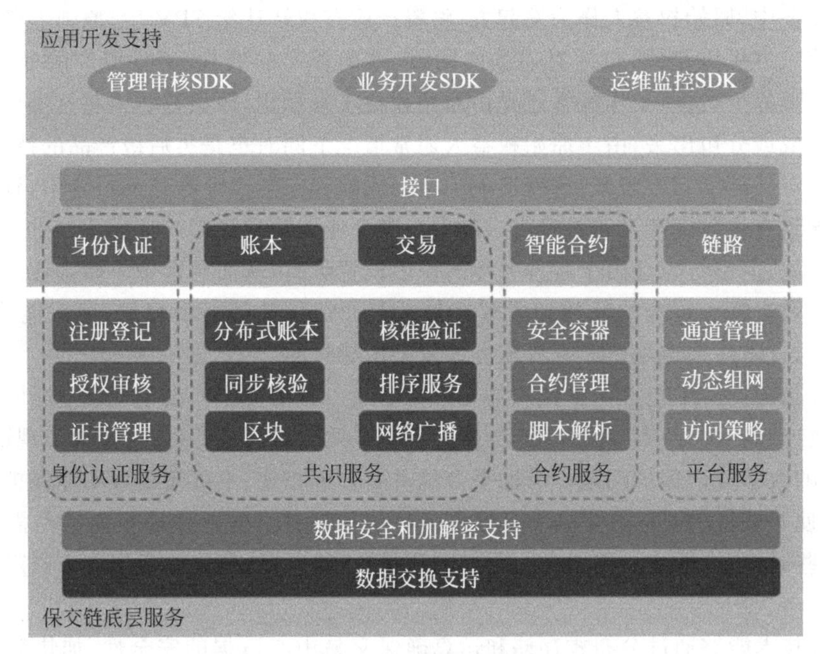

图 6-2 保交链底层框架

平；在应用开发运维方面，实现快捷开发、立体运维、灵活部署。

保交链作为保险行业区块链创新的基础平台，向成员机构提供开源的底层技术服务，降低保险行业运用区块链技术的行业成本。保交链使用了自研国密算法包，推动了国密算法在区块链领域的应用落地，保障了区块链技术的信息安全。保交链将栈式脚本解析与智能合约相结合，使智能合约的应用更加灵活、便捷。

保交链底层框架技术体现七个维度特性的核心思想，运用四大服务体系和三层支持体系，支撑保险行业应用落地的实际需求，充分展现其在保险行业应用中的信用价值、连接价值和共享价值。

3. 证券股权交易

资产证券化，顾名思义，是以未来能产生稳定现金流的资产作为抵押发行融资产品的过程，是 20 世纪最伟大的金融创新，为流动性差的资产提供了流动性，大大降低了融资成本。资产证券化的本质为用资产信用取代主体信用，而区块链技术能够实现以技术互信取代机构互信，这也契合资产证券化的业务场景。

在资产证券化业务中，资金的提供方并不是资产的拥有方，对于资产的合法合规性、资产历史表现的真实性存在天然的不信任，这导致其花费大量的成本聘请外部机构进行验证。由于信息不对称及对资产的合法、真实性等要求，通常由中心化的第三方机构（如会计事务所、审计事务所、券商等）进行审核，从而产生较高的费用，而这极易导致整个门槛提升，使证券化产品的发行规模变得庞大（如几亿人民币）。很多时候，即使有外部机构的尽调，资产的历史数据仍然不被信任，如果项目发起机构的主体存续时间较短或评级不够，则很难发行成功。在业务中，资产的权属是否明确直接关系到投资的收益是否有保障，应收账款、票据等资产常常出现重复抵押融资的情况，即使房抵贷、车抵贷等政府机构能够完成确权的资产，也常常因为手续繁杂或政府机构处理能力有限而无法完成抵押确权，产生重复抵押。在资产证券化业务中，原始权益人作为发起方，将资产所有权转让给 SPV 后，原则上资产后续服务应该由第三方机构完成，包括对还款的回收、逾期资产的催收、不良资产的处置等工作；在中心化的世界里，这些工作经常还是由原始权益人来承担，原始权益人将这部分工作自己组建团队完成或分包出去，由于原始权益人通常情况下同时也是劣后级产品的持有人，整个数据闭环不对任何第三方公开，这就造成了道德风险。在资产证券化的过程中，资产证券化的高门槛导致有优质资产又有融资需求的中小微企业无法通过资产证券化的方式融资从而转向银行贷款，但银行也会由于各种各样的原因设置障碍，从而导致中小微企业的融资渠道不能获得有效支持。传统的证券和股权交易平台往往不能够日清日结，而只能采用 T+1 的结算方式，这本质上也是由于交易流程的复杂所导致的。

在证券化的资产中包含一种特殊的无形资产——数字资产。由于现代互联网具有数字信息传递快速、高效的特点，数字资产的所有者往往无法对其进行保护，进而出现诸如"音乐版权纠纷"的数字资产保护问题。借助平台提供的去中心化、不可篡改等功能保护资产的同时，也能够使其获得相对以往更公平甚至更高价值的回报。但这些回报通常是需要时间沉淀的，而有些时候，社区成员需要盘活手中的存量资产，所以，他们有使用数字资产抵押融资的需求。

区块链技术能够通过分布式存储和运算确保交易中心数据的安全性，加快清算和结算的速度，降低单点攻击的威胁，减少金融机构需要维护的账面数量；使买卖双方能够通过智能合约实现自动匹配，实现交易的完全电子化和高度保密性，自动完成相应的结算与清算，消除市场欺诈行为，有利于监管机构实现穿透式监管，促进双方合理进行理财规划。同时，由于入链数据不可篡改，具有公示的效果，避免了交易确认产生的争议。

上海证券交易所官方平台在 2017 年 3 月发布公告称，将联合杭州趣链科技有限公司共同研发高性能联盟区块链技术，并在去中心化主板证券竞价中进行验证，课题名称为"高性能联盟区块链技术研究——以去中心化主板证券竞价交易系统为例"。2017 年 8 月，该项目预计将成为国内首个运用区块链技术的交易所资产证券化产品。2018 年 7 月，上海证券交易所发布了一份研究报告《区块链技术在证券领域的应用与监管研究》，报告提出，区块链技术在证券发行和交易、清算和结算，以及客户管理方面都有适用的可能性，并且在降低成本、提高效率方面具有显著优势。2018 年 9 月，国泰君安称其正与上海证券交易所、深圳证券交易所合作，共同研究区块链的应用场景及监管课题。

通过共享网络系统参与证券交易，原本高度依赖中介的传统交易模式变为分散的平面网络交易模式。这种革命性的交易模式不仅能大幅度降低证券交易成本、提高市场运转效率，还能减少暗箱操作与内幕交易等违规行为。

6.1.3 互联网金融

金融业从某种程度上说是一个对信用活动进行评估和控制的行业，互联网金融使得信用经济进一步发展，互联网金融创新让金融行业的运行效率得到了很大提升。人们进行金融活动的门槛降低，人们可以通过多种渠道了解多元化的金融产品，出现了众筹、网络信贷、互联网互助平台等新型金融产品。但同时也存在诸多问题和难题，如数据孤岛问题、企业数据共享问题、数据安全及共享及时性问题等均阻碍着互联网金融信用机制的构建。以 BATJ 为代表的互联网公司早已对区块链技术展开了集群式的研究和应用，如百度"度小满"区块链的百度钱包与有钱花、阿里巴巴的蚂蚁金服区块链、腾讯区块链的微粒贷、京东BFC区块链的京东白条等。现阶段的互联网金融也成为了区块链技术的理想应用场景，并最终可能发展成区块链金融。

微众银行作为国内首家资产突破2000亿元大关并获3A评级的民营银行，高度重视区块链技术的发展，其在人工智能、区块链技术、云计算与大数据四个领域内金融科技的发展已上升为银行科技发展战略规划的高度。2016年6月，微众银行联合二十多家机构发起并成立了金融区块链合作联盟(深圳)(简称金链盟)，以技术标准为纽带，致力于整合及协调金融区块链技术研究资源，形成金融区块链技术研究和应用研究的合力与协调机制，提高成员单位在区块链技术领域的研发能力，探索、研发、实现适用于金融机构的金融联盟区块链，以及在此基础之上的应用场景，在信用、股权、积分、保险、票据、云服务、数字资产、理财产品发行及交易等领域开设了课题研究，部分课题项目现已落地或推出产品原型。金链盟在BCOS(BeCredible，Open&Secure)开源平台的基础上，根据场景需求进行模块升级与功能重塑，完成深度定制的金融版区块链——FISCO BCOS开源平台，其首批成员如图6-3所示，赋予其更好地服务金融机构的新功能、新特性与新能力。

FISCO BCOS工作组专注于推进金融区块链技术开源事务及相关工作，不断完善该开源平台，构建金融区块链开源社区，为社会重大事项提供指导与监督。FISCO BCOS设计了高效可靠的、基于区块链网络的消息通信协议AMOP(Advance Message On-chain Protocol)，通过灵活的互操作性来实现复杂的交易场景；设计了合约命名服务(Contract Name Service，CNS)，使业务层和智能合约对应关系命名化，业务层不用关心合约地址；通过并行共识和并行计算提升性能，通过并行多链计算实现基础的系统扩展，解决类似于热点账户的问题。

图6-3 FISCOBCOS工作组首批成员

将区块链技术应用到互联网金融中，能够改变互联网金融的信用机制构建，将数据在制定的规则下进行有偿分享，为企业提供良好的发展机会和便捷的合作通道。

其一，区块链能够大幅提高互联网金融的资金嫁接与配置效率，同时显著增强互联网金融运行的稳健性。通过区块链的分布式记账技术，投资者可以及时洞悉标的项目的资金动向及进展，项目方和投资方的彼此信任度与关系紧密度都将得到大幅提升，进而加强互联网金融的市场稳健性与商业周期持续性。

其二，区块链能够有效协助互联网金融企业隔离信贷风险，同时延展信贷资产的服务半径，放大产品的精准服务度。互联网金融企业与门户可以利用区块链全网收集与记录信息的优势，增加KYC(了解你的客户)和AML(合格制造商列表)功能，针对用户开发出个性化、差异化且粘连度更强的金融产品，促进产品的精耕细作与结构优化。

其三，区块链能够真实还原互联网金融企业普惠金融的商业本质，让互联网金融更接地气，更具人气。互联网金融本身就是传统金融的补充，其最大功能就是实现金融普惠。通过区块链技术的"武装"，互联网金融企业可方便、准确地实现服务对象的甄选，资金供给方也可以将借贷数据与客户信用(包括信用黑名单、借款人未结清贷款信息等)写入区块链，使征信于透明中实现共享。

其四，区块链可以彻底改变互联网金融信息的非对称状态，在客户实现自我管理数据的同时，强力屏蔽各种欺诈风险。根据区块链分布式记账技术，用户可以自己记录与管理信息，并利用数据信息形成的信用完成自身交易，相当于信息数据的使用权回到了用户手中，而且使用区块链密钥的用户还能实现对敏感信息的隐藏，数据信息的占有与使用将因此更加规范。

最后，区块链能够促成互联网金融的监管从他律走向自律，在大幅降低监管成本的同时凸显监管的全新效果。一方面，区块链的节点自动记录信息且不能篡改，同时智能化保证合约及时生效并全网覆盖，参与者任何不光彩的行为都会被充分暴露，有助于实现区块链金融的自我出清。另一方面，监管层也可以作为原始区块创建者，将作为分区块或者节点的互联网金融企业悉数纳入监管区块之中。在通过全网实时查询与追踪企业与个人相关信息、彻底实现"穿透式"监管的同时，及时发布违规处罚结果，让监管真正体现"带电"和"长牙"的威力。

6.1.4 供应链金融

供应链是指在生产及流通过程中，涉及将产品或服务提供给最终用户活动的上游与下游企业所形成的网链结构。基于区块链的供应链协同应用将供应链各方数据信息上链，上链信息不可篡改，通过加密技术保证数据隐私，通过智能合约控制用户权限，实现数据和信息的实时共享。区块链技术具有数据不可篡改、交易可追溯以及时间戳的存在性证明机制，可以很好地解决供应链体系内各参与方在数据被篡改时产生的纠纷，实现有效的追责和产品防伪。区块链＋供应链协同发展的典型案例如图 6-4 所示。

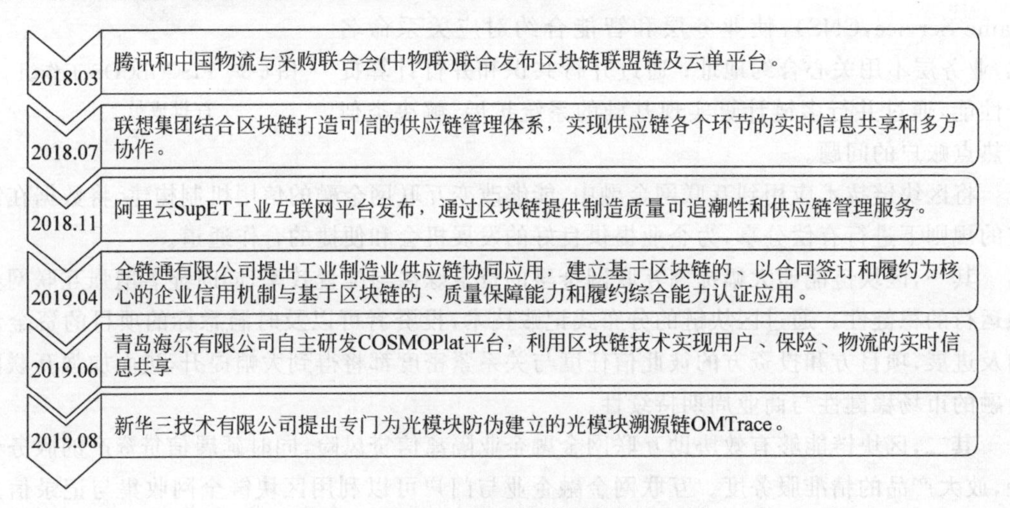

图 6-4　区块链＋供应链协同的典型案例

数据来源：中国信息通信研究院

供应链金融是以供应链企业为依托，基于真实的贸易环节，以资金调配为主线，通过自偿性贸易融资方式，为供应链上下游企业提供的综合性金融产品和服务，将核心企业及其上下游企业作为整体，实现金融服务的普惠，达到参与企业的合作共赢。在此过程中，金融机构或投资者面对四流（资金流、信息流、物流、商流，如图 6-5 所示）难合一的实际情况，如何有效地嵌入供应链网络，既能有效控制风险，又能保证资金的有效运行是供应链金融的关键问题。

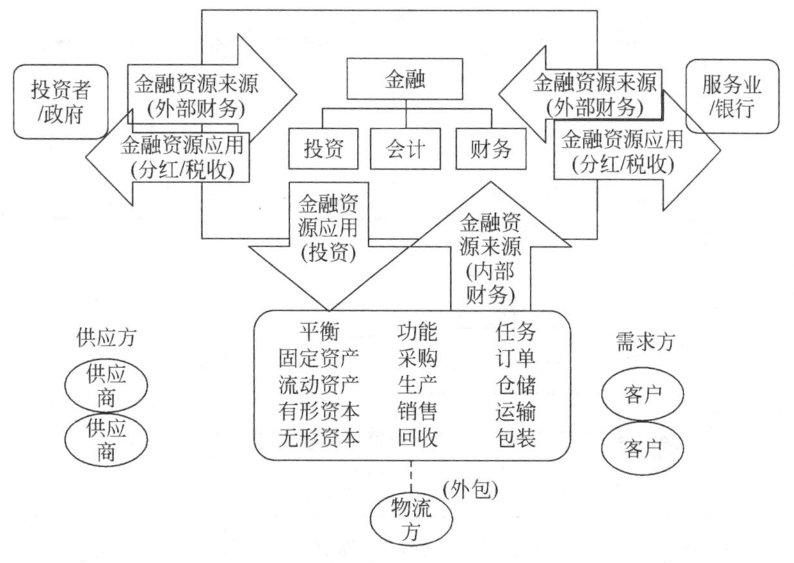

图 6-5　供应链金融业务运转

近年来,国内的供应链金融虽有较快发展,但仍处于早期阶段,还无法脱离信用,距离成熟相去甚远。目前在实践过程中,供应链金融上下游的融资服务通常围绕核心企业所展开,暴露出的问题主要包括:造假风险,如订单造假、票据造假等;供应链企业信息孤岛,企业间信息互通不够通畅;企业信用不能有效传递,核心企业信用只能传递给一级供应商,而二级及以上供应商无法利用核心企业信用进行融资;履约风险高,投资方无法渗透供应链监控资金使用动态,以及约定计算不能自动完成而引发各种问题;四流难合一引发贷款难、风控难、监管难等问题。

供应链金融不同的交易形态也存在不同程度的风险,如图 6-6 所示。在预付款融资的交易形态下,采用先票或款后货授信、担保提货的形式,易出现上游供货商不能按时、全额发货,融资企业失去提货权等;库存融资主要采用静态抵质押授信、动态抵质押授信等形式,承担运输风险及销售不佳无法变现、融资企业失去货物所有权等风险;在应收账款融资形态下,采用保理、保理池融资、反向保理等形式,承担贸易非真实性风险,买方不承认、缓付或不付应付账款而导致的商业纠纷风险等;对于供应链中长期合作产生的战略伙伴关系进行融资的战略关系融资,基于关系与契约治理,其不可控性强,无抵押物,风险相对较高。

供应链金融是典型的多主体参与、信息不对称、信用机制不完善、信用标的非标准的场景,与区块链技术有天然的契合性。区块链技术在供应链金融中的运用主要以许可链(私有链或联盟链)的形式,重点在于信息的难篡改、一定程度的透明化,以及信用的可分割、易流转,但不会改变核心企业占据主导地位的现状。供应链上的核心企业以及做供应链管理的传统巨头企业天然具有开展供应链金融业务的优势,而区块链技术能够更好地进行企业风险刻画,从而扩大业务覆盖范围,在去伪存真、鉴权、防“扯皮”、信息协同等方面带来极大的改进。区块链作为解决供应链金融难题的首选技术,可最大程度地实现降低成本、提高效率及扩大市场规模。

基于区块链的供应链金融解决方案如图 6-7 所示,对比传统 IT 技术的业务模式,其优势主要体现在如下几个方面:一是最大化实现四流合一,区块链难篡改的特性提高了数据

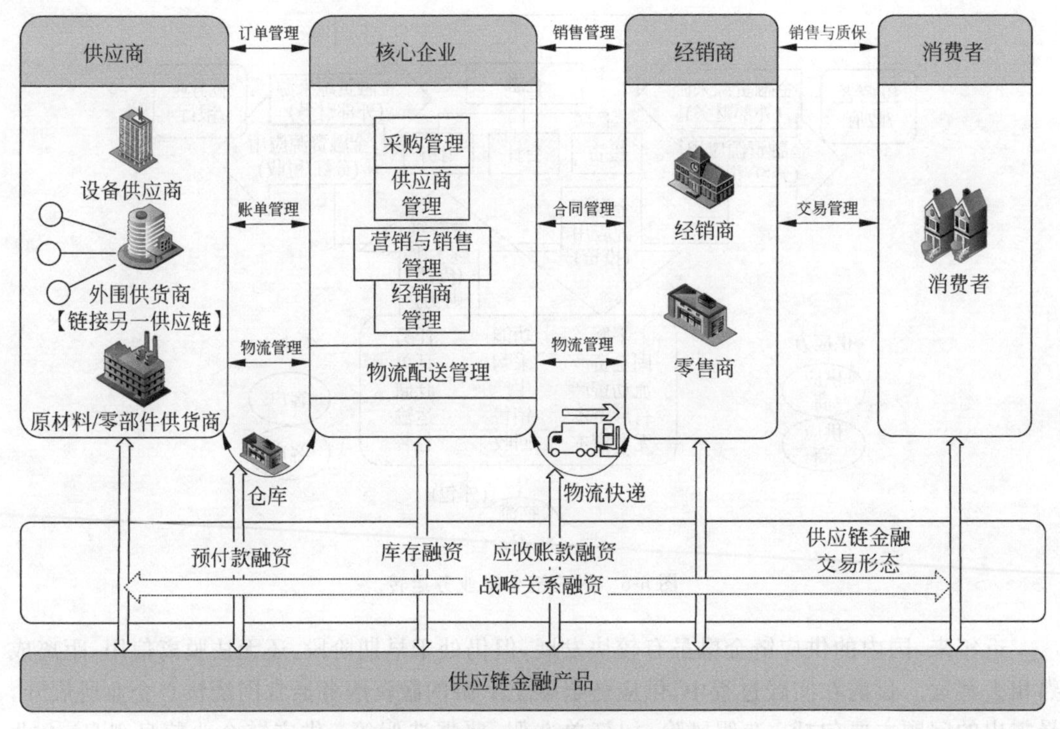

图 6-6　供应链金融的融资模式

可信度，降低了企业融资及银行风控难度；二是风控数据获取、合同签订、票据流转等业务线上执行，周期短，效率高；三是电子凭证可多级拆分、转接、融资，解决非一级供应商融资难、资金短缺问题；四是智能合约固化了资金清算路径，极大减少了故意拖欠资金等违约行为的发生。

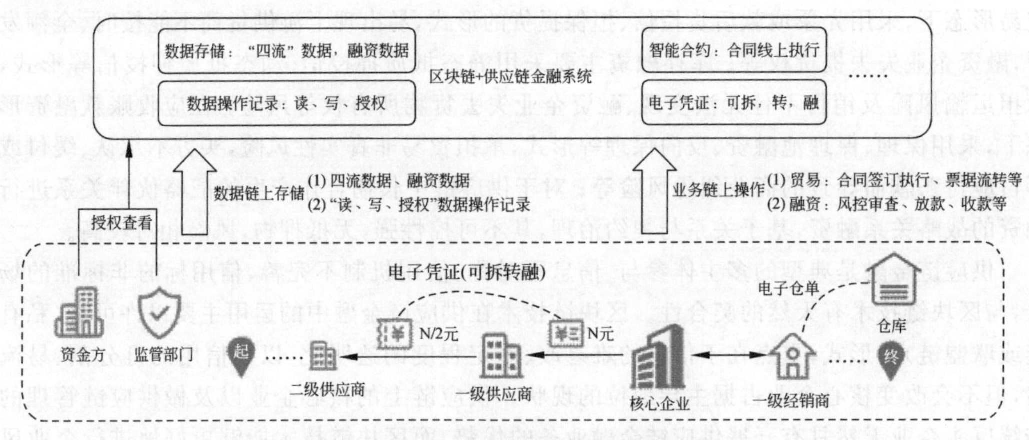

图 6-7　基于区块链的供应链金融解决方案

区块链与供应链金融的结合是当前区块链技术应用的热门领域之一，已有不少针对供应链金融领域各类应用场景的应用方案。

在供应链金融领域，蚂蚁金服目前专注于通过区块链技术实现应收账款灵活可靠的拆分、流转和融资，从而帮助企业实现穿透式的供应链管理，提出基于区块链的“双链通”供应链协作网络。“双链通”以产业链上各参与方间的真实贸易为背景，使得核心企业的信用得以在平台内流动，使更多产业链上下游的小微企业获得平等、高效的普惠金融服务，如图6-8所示。开放平台欢迎更多的核心企业、金融机构、合作伙伴加入，共建“区块链＋供应链”的信任新生态。其架构更是具有独特的优势。通过蚂蚁区块链硬件的隐私保护技术，确保多方参与的安全性、隔离性；基础服务集成支付宝与企业网银身份核实能力，通过网银U盾签名，确保交易可靠、无纠纷确权；业务中台核心服务实现云化，更多联盟参与方可以直接通过简单API加入网络；硬件级别的交易安全隐私合约链，通过可信执行环境，确保多方参与的隐私计算与数据相隔离。

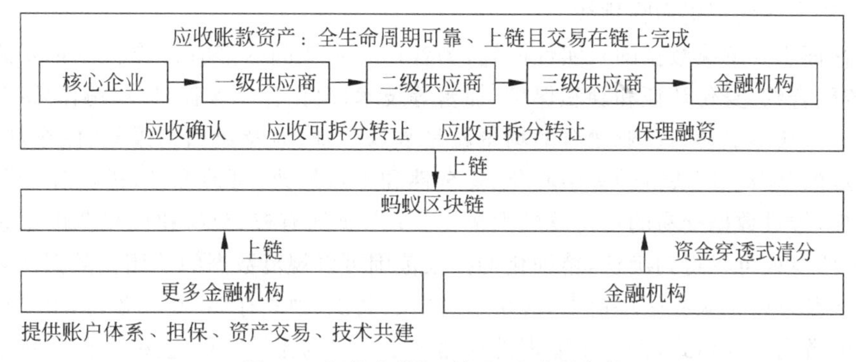

图6-8　蚂蚁金服“双链通”方案的架构

在供应链金融领域，蚂蚁金服目前主要专注于通过区块链技术实现应收账款灵活可靠的拆分、流转和融资，解决方案主要包括资产生成、资产流转、资产清分（清分是清算的数据准备环节）、生态治理和安全基础设施几部分。资产生成环节主要解决核心企业与一级供应商共同确认无瑕疵应收账款的可靠上链问题，链上资产的生成是整体业务开展的关键基础；资产流转通过链上资产交易的方式完成，实现了灵活、可拆分的应收账款资产流转，企业利用应收账款融资在平台上也被定义为一种特殊的资产流转交易；资产清分环节是通过与核心企业和清分机构合作，解决链上资产的最终交割和核销问题，实现业务闭环；生态治理部分主要定义了联盟治理方案、收费策略与手段、收益分配方法和生态激励手段；安全基础设施主要提供了客户核身、操作安全、纠纷防范等基础能力。

蚂蚁金服“双链通”方案具有以下方面明显的优势。

充分开放：向银行等各种金融机构全面开放，包括但不限于账户、融资、担保、技术共建等。

金融配套：在技术解决方案基础上，同时配套融资、担保、结算和分佣等完整金融解决方案。

供应链管理支持：支持企业在融资业务外，利用区块链技术对供应链进行穿透式管理。

资产全生命周期上链：应收账款资产全生命周期上链，资产交易直接在链上完成。

合规与体验：充分适应企业业务实践中的财、税、法等合规要求，并为企业提供最佳的应用体验。

先进技术与治理：蚂蚁集团有自研可控核心技术和丰富的治理经验，特别体现在隐私保护、安全、性能和运维方面。

6.2 司法存证

随着数字经济的高速发展，基于互联网模式的电子商务、知识产权、在线金融、电子合同与交易等应用逐渐成为企业的核心业务模式与经营资产，证据正逐步进入电子证据时代，呈现出数量多、增长多、占比高、种类广等趋势，由此引发的交易纠纷数量也呈几何式增长。尽管电子数据存证已逐渐普及，但由于电子数据存在着虚拟性、易篡改性等不足，缺少公认的技术标准和实操手段，在对电子数据的取证、举证、存证、示证及认顶等各环节出现不同的问题，其在司法中的使用仍面临挑战。

数据存证主要解决数据的真实性问题，为各产业企业间的多方协作打下重要的信任基础，结合智能合约、身份认证和隐私保护、加密等技术，简化合作流程，提高协作效率，强化互信合作。而区块链最初与产业融合的场景就是数据存证，涉及数据的采集、保全和共享等，是产业发展的基石。区块链的去中心化、安全性和不可篡改、可追溯性，可以让参与主体之间建立信任，推进数据交易的可持续的大幅增长；数据所有权、交易和授权范围记录在区块链上，数据所有权可以得到确认，精细化的授权范围可以规范数据的使用。数据从采集到分发的每一步都可以记录在区块链上，经由参与节点共识、独立存储、互为备份，上链后的数据具有规范的数据存证格式，保证了数据的存储安全及数据流转的可追溯性，配合物联网手段保证数据的真实性。因此，存证优先切入对信任需求敏感或对数据真实性要求高的场景，在此基础上拓展、延伸的功能也较为丰富，如身份认证、数据交换、资产交易和共享经济等。区块链技术具有防止篡改、事中留痕、事后审计、安全防护等特点，采用智能合约自动取证示证或区块链浏览器示证，也可与公证电子证据的流程打通，由公证参与示证，有利于降低电子数据存证成本，提高存证效率，聚焦于证据本身对案件的影响，为司法存证、知识产权、电子合同管理等业务赋能。

2018 年 9 月 7 日，中国最高人民法院印发《关于互联网法院审理案件若干问题的规定》，承认了区块链存证和相关可信技术手段在互联网案件举证中的法律效力，表示电子固证存证技术在司法层面应用的重大突破，更意味着区块链技术渐渐开始真正地普及化、应用化。2019 年 8 月，最高人民法院宣布正在搭建人民法院司法区块链统一平台，目前完成了最高人民法院、高院、中院和基层法院四级、多省市共 21 家法院，以及国家授时中心、多元纠纷调解平台、公证处、司法鉴定中心的共 27 个节点的建设，联合四级法院共完成超 1.8 亿条数据的上链存证固证，并已牵头制定了《司法区块链技术要求》《司法区块链管理规范》，指导和规范全国法院数据上链。中华人民共和国最高人民法院公布的《最高人民法院关于修改〈关于民事诉讼证据的若干规定〉的决定》于 2020 年 5 月 1 日起生效，该决定进一步细化并扩大了电子数据的范围，包括：(一)网页、博客、微博客等网络平台发布的信息；(二)手机短信、电子邮件、即时通信、通讯群组等网络应用服务的通信信息；(三)用户注册信息、身份认证信息、电子交易记录、通信记录、登录日志等信息；(四)文档、图片、音频、视频、数字证书、计算机程序等电子文件；(五)其他以数字化形式存储、处理、传输的能够证明案件事实的信息。同时，该决定为上述类型的电子证据提供了认定规则，进一步填补了互联网法院对电子证据认定的空白。

“区块链＋互联网法院”的发展如图 6-9 所示，作为全球首个司法区块链，杭州互联网法院司法区块链由蚂蚁区块链提供技术支持，具有公证处、司法鉴定中心等重要节点，拥有全球领先的核心专利技术、2万TPS的高性能存证能力、极高的隐私安全保护能力和顶级安全防控能力，支持对接更多机构或组织。司法区块链主要解决纠纷的类型包括数字版权、金融合约、网络服务合同等，智能合同技术通过创建"自愿合同—自动执行—履行无法智能归档—智能试用—智能执行"的网络行为闭环，实现网络数据和网络行为的全过程记录，确保整个环节值得信赖，实现全节点见证和全方位协作。其能够提升维权效率，破解司法服务效率低的难题，实现司法数据的融合共享，打破数据孤岛，推动社会信用体系建设，降低司法成本；以技术为引擎，推动创新发展，引领司法服务转型升级，减少司法纠纷，提高社会契约执行效率。在2018年6月的作品信息网络传播权纠纷案中，杭州互联网法院首次认可使用区块链技术的存证。原告将侵权行为上传至区块链中，完成了取证存证，而法院分别从多个标准去判定该证据的有效性，其中在确定上传的证据数据没有被篡改的检验中，法院就通过原告提供的哈希值、区块高度和交易时间等对区块链中存储的数据进行验证，最终确定数据是有效、完整且没有被篡改过的。杭州互联网法院在成立之初的一年时间内，依托在线审理诉讼平台，受理申请立案超过3.6万件，立案1.5万件，结案1.3万件，平台访问量已超过1200万次，平均为当事人每人每案节约开支近800元，节约在途时间约16.8小时。

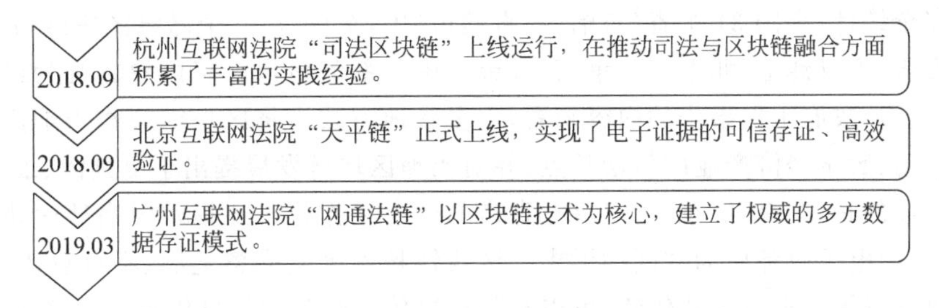

图6-9　区块链+司法存证的互联网法院(部分)

北京互联网法院秉持"中立、开放、安全、可控"的原则，联合北京市高级人民法院、司法鉴定中心、公证处等司法机构，以及行业组织、大型央企、大型金融机构、大型互联网平台等20家单位作为节点共同组建了"天平链"，于2018年9月9日上线运行。通过利用区块链本身的技术特点以及制定应用接入技术及管理规范，实现了电子证据的可信存证、高效验证，降低了当事人的维权成本，提升了法官采信电子证据的效率。截至2020年9月，已经吸引了技术服务、应用服务、知识产权、金融交易等9类22家应用单位的接入，具有区块链一级节点13个、二级节点7个，在线采集证据的数量达240多万条，在线数据验证一万多条。天平链的建设和运行实现了以社会化参与、社会化共治的方式，践行"业务链、管理链、生态链"三链合一的"天平链2.0"新模式，打造了社会影响力高、产业参与度高、安全可信度高的司法联盟区块链。天平链通过规则前置、全链条参与、社会机构共同背书，把公平、公正的规则通过技术的力量嵌入互联网诉讼中，一方面可以对当事人上传到电子诉讼平台的诉讼文件和证据进行存证，防止篡改，保障诉讼安全；另一方面，法院也可以对在天平链存证的诉讼证据进行验证，解决当事人取证难、认证难的问题。

同时，也应该认识到，区块链只能确保电子数据上链存储以后不可篡改和删除，但如果上链的数据本身就是问题数据，例如在可以修改原文或伪造原文后再对数据进行哈希，或者就某一事务生成多个版本并计算哈希值、分别上传至区块链保存，便于此后只展示对自己有利的版本作为证据。因此，即使采用区块链技术，也要对存证平台资质、网络安全性、电子数据完整性过程进行详细的分析。

6.3 电子政务

电子政务是指国家机关在政务活动中全面应用现代信息技术、网络技术以及办公自动化技术等进行办公、管理和为社会提供公共服务的一种全新的管理模式。2018 年 7 月 31 日国务院出台的《关于加快推进全国一体化在线政务服务平台建设的指导意见》指出，要在 2022 年底前，全面建成全国一体化在线政务服务平台，实现“一网办”。区块链技术可以大力推动政府数据的开放度、透明度，促进跨部门的数据交换和共享，推进大数据在政府治理、公共服务、社会治理、宏观调控、市场监管和城市管理等领域的应用，实现公共服务多元化、政府治理透明化、城市管理精细化。作为我国区块链落地的重点示范高地，政务民生领域的相关应用落地集中开始于 2018 年，多个省市地区积极地通过将区块链写入政策规划进行项目探索。区块链可以在税务、工商登记系统、个人记录管理、城市间信息互通、城市能源、产权公证、选举投票、学术存证和公益慈善等领域实现很好的结合。

据不完全统计，全国 31 个省(自治区、直辖市)中，至少有 20 个已将区块链写入 2021 年政府工作报告，不仅涵盖“北上广”，重庆、甘肃等中西部省份也已将区块链视为经济弯道超车的新赛道。从政府工作报告的内容来看，大多数地方政府将区块链视作当地产业优化升级的技术助力、数字经济产业的新增长点，并对当地区块链发展提出了更具体、细化的目标。尤其值得关注的是，北京、广东、山东等七省市的政府工作报告还提及了当地区块链应用的场景方向，其中电子政务成为共同的诉求。区块链技术因其完整追溯、不可篡改、公开透明等特性在政务场景中拥有天然优势，可以有效解决传统政务中信息传输滞后、各部门信息分散、层级管理消耗大量时间、工作效率低等弊端，助推政务公开透明，极大地提高政府服务质量，促进社会信用体系的构建。据 IDC FutureScape 报告显示，到 2022 年，全球将有 1.5 亿人拥有基于区块链的数字身份。

在智慧城市建设中，利用区块链技术可以实现数字身份认证、自然资源管理、税务管理和政务诚信管理等。数字身份数据上链之前先由政府出具权威的信用背书，之后把这些数据上链。安全方面，通过区块链的非对称加密机制，有效解决了用户隐私安全的问题。区块链技术可实现政务数据跨部门、跨区域地维护和利用，促进业务协同办理，从而全面提高社会治理能力。

在政务数据共享领域，出于数据安全因素的考虑，电子政务体系内各个政府部门之间的信息孤岛现象非常严重，在现实情况下，数据共享往往难以真正推进，存在办事入口不统一、平台功能不完善、事项上网不同步、服务信息不准确等诸多痛点。区块链为跨级别、跨部门数据的互联互通提供了一个安全可信任的环境，大大降低了电子政务数据共享的安全风险，同时也提高了政府部门的工作效率。典型案例如北京市海淀区借助区块链技术办理不动产登记，海淀区政府服务管理局、海淀区不动产登记事务中心及国家电网北京海淀供电公司三方利用区块链技术，打通政务服务与公共服务两个领域，在二手房交易中实现“不动产登记+用电过户”同步办理，让市民和企业办理不动产登记时可以一并办理用电过户。

区块链利用时间戳、不可篡改等功能特性实现数据真实性证明，还可以广泛应用于政府各类项目的工程管理、市民信息管理、招商引资等，保障信息的安全和真实性，提高政府基层治理的透明度。典型案例如北京市顺义区用“区块链”解决棚改项目资金安全问题，北京市顺义区住建委的“棚改项目全生命周期智慧监管信息平台”运用了区块链技术，系统对所有上传文件、资料、签字及资金去向都进行了原始记录，可信的时间戳记录可以用来证明文件数据的真实性，防止文件数据被篡改。这有效保障了棚改项目材料的真实性、准确性，也让棚改更加公正、透明，多年以后都有据可查。

“政务链”作为世界上首个可创建主权生态环境的公有区块链系统平台，利用区块链技术对电子政务的改良进行了全新的尝试。该系统具有创建和编辑、注册管理部门机构的功能，同时实现了智能合约和接口的多层级权限管理，是国内区块链政务系统的代表。政务链生态系统是基于法律、金融和经济关系的实体登记、注册和创建，由登记注册管理部门负责，包含法人和自然人、家庭户口关系、房地产权、证券、专利许可证等。在政务链中管理登记注册的权限设计为多层级机制，构建了管理生态，并在其基础上创建应用程序的最重要工具。从技术上说，政务链数字生态系统是一个点对点网络，其节点是数据中心，每个节点都包含完整的区块链数据。这些节点依次以不超过1s的周期生成区块，单一节点也可以维持生态系统的效率，其余节点确保了网络的不间断运行，并防止未经授权的数据篡改。在整个国家环境下部署的政务链生态系统是一个独立和封闭的系统，只有具有私钥的用户才可以访问并使用网络资源。政务链系统创建的政务链数字生态以及基于智能法律管理资源的多层级权限设置都具有很强的创新性。同时为了保护生态系统免受攻击，系统所设定的从指定和激活的钱包中花费代币的方式也颇具开创性。

区块链使得互联网从“信息传递”升级为“价值传递”。以分布式数据库为基础的庞大账本，使人们在网上能够像传递信息一样方便、快捷、低成本地传递价值，这些价值可以表现为资金、资产或其他形式。价值互联网必将像信息互联网一样，给人们生活带来翻天覆地的变化。通过价值网络的建设，改变政府治理过程中的资源配置和价值网络的结构，是区块链电子政务的创新发展方向。区块链技术正在推动着数字化政府的建设，也推动着数字化社会的发展，这不仅仅需要企业技术的创新，也需要政府在这个领域的更多投入和认知观念的改变，推动区块链政务领域的良性发展，推动区块链技术在新的数字经济浪潮中发挥更大的作用，为完善现代化治理体系、提升现代化治理能力、实现智慧政府等提供宝贵的实践经验。

在国家层面，习近平在2019年10月举行的中央政治局第十八次集体学习时强调，把区块链作为核心技术自主创新的重要突破口，明确主攻方向，加大投入力度，着力攻克一批关键核心技术，加快推动区块链技术和产业创新发展。抓住区块链技术融合、功能拓展、产业细分的契机，发挥区块链在促进数据共享、优化业务流程、降低运营成本、提升协同效率、建设可信体系等方面的作用。要探索“区块链+”在民生领域的运用，积极推动区块链技术在教育、就业、养老、精准脱贫、医疗健康、商品防伪、食品安全、公益、社会救助等领域的应用，为人民群众提供更加智能、更加便捷、更加优质的公共服务。要推动区块链底层技术服务和新型智慧城市建设相结合，探索在信息基础设施、智慧交通、能源电力等领域的推广应用，提升城市管理的智能化、精准化水平。要利用区块链技术促进城市间在信息、资金、人才、征信等方面更大规模的互联互通，保障生产要素在区域内有序高效流动。要探索利用区块链数据共享模式，实现政务数据跨部门、跨区域的共同维护和利用，促进业务协同办理，深化“最多跑一次”改革，为人民群众带来更好的政务服务体验。

区块链技术应用已延伸到数字金融、物联网、智能制造、供应链管理、数字资产交易等多个领域。在区块链技术的不断完善和发展下，电子政务将呈现更广泛的发展趋势。一是要加强电子政务 DApp 的研究，以便适应不断加深的应用移动化程度；二是将区块链应用于地质灾害、公共卫生等重大突发事件的管理，利用智能合约技术使得全部群体能够使用在线系统；三是构建区块链产业生态，推动区块链和人工智能、大数据、物联网等前沿信息技术的深度融合，推动集成创新和融合应用，推动电子政务向智慧政务的转化。

6.4 数字票据

票据是依据法律按照规定形式制成的、显示有支付金钱义务的凭证，作为重要的支付、融资工具，在支持实体经济发展方面发挥着重要作用。2009 年中国人民银行发布《电子商业汇票业务管理办法》，建成电子商业汇票系统(ECDS)，推出电子票据。电子票据以数据电文代替纸质凭证，以计算机设备输入代替手工书写，以电子签名代替实体签章，以网络传输代替人工传递，有效提高了票据市场的透明度和时效性，克服了纸票操作风险大的缺点。票据在服务企业融资方面有天然的优势，可以帮助企业尽可能地少贷款，有效降低企业杠杆，提高企业生产经营效率。尽管伴随着市场环境的改变，票据的支付、结算、融资、调控、投资、交易等多个功能有了新特征，但是其服务实体经济的本质没有发生改变。同时我们也应该认识到，电子票据也存在着中心化总分重复记账、流通局限性、安全监管等一系列问题，可以借助区块链的分布式账本、去中心化、集体维护、信息不可篡改等优势弥补电子票据的缺点。

2016 年以来，中国人民银行数字货币研究所对区块链在票据领域的应用进行了探索研究，实践表明经优化的区块链技术可高效支撑数字票据的签发、承兑、贴现和转贴现等业务，为票据业务的创新发展打下坚实的技术基础。将区块链技术很好地运用到票据业务当中，制定相应的法律法规，建立符合中国票据市场需求的数字票据，必然会提高资源利用效率，促进经济和社会的发展。在票据市场，基于区块链技术实现的数字票据能够成为一种更安全、更智能、更便捷的票据形态。借助区块链实现的点对点交易能够打破票据中介的现有功能，实现票据价值传递的去中介化；基于区块链的信息不可篡改性，票据一旦交易完成，将不会存在赖账现象，从而避免“一票多卖”、打款背书不同步等行为，有效防范票据市场风险。基于区块链数据前后相连构成的时间戳，其完全透明的数据管理体系提供了可信任的追溯途径，可有效降低监管的审计成本。

上海票据交易所股份有限公司(以下简称上海票据交易所)是按照国务院决策部署、由中国人民银行批准设立的全国统一的票据交易平台，于 2016 年 12 月 8 日开业运营。上海票据交易所是我国金融市场的重要基础设施，具备票据报价交易、登记托管、清算结算、信息服务等功能，承担中央银行货币政策再贴现操作等政策职能，是我国票据领域的登记托管中心、业务交易中心、创新发展中心、风险防控中心和数据信息中心。工商银行、中国银行、浦发银行和杭州银行在数字票据交易平台顺利完成基于区块链技术的数字票据签发、承兑、贴现和转贴现业务。数字票据交易平台的实验性生产系统结合区块链技术和票据业务实际情况，构建了“链上确认，线下结算”的结算方式，为实现与支付系统的对接做好了准备，探索了区块链系统与中心化系统共同连接应用的可能。根据票据真实业务需求，建立了与票据交易系统一致的业务流程，并使数据统计、系统参数等内容与现行管理规则保持一致，为实验性生产系统业务功能的进一步拓展奠定了基础；并且进一步加强了安全防护，采用SM2国密签名算法进行区块链数字签名。为参与的银行、企业分别定制了符合业务需的密码学设备，包括高安全级别的加密机和智能卡，并提供了软件加密模块以提高开发效率。在票据交易所内部，核心交易子系统与登记托管子系统、清算结算子系统之间通过数据接口实现直通式处理(STP)：票据交易达成后，核心交易子系统将成交信息实时传输至清算结算子系统，完成资金的交付，并由登记托管子系统完成票据的变更登记。上海票据交易所的建设和发展将大幅度提高票据市场的安全性、透明度和交易效率，激发票据市场活力，更好地防范票据业务风险；有利于进一步完善中央银行的宏观调控，优化货币政策传导，增强金融服务实体经济的能力。

浙江省区块链电子票据平台如图6-10所示，作为全国首个区块链电子票据平台，由浙江省财政厅发起，联合省大数据局、卫健委、医保局，应用支付宝的蚂蚁区块链技术共同推进。该平台打通用户就医流程优化的最后一公里，市民可以完成预约挂号、缴费、取票、拿药等就医全流程，无须在窗口反复排队缴费和打印，用一个手机就能看病。医疗票据升级使用电子票据后，全面重构了传统就医报销流程。患者可以有挂号、就诊、交费、电子票据交付全流程的电子化闭环体验。截至目前，在试点城市台州的主要综合性医院中，患者人均就诊时间从170分钟降低为75分钟，降幅近六成，平均的看病环节从6个减少到2个，减少4次排队(挂号、支付、检查预约、取报告)。对政府侧而言，这也有效提升了财政票据监管水平和效率，医保部门也从此告别了人工甄别票据真伪、重复报销的时代；站在商业保险公司的市场角度，应用区块链技术解决了老百姓医疗报销的需求，还解决了重复报销、作废报销等问题。

图6-10　浙江省区块链电子票据平台

蚂蚁区块链电子票据基于患者隐私保护机制实现多方安全应用，如图6-11所示。电子票据由监管财政统一验签后上链，由政府权威机构背书，保证了票源的可靠性和稳定性。

"一票一密，数据不落盘"，即每张电子票据采用一个唯一的密钥进行加密，数据一离开监管财政就加密，除区块链外数据不在任何地方落盘。通过区块链技术进行流转，解决了票据状态的一致性、患者的隐私保护、多方安全的应用等问题。开票方和用票方通过智能合约共同维系票据的唯一状态，有效防止财政电子票据重复作废、重复报销或利用作废票据套取资金等问题的发生。商业保险、记账公司等社会化用票在用户实名认证后，授权用票单位从链上获取对应的电子票据进行报销入账。在区块链电子票据从生成、传输、存储到使用的全流程中都盖上"戳"，全程可溯源、不可篡改，保证了票据的真实性，因此也就无须打印纸质票据，是实现零排队、无纸化就医的基础，也是保险公司实现快速网上理赔的技术基础。

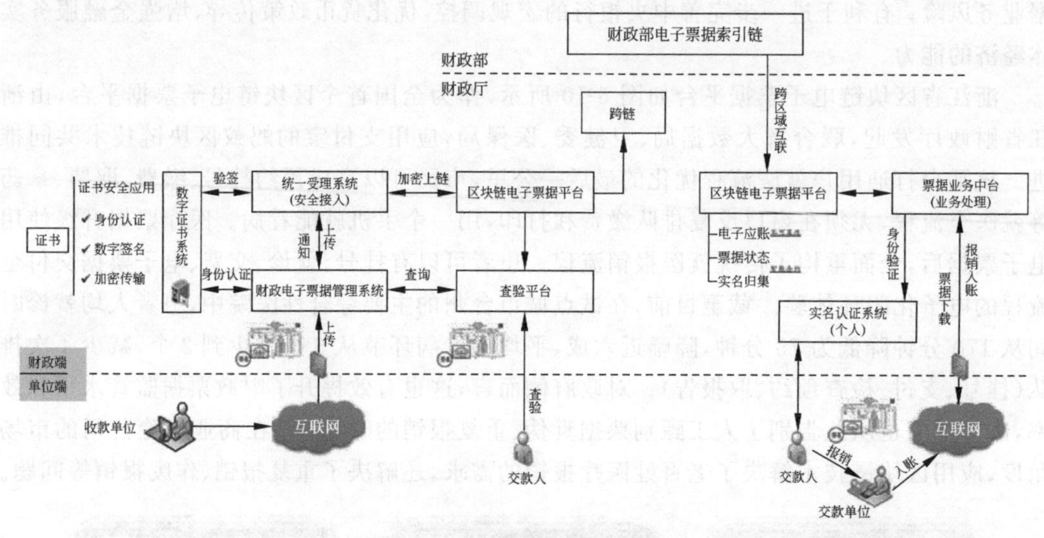

图 6-11 蚂蚁区块链电子票据

借助区块链构建数字票据本质上是替代现有电子票据的构建方式，实现点对点的价值传递，但在整个社会没有公开发行和使用数字货币的前提下，如何实现数字票据与实物货币在资金清算中的实时对接将会是面临的重要问题。例如在比特币交易所中，其最终的资金清算也是在线下通过现有的银行转账或者第三方支付实物货币的形式来体现。在区块链构建的数字票据中，如果依旧采用线下实物货币资金清算的方式，那么其基于区块链产生的优势将大幅缩水，如果在其所在的联盟链中发行数字货币，那么数字货币的可编程性本身对数字票据就有可替代性，可以把数字票据看作有承兑行、出票人、到期日、金额等要素的非标数字货币，两者之间存在一定的矛盾。从另外一个角度来看，借鉴现行电子票据模式中线上清算与备付金账户相挂钩的方式，实现数字票据的网络节点与存有实物货币的账户绑定的方式，也值得进一步研究。

6.5 商品溯源

食品、药品等重要商品的溯源已成为区块链技术落地的重要场景。

商品溯源相当于一个供应链的问题。在一件商品的生产、检测、运输、通关等整个供应链条中，如何做到全流程把控，明确各环节责任人，提高透明度，尽量杜绝假冒伪劣，提高消费者信任度，一直是个难题。现在各大商家的商品供应链条一般都包括众多环节，缺少把控措施，类似三无产品、以次充好、海淘假货、二手货等问题层出不穷。而要查到底是哪一个环节出了问题，往往耗时耗力，甚至根本无从查起。因此，商品供应链是一个典型的信任缺失场景，如此一来，受损害的不仅是消费者，还有中间流通环节的商家。商品溯源是商家对自家商品做出的一个自证，商家尽量给消费者提供自家商品从生产到批发再到零售的全过程中各个环节的信息，提高消费者信任度。

此外，技术方在开展业务方向前，要想清楚三个重要问题："区块链＋溯源"是谁的需求，谁出费用，影响谁的利益。如果需求更多来自顾客(消费者)，费用却由甲方(企业)出，那么中间存在转化率和消费模型问题，会导致双方利益矛盾。消费者和企业双方并不认为区块链能够带来明显的附加利益，所以经常并不在乎是否用到区块链技术，企业方认为对区块链的投入成本与获得收益并不匹配。但是，在真实的产业中，环节庞杂，角色众多，各方对溯源的需求是全方位、多层次的，消费者需要安心买到正品，企业需要通过溯源和防伪保护品牌形象和收入，市场监督者需要稳定价格、平衡竞争和打击仿冒。因此，商品溯源既要有好的产业，也要有好的组织，才能发挥出最佳效果。由此可见，区块链记录货物流转不仅减少了伪冒的侵犯，也记录了参与方之间的关系，支撑起更高效、更高附加值的商务模型。区块链技术与场景的充分融合，还能根据核心需求设计新的营销模式。区块链溯源能达成三层效果：最基础的是数据记录、品牌保护和精准营销；中级的是模式创新，让原有的价值分配、传播方式更合理、高效、低成本；最终实现产业升级，以某一类创新带动整体升级。总而言之，有溯源需求的企业应用区块链技术，是为了增强消费者对产品的信任，维护自身品牌价值，同时借由链上可信数据，盘活供应链上下游的物流、资金流、信息流的价值，为营销、商业分析、融资保险等金融服务及监管合规提供支撑。

区块链与其说是在技术上进行了革新，不如说是在思维模式和商业模式上带来了全新的理念。区块链通过技术手段，在商品管理中用较低的成本实现过去不能达到的效果——从全局的角度对商品生命周期进行统一管理。例如，在存在巨大信任危机的钻石珠宝行业，商品溯源必须有产业链上各方的参与，从矿区、工厂、珠宝加工商，到珠宝鉴定机构、物流公司、门店等，在链上全程登记和信息共享。由于区块链只能解决电子数据层面的溯源和信任机制的构建，并不能保障物理世界物品的身份确认问题，构建有效的溯源机制并不能仅仅靠区块链技术，也必须要综合应用各种先进的科技手段。更重要的是，区块链对整个溯源链条上的各参与主体，真正实现了从被动监管向主动信用监管的升级和转变，这才是区块链技术给行业带来的真正颠覆。构建监管领域和商业领域的信用机制，才是最经济和最有效的管理机制。当今中国社会正在进入信用社会的管理阶段，所以在溯源领域应用区块链进行信用监管正是顺势而为之举。

区块链确实能够为商品溯源提供新的解决方案，但仍然面临很多挑战。区块链技术为制造、销售伪劣产品提高了难度与成本，但是商品假冒伪劣问题并不能因为使用区块链技术而彻底消除。第一是数据上链的成本以及上链信息的真实性问题，每个环节都将数据上链，增加了工作量，而且数据的录入也可能人为造假；第二是行业标准不统一，信息安全和隐私难以保障；第三是缺乏有效监管，相关法律法规有待完善，溯源体系建设虽已初具规模，但相关法规不完善，缺少有公信力的集中式监管机构。因为这些问题的存在，区块链溯源的发展任重而道远。

制定行业规范有利于加强管理，让企业端从正规渠道获取区块链相关信息，了解新兴技术优势的同时，也平衡信息安全和隐私保护的需求；另外，在法律法规不健全、缺乏有效监管的现状下，企业与政府间的沟通桥梁非常重要，而行业协会的成立则能够很好地弥补这一缺陷，它不但能够促进技术、信息、人才等资源的整合和充分贡献，也能推进产学研用协同创新，和企业形成良性竞争。随着政策的鼓励引导、协会的连接促进、企业的B端客户教育、终端消费者的认知加深以及融合技术在关键场景下的探索突破，“区块链＋溯源”肯定会快速打开市场，稳步向前推进。

6.6 版权保护

人们对版权问题的重视，以及数字化、互联网的高速发展，给传统版权保护系统带来了更高的要求和挑战。版本保护最主要的三个痛点：第一也是最根本的就是归属问题，第二是形式问题，第三是与现代化接轨的问题。

证明归属的难点在于很难证明某个作品完成的时间、地点和当时的持有人，一旦作品被他人盗取，并且盗取者先到版权保护中心做了备案，那真实的作者几乎无法证明自己是原作者。即使作品没有在完成后的短时间内被盗，由于传统的版权保护备案流程较复杂，需要到版权保护中心去备案版权信息，且周期较长，作者需要投入更多的时间成本，易产生抵触情绪。一旦出现版权纠纷，不仅原作者取证难，对于法院来说，用于辅助判决的证据也很有限，很难做出绝对公正的判决，而本应该在版权纠纷中担任权威“证人”角色的版权保护中心或版权局，在很多纠纷中无法提供有效的证据，甚至可能被盗取者利用，做了盗取者的“帮凶”。

形式问题是指对在作品创作过程中的雏形、草稿等的保护，这是比较容易被忽略的。作品雏形和草稿虽然不是完整的作品，但能够反映最终作品的形态或意境，作者往往容易忽略对这些半成品的保护，为以后处理维权问题埋下隐患。

与现代化接轨的问题主要体现在，数字化和网络化的作品逐步取代了纸质、实物等作品，而数字化作品的易复制、传播快的特点，在方便作者的同时也大大增加了维权的难度。随着5G网络的逐步普及，按照5G网络的传输速率，上传速率最大可达100Mbps，下载速率理论可达1Gbps，在很短的时间内就可获取大量资料，即使是很大的视频文件，也可在很短的时间内被盗。

区块链技术在解决版权保护的问题上有哪些优势？首先，区块链本身具有可信、不可篡改的特点，而且区块链本身是分布式账本，便于监管及取证。区块链是互联网发展的产物，在确权问题上，作者可以直接通过网络将作品备案到版权保护系统，不仅是成品，包括半成品，甚至素材，都可以备案到版权保护系统中，同时附带作者姓名、证件号码、时间戳等关键信息，系统将通过这些关键信息生成唯一的数字指纹，再将数字指纹上链，使作品在第一时间内得到保护（对于实物作品，可将作品数字化以后再提交给版权保护系统）。作品一旦上链即不可篡改，既防范黑客攻击，也从根本上避免了版权纠纷的产生。在解决了确权问题之后，可以进一步将区块链的应用扩展到用权上。作者的作品在被保护的同时，也可以通过版权保护系统授权给其他人使用，并获取一定利益，而且整个交易过程被永久记录到区块链上，既给作者提供了合法、安全的交易场所，又给使用者提供了丰富、原始可信的资源池。在维权方面，我国司法程序对著作权遵循“谁主张，谁举证”的原则，所以一旦发生侵权行为，作者需要提供两方面举证，一是作者对作品的拥有权，二是发生侵权行为的证明，发生侵权行为的证明比较容易获得，而区块链可以为真实的作者提供拥有权的证明。有了区块链系统为作者取证，也降低了法院的审判难度，提高了法院判决的准确度，缩短了判决周期，提高了工作效率。

区块链版权保护系统之所以能够为原作者提供证据，需要有权威机构参与监管。并非随便某个个人或单位自己建一个区块链网络，就能作为证据提供给法院，系统的主要参与方至少要包括国家版权保护中心或版权局、国家授时中心及公证处等，这些机构作为区块链网络的参与组织，各自保存账本，当需要某方提供或证明数据真实性时，直接从其保存的账本中提取或比对。当作者提交备案信息时，备案信息将被同步至所有参与组织的节点，各监管机构也可在线进行审核和批准，智能合约作为辅助，可以避免烦琐的重复性工作。系统架构如图 6-12 所示。

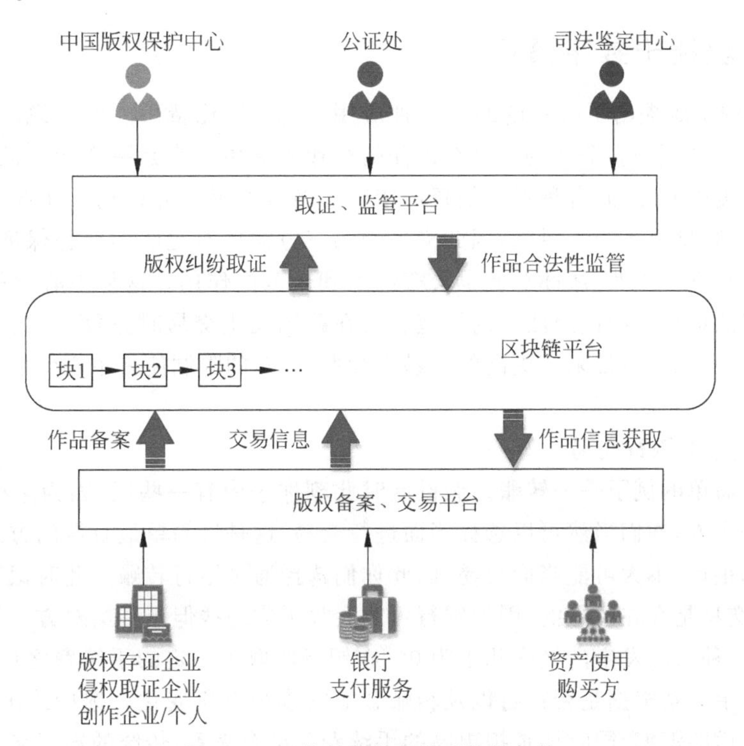

图 6-12　区块链版权保护系统的架构

基于上述区块链平台的版权管理系统可对接多个应用系统，实现由原创方、需求方、平台共同组成良性循环的生态。提供方通过出售授权的数字资产获取收益；需求方通过购买授权，使用数字资产为自己创收；平台在交易中收取服务费用，用于维护、优化平台及创造收益，如图 6-13 所示。

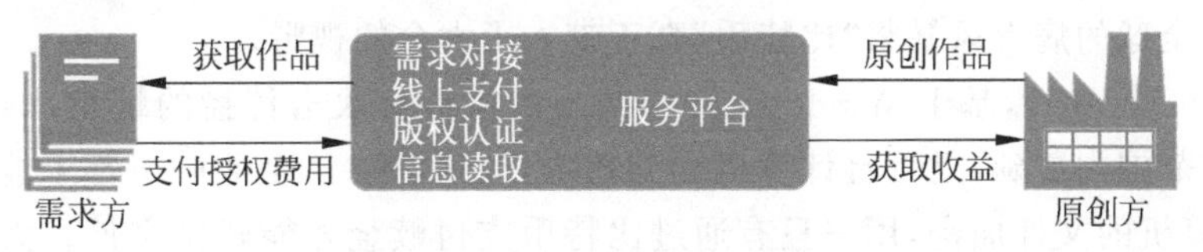

图 6-13　区块链版权管理系统

数字化作品逐年增多，对版权保护的需求也更加迫切，区块链未来将作为“新基建”，在版权保护方面提供高效、可信的服务。

区块链应用

6.7 “区块链+”应用

虽然区块链的概念在2008年就被提出，但由于算力发展的限制，直到2013年前后才开始出现大量企业的产业化应用。2015年，区块链成为美国创投中获得最高融资的板块，融资总额突破10亿美元。资本的注入迅速促进了区块链的发展，短短两年时间，区块链的概念已经为大众所熟知，成熟的区块链产业化应用实例也在不断地增加。

本书从众多区块链产业化应用实例中挑选了一部分具有代表性的例子，逐一剖析在区块链技术赋能前后的行业变化，期待读者能够从中思考并有所收获。

6.7.1 区块链+数字资产

2008年，中本聪提出了区块链的第一种应用形态——比特币。可以说，最早的区块链应用就是数字资产领域。资产的交易在以往的行业发展中一直是一个棘手的难题，传统的资产交易是高度中心化的，各种形态的资产依赖于各种交易中介机构。在选择交易中介机构的时候，一定程度上承担了风险，因此交易的第三方需要有足够的信誉保证，才能让用户足够相信并选择它。当然，法律对此也会有约束和规范的作用。这种中心化的交易方式依赖于多方达成的信任基础以及法律的规范。而在跨国发生交易时，烦琐的交易流程让这一切变得更加麻烦，同时也带来了更高的交易手续费，诸多的限制使得中心化的资产交易复杂而耗时。

1. 一笔简单的银行交易

举一个最简单的例子——转账。假设此时此刻你手中有一些钱，因为某些原因你需要把钱交给另一个人，你们当然可以选择当面进行交易，这是最简单最直接的方式。但现实是你们可能相隔很远，不太可能当面交易，因此你们选择通过银行转账。此时银行成为交易的第三方，这种交易是存在风险的，因为银行可能会收了你的钱但不转给对方。不过基于银行的可信程度，这种情况发生的概率几乎为0。在银行收取了一定的手续费之后，你们成功地完成了交易。手续费根据是否跨行以及转账金额的多少有所变化。选择跨国交易时，还需要考虑各国货币的汇率，同时要承担更高的手续费。综合来看，传统的银行交易虽然能够满足需求，但是依然有一些缺陷，并且这种缺陷在当前的体系下是难以避免的。

在区块链引入以后，这种情况将会发生改变。

2. 数字货币的爆发

尽管比特币早在2008年就被提出，但在此后长达八年的时间里，比特币一直处于很小众的状态，对于大多数非计算机行业的人来说，根本不知道区块链是什么。直到2017年5月，一场席卷全球的病毒风暴将“比特币”真正带入了大众的视野。

2017年5月13日，基于Windows网络共享协议进行攻击传播的蠕虫恶意代码“永恒之蓝”在全球范围内蔓延，上万台计算机受到攻击，政府、银行、企业……都未能幸免。攻击者将用户计算机的文件加密，用户只有通过比特币支付赎金才能解密文件。大量新闻开始报道这一事件，在网络安全受到大家广泛关注的同时，“比特币”这个名词也逐渐为人所知。

当然这只是一个导火索,数字货币的爆发酝酿已久。在此之后,如同雨后春笋般地出现了大量类似的区块链数字货币,有真正基于区块链的应用,也有打着区块链旗号、实则为了"割韭菜"的"伪币"。不了解行情的人们匆忙入场,有人欢喜有人愁。在这背后,可以看到数字货币市场的乱象,也有资本市场的浪潮。站在浪潮之巅的佼佼者,有借此机会发展并成功上市的,但更多的是被淹没在茫茫大海之中。

数字货币的爆发在短期内促进了两类企业的快速发展——数字货币的发行机构和交易机构。

3. 股票还是数字货币

数字货币的爆发给更多没有上市的企业提供了一种"捷径"——发行数字货币。通过数字货币募集的资金进行企业发展,同时动态反映到货币的价值上。但相比于股票,数字货币具有以下弊端:

- 股市是成熟的交易市场,有专门的机构控制监管,而币市却不同,它的概念较新,缺乏细节的监管条例,漏洞较大,风险极高;
- 股市有固定的开放交易时间,而币市没有,24 小时变化的市场没有休息的空间,可能一觉醒来,整个市场就变了;
- 发行股票的公司经过了严格的资质审查,而对发行数字货币的公司却没有严格的限制。

由于缺少监管,早期的数字货币市场较为混乱,各种数字货币层出不穷,投机炒作盛行,涉嫌从事非法金融活动,严重扰乱了经济金融秩序。2017 年 9 月,央行等七部门联合发布《关于防范代币发行融资风险的公告》(以下简称《公告》),要求限期关停人民币与比特币交易业务。《公告》明确指出,比特币、以太币等所谓虚拟货币,本质上是一种未经批准的、非法公开融资的行为,代币的发行融资与交易存在多重风险,包括虚假资产风险、经营失败风险、投资炒作风险等,投资者须自行承担投资风险。《公告》允许投资人要求 ICO 发行方返还资产,禁止 ICO 平台开展虚拟货币中介业务,严禁金融机构和非银行支付机构接触 ICO 行业。《公告》的发布彻底叫停了国内的所有 ICO 活动,通过数字货币募集资金的方式最终成为过去时。

4. 数字货币的未来

数字货币的发展经历了快速爆发却又急速冷却的过程,但无论如何,货币数字化都将是未来的发展趋势。并且比特币或类似的数字货币也不应该是数字货币发展的终点,中心化与去中心化的发展模式也并不是相互矛盾、无法共存的。未来,由政府主导的中心化数字货币必然会出现,而非政府主导的去中心化数字货币在区块链的保障下,通过智能合约的自动化管理,也将会成为智能经济的一部分。

6.7.2 区块链+电商

因为区块链自身的特点,激励机制的存在很容易促进数字货币的发展。但作为一种分布式账本,区块链还有更广阔的应用空间。在传统行业中,信息记录的方式不同,存在纸质记录、数据库记录,甚至是口头记录,导致很多商品在交易过程中只有相邻上下游具有校验的资质,而想要追溯其源头则非常困难。传统电商中,溯源与流通一直是发展的痛点,而区块链的应用则能很好地解决这一问题。从商品产生的一刻,直到商品交付到用户手中,所有环节的参与者都可以是区块链中的节点，共同维护商品的信息链，对任何一个环节的问题都能够准确、快速地定位，并且任何一个人都能查询相关信息，避免了复杂的交流沟通环节。

1. 一次简单的网上购物

举一个简单的例子。你在网上购买了一件衣服，收货时发现有质量问题，于是你找到卖家，卖家不是第一次收到这样的投诉，他很奇怪这一批货的质量问题是什么时候发生的，于是找到了上一级经销商，而经销商可能有很多级，很难定位到底是哪个环节出现了问题。要知道，发现一个问题可能对于整个流程都具有极大的优化促进作用，而现实是很难逐级查询，找到问题根源，因为一整条供应链的记录方式可能互不相同。而如果供应链的记录是基于区块链的，那么这个问题可能就不会发生。每一级都只需要确保当自己如实记录，那么当质量问题发生时，很容易就能定位到具体的环节，并且这过程当中产生的数据都可以为未来的供应链优化工作提供有力的支持。

2. 商品信息的维护

从上面的例子可以看出，区块链应用于电商行业，可以有效地维护商品信息。它具有以下几个特点。

(1) 安全性。

基于区块链的数据存储无疑是安全的，因为它几乎无法被更改或删除。这就意味着公司内部有人想要篡改信息，或外界的黑客想要更改记录，都很难实现，因为控制网络中半数以上的节点几乎不可能。因此，使用区块链记录信息意味着高安全和低成本。

(2) 良好的溯源及问责机制。

传统的供应链更看重交易的完成而忽视了交易的后续服务，对于溯源和问责机制没有很好地解决。在应用区块链之后，每当交易产生纠纷时，可以直接查询区块链中的信息，即可精准定位。用户收到商品后，也能够轻松地进行防伪验证。

(3) 实时监控。

由于商品的信息统一记录在区块链上，我们能够很好地利用数据进行实时的商品跟踪，定位商品流向。试想，当你在家中打开手机，就能看到购买的商品在一步步地靠近自己，是多么有趣的一件事。

3. 供应链的优化

商品信息的维护更多的是为了保障用户的权益，而对于一个企业来说，选择技术进行赋能、提高总收益也是相当关键的一件事情。通过区块链记录的信息能够很好地保存下来，并为未来供应链的优化提供基础。大数据的挖掘能够让供应链的每一步都尽可能地最优。通过已有数据预测未来的需求，以安排合理的库存，将利益最大化。

4. 积分激励

传统电商中，通过适当的积分营销促进用户留存，提高忠诚度，是一个十分重要的环节。但是实际使用中往往存在以下几方面的问题：对于中心化发放的积分，无法追溯每笔积分，容易被修改，如果被黑客攻击可能导致商家损失；商家发放积分的方式单一，没有数据基础，不知道用户的消费习惯。

而区块链的应用能够很好地解决这些问题。一方面，与区块链的激励机制类似，可以通过用户在电商系统中的活跃程度发放积分，每笔积分的发放都将记录到区块链中，没有人能够随意更改积分，保证了积分的安全性；另一方面，记录的积分数据都可以作为用户消费模型的构建,用于预测用户的消费习惯,从而在更合适的时候发放积分,促进消费的良性循环,使得商家和用户都能够获益。

5. 特定商品的区块链记录

对于一些特别的商品,如车辆和房子,其利用率较高,往往会出现二手交易、租赁交易或其他形式的交易方式。这些高利用率的商品都可以通过区块链记录其流通信息,这样每次交付时,用户都能够查询到该商品的历史交易信息。同样,区块链的安全性能够保证无人篡改,你能够知道自己买的车的真实交易次数,避免受到欺骗。此外,大量的交易数据本身就具有极高的价值,能够更好地划定商品的价格,促进行业信息透明。

6.7.3 区块链+医疗

区块链应用于医疗行业也是一个非常具有前景的方向。一方面,区块链存储数据的安全性对于病人、药品都有很重要的保护作用;另一方面,促进医疗信息的流通和相对透明也十分有意义。当然,倘若不使用区块链进行数据存储,而使用传统的中心化存储方式,也能够记录数据,但是这首先需要建立一个强有力的中心化角色来提供服务,这本身就是极大的成本,此外,中心化的存储还容易导致数据丢失、更改,甚至黑客攻击。一种比较常见的实现方式是云存储,各医院的计算机只是客户端,通过权限认证进行相关查询,本地不存储数据,所有的工作交给服务器来做。而使用区块链进行存储,每台计算机都能够成为节点,分布式地存储数据,通过P2P方式进行数据传输。下面将会讨论区块链在医疗领域的应用。

1. 一次医院看病的经历

对于大多数人而言,一生中可能会去很多医院看病,每个医院的病历本都不一定统一,而病历对医生的判断有很好的帮助。倘若医院的病历都记录在同一条区块链上,当医生通过系统的验证得到查询的资格,就能够合理查看病人的相关病历,从而做出正确的判断,给病人安排合理的治疗,那么很多疾病都可能会在早期得到正确的处理,避免进一步的恶化。

虽然这是理想情况下的情景,但是在具体的应用过程中,区块链给医疗产业带来的变革确实是巨大的。

2. 隐私的保护

保护病人的隐私是十分重要的,病人只想看病,但个人的隐私信息,包括姓名、手机号等都可能在这个过程中泄露。此外,病人的检测报告和病情也可能是病人不想透露的。通过区块链记录信息,一方面,因为匿名性,标识病人的是一个唯一的哈希值,它本身不具有任何的含义,只在查询的时候用于索引;另一方面,合理的权限控制又能保证查询到的信息只与本次诊疗有关。

3. 信息的共享

基于区块链的医疗信息存储、有助于医院、医生、患者多方的信息共享。

对于病人而言,完整的健康历史记录,精确到每次服药、诊断、手术相关的所有信息,以及参与的医护人员、地点等数据对于当前疾病的精准治疗和未来的疾病预防都有着重要意义。

对于药品管理而言,每批药品的生产制造,包括生产厂商、资格审查、质量检测,以及流通信息,最终到达哪个病人手中,这个流程中的每条信息都将完整地记录在区块链中。当出现任何问题时,能够及时回溯,对于不合格的药品及时召回,避免发生重大医疗事故。同时,药品的定价也能变得更加透明，避免了额外的就医成本。

总而言之，区块链在医疗领域有着非常光明的前景，现阶段的许多企业也投入了大量资源，进行相关技术的开发和产业化应用，虽然行业的标准尚未统一，相关政策法规也尚待完善，但"区块链＋医疗"的模式必然会推进医疗产业的发展，让人们看病就医变得更加简单。

6.7.4 区块链＋交通

交通运输包括铁路、公路、水路及航空运输基础设施的布局和修建、交通运输经营和管理。其中铁路、公路运输占据运输的重要地位。区块链在交通运输中有广泛的应用，它能够实现交通数据的可信共享。

1. 一次中欧班列的跨境运输

如果一家重庆的工厂需要将货物运送到欧洲的德国进行销售，需要通过烦琐的手续。首先工厂需要找到对外贸易公司，工厂和对外贸易公司签订合同以后，贸易公司需要与德国的公司签订合同，然后委托运输公司进行运输。德国公司收到货物以后，才能付款。货物运输的过程也很复杂。贸易公司要找到运输公司，运输公司要派汽车到工厂装载货物，汽车公司将货物运送到重庆火车站以后，将货物移交给中国的铁路公司。中欧班列中途一般要经过中亚、东欧的多个国家，才能到达德国。货物经过每个国家的时候，都要经过海关的出关、入关手续。同时，货物需要保险，出险需要理赔。货物在途时，工厂需要融资。德国公司收到货物以后，需要支付外汇给重庆工厂。如果在这一系列的过程中涉及法律纠纷，还要通过法院判决。

在这次跨境运输的过程中，涉及多个国家的铁路、海关、银行、保险公司、法院、物流公司，它们需要共享关于货物的信息，并且要确保信息是可信的、不可抵赖的。这种应用场景很难用一个中心来解决。首先，每个国家是平等的，难以协商一个强有力的中心来处理货物信息的记录和查询；其次，每个机构、企业也是平等的，也很难有一个信息中心来处理货物的信息问题。在铁路运输中，现在是通过电报来传递货物信息，电报作为发货、报关、提货的凭证。

通过区块链技术，这些问题都可以迎刃而解。货物运输信息上链以后，跨国铁路客户、运输公司、贸易公司、海关、银行均通过区块链查询共享信息，并且不用担心信息的可靠性，能够直接用于运输、贸易、报关、支付等。

2. 区块链在跨境运输中的优势

跨境运输的痛点是信息共享困难、实时性差、信息认证困难。由于缺乏一个具有公信力的集中式信息系统解决这个问题，所以跨境运输的场景非常适合使用区块链技术。区块链跨境运输流程如图 6-14 所示。

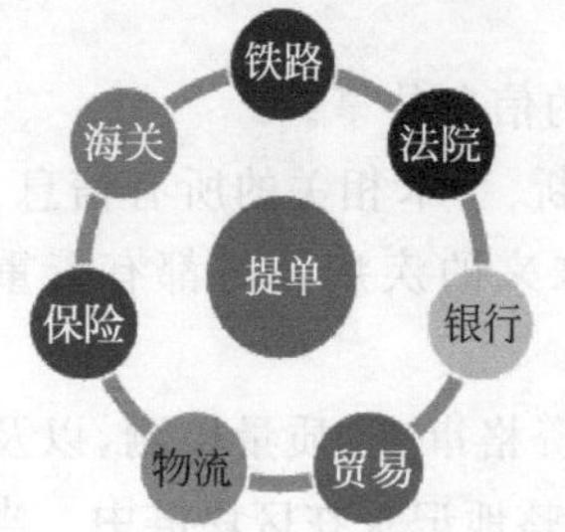

图 6-14 区块链跨境运输流程

区块链的分布式账本记录的信息是可信、不可抵赖的。可以设想使用区块链以后的跨境运输方式，从中就能理解区块链的优势。下面仍然使用重庆工厂的例子。

重庆工厂找到一家贸易公司，贸易公司找到德国的客户。贸易公司和德国客户将货物提单上传跨境运输区块链，其中包含货物名称、价格、收发货地址、发货单位和接收单位名称、发货和到货日期、中间途经的国家等关键信息。贸易公司、客户、运输公司、海关、铁路、银行、保险公司、法院等单位均连接到区块链上面。当贸易公司将运输信息上链以后，汽车和铁路公司就可以立刻看到货物信息，可以安排运输计划，极大提高效率。如果不用区块链，使用手工、邮件、电话传递运输单据和信息，存在单据和信息不易保存和查找、效率低、容易出差错、货物与运输单据和信息不一致等问题。使用区块链以后，这些问题都解决了。

当铁路公司将货物运输到国境，需要出关和入关。在使用区块链之前，只能填写烦琐的表格。中欧班列途中要经过若干国家，每次过境都要出关和入关，所以要进行多次出关和入关申报，按照传统方法非常烦琐。使用区块链以后，因为区块链信息可信、不可抵赖，经过多国政府协商以后，可以具有法律效力。在铁路运输过程中，可以一次报关，避免重复报关。

货物运输时间较长，由于货物价值不菲，厂家从发货到收款有较长一段时间，这会占用厂家的生产资金。如果厂家能够通过货物提单贷款，就能缓解厂家的生产资金压力。在没有使用区块链之前，货物提单容易造假，银行贷款风险大，将货物运输信息上链以后，大大降低了银行的贷款风险。

在铁路国际运输过程中，还涉及货物损坏和丢失、向保险公司理赔、法院判决和仲裁的问题。在这些过程中，都需要真实、可信的数据。如果没有区块链，这些问题很难解决。通过区块链，能够方便、迅速地解决举证、示证等问题。

3. 跨境运输中的信息共享和隐私保护

在跨境运输中，提单共享货物核心信息。贸易企业、物流企业、铁路、海关、保险公司、银行、法院均维护区块链信息，并且能够查询相关信息。在这个区块链中，如果客户很多，它将会统一通过贸易公司提交信息，因为客户不一定有条件访问区块链。

在跨境运输过程中，同样存在用户信息隐私保护的问题。可以通过加密技术将上链信息加密，只有获得授权访问信息的单位，才能通过解密访问相关信息，这样能够避免不同的贸易公司看到彼此的信息。

6.7.5　区块链＋新能源

根据相关报道，风电、太阳能发电在中国能源结构中占比不断提高，传统化石能源煤炭、石油在全球能源结构中的比例逐渐下降。在新能源应用中，涉及碳排放交易、新兴市场能源交易等，在这些应用场景中都可以使用区块链。

1. 碳排放交易

碳排放交易是为促进全球温室气体减排、减少全球二氧化碳排放所采用的市场机制，即把二氧化碳排放权作为一种商品，从而形成了二氧化碳排放权的交易，简称碳交易，如图 6-15 所示。

在碳排放交易的过程中，涉及买卖双方，还涉及市场监管机构。类似股票市场，可以通过集中式的方法来记录碳排放交易，但这种方式有维护成本高的问题，需要建立复杂的系统。通过区块链的方式，可以实现买卖双方的灵活接入，并且方便监管机构监管。

2. 新兴市场能源交易

新兴市场能源交易分为集中式交易、场外交易两种方式。集中式交易由交易中心进行规划和管理，负责能源系统的整体平衡。需要大量的第三方机构来保障交易的安全可信，成本昂贵，数据库维护复杂，需要频繁的信息校对，用户隐私难以保障。场外交易又称双边交

图 6-15　碳排放交易示意图

易，没有固定的交易场所，交易方利用网络终端即可完成交易，交易方式较灵活，不含交易佣金，没有数量和单位限制，对参与者没有限制。

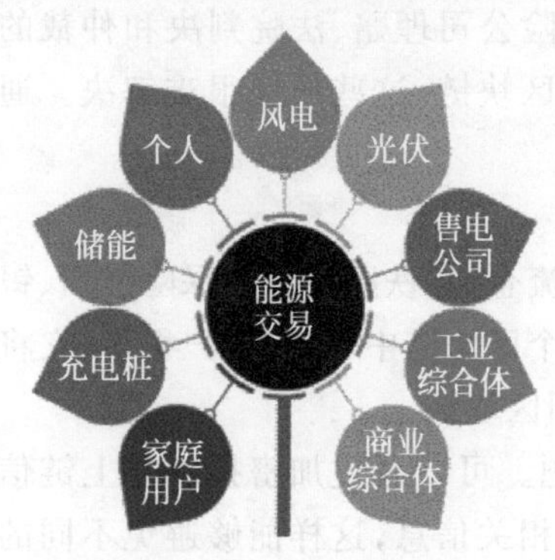

图 6-16　新能源交易示意图

这两种交易方式中，场外交易适合用区块链技术来实现。能源行业逐步向绿色、低碳、高效和能源互联共享的方向发展，如图 6-16 所示。电力产业不断涌现出新的生产方式和消费模式，新能源、分布式发电、储能、充电桩等纷纷推出，各参与节点之间的互联互通需要很好的支持。个人、企业、社会资本及政府(工业园区运营商、售电公司、光伏投资方、金融机构、充电桩运营商、企业或个人、氢能企业)实现互通互联，充分实现价值交换。

3. 区块链在新能源市场的优势

新能源市场和传统能源市场有比较大的区别。传统能源市场强调规模，例如一般会建立巨大的发电厂和输电线，特点是集中建设、能源供给单位少。新能源市场的特点是发电规模小并且分布零散，用户既可以是消费者，也可以是生产者，交易也零散。光伏发电、风能发电能够减少碳排放，碳排放可以进行交易。新能源市场的这些特点都不适合采用集中式交易系统，因此区块链分布式交易、可信、不可抵赖的优势非常适合新能源市场。

例如在光伏发电中，一个家庭可以安装太阳能发电装置，这个家庭使用不完的电量可以卖给周边家庭。如果有的家庭电量不够，可以向周边家庭购买。光伏发电和销售的过程可以是在家庭之间进行，并且交易量很小，如果采用集中交易系统，显然成本很高。采用区块链技术，可以实现低成本的可信交易。同时，在光伏发电过程中减少了碳排放，在碳排放的跟踪和注册中，区块链技术可以创建不可更改且透明的数据记录，统一执行标准和监管制度。

6.7.6　区块链＋商品溯源

1. 光模块交易的痛点

新华三之所以建立光模块溯源项目，正是由于市场上大量的客户愿意购买新华三的正品光模块并支付了正品价格，但拿到手里的却是“伪模块”。客户手中那些通过“电子标签验真”的模块在申请维保时，公司会先行更换，之后经定位才发现问题模块是“伪模块”；还有一些大型项目的低折扣正品模块被“串货”给分销客户。

虽然设备厂商设立了稽查部门，但是在稽查工作中存在各种难点。例如，某个部门可以根据“客户”指定的条码和电子标签信息提供“伪模块”；设备厂商通常可以容易地区分“伪模块”与正品的差别，但是客户很难分辨；伪模块造假成本低，稽查难度大，打掉一批后又冒出一批。光模块造假能够对设备厂商造成4%的销售收入损失。

2. 光模块溯源的方案

通过联盟链，将设备厂商、代理商、渠道商、客户形成可信联盟，如图6-17所示。根据供销合同开发智能合约，将每笔交易的可公开信息上链；每笔交易都经过参与方和见证方共识后上链；链上交易信息可回溯、不可篡改、不可抵赖、避免纠纷。

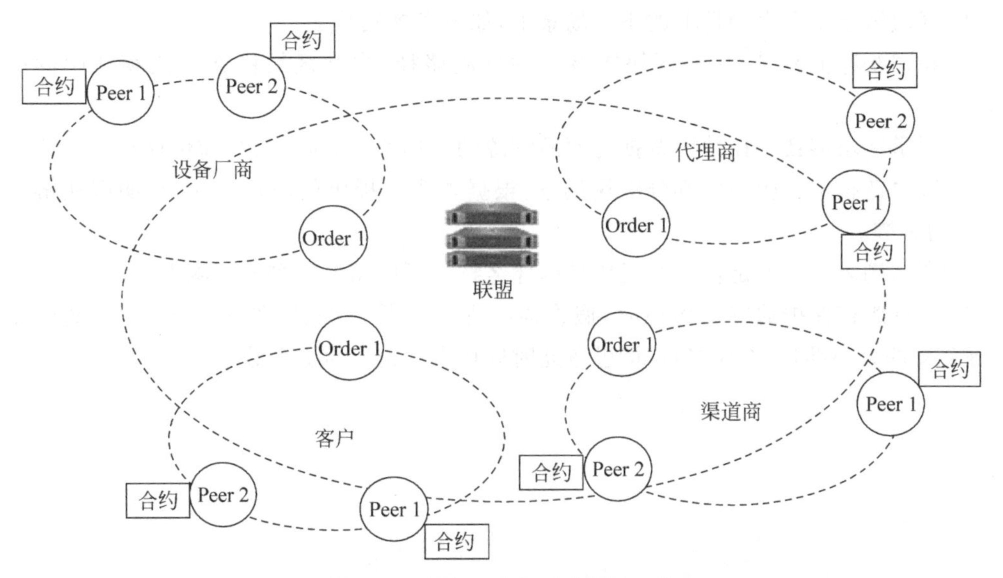

图6-17　新华三光模块溯源的方案

3. OMTrace

OMTrace是专门为光模块防伪建立的一条光模块溯源链，其利用区块链技术的防篡改、可溯源特性，结合防伪标签技术提出了光模块溯源防伪的解决方案，如图6-18所示。OMTrace可以构建多方确认、不可篡改的共享数据信息及全流程交易记录，提供给消费者及监管部门进行查询验真和审计，同时对不同数据进行隔离，保证企业数据的商业隐私。

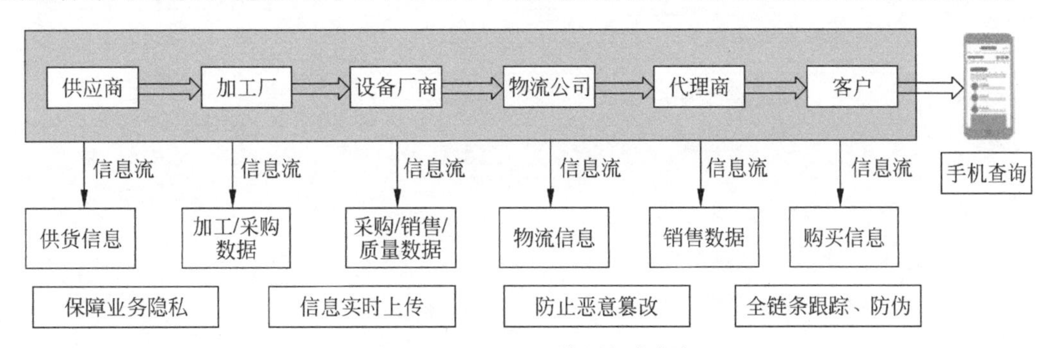

图6-18　OMTrace溯源解决方案

OMTrace的价值主要体现在以下几方面。

- 对设备商：减少伪模块对设备商造成的经济损失；
- 对客户：对愿意为正品支付对应价格的忠实客户，设备商应当给予高质量的服务；
- 对稽查：光模块溯源链可以很大程度地提高造假风险和减小稽查的难度；
- 对品牌：提升设备商光模块产品的可信度和品牌的影响力。

6.8 习 题

1. 区块链技术推动“信息互联网”向“价值互联网”变迁，引发新的全球性技术和产业革命。请思考区块链在产业发展中的作用，如何实现信息向价值的转变？

2. 区块链技术在金融行业的不同场景下，如何发挥其价值？

3. 在司法存证领域，简述区块链技术的发展路径，列举区块链在司法存证中的应用实例。

4. 列举区块链技术在数字票据与商品溯源的应用实例，简述其目前仍存在的问题。

5. 区块链技术已应用于部分应用场景，根据本章中提供的应用实例，说明区块链产业化应用的利弊。

6. 商品溯源的目的是什么？区块链的什么特性可以帮助实现商品溯源？

7. 进行版权保护的应用落地时，假设需要保护的是视频、图像等资源，这些文件非常大，每个文件大小都是1GB左右，请思考此时区块链的链码该如何设计。

第7章

区块链的未来

本章思维导图

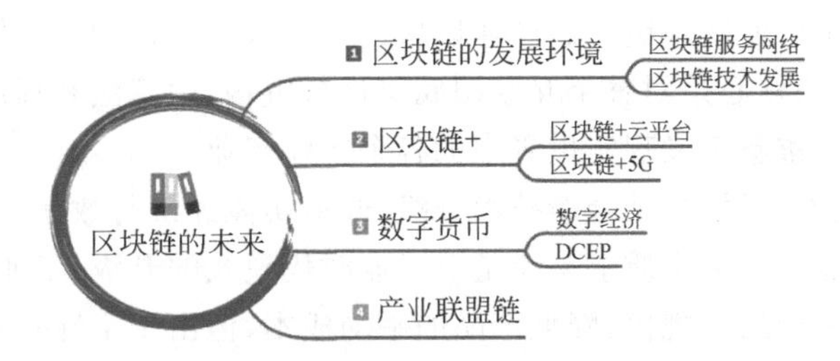

随着第四次科技革命的到来，互联网产业化、工业智能化高速发展，大数据、云计算、物联网、人工智能、区块链等技术也得到了施展的天地。生产力决定生产关系，生产关系反过来影响生产力的发展。从历史发展趋势来看，中心化的生产关系和组织方式已经不能适应生产力的快速发展，其必将制约生产力的发展，去中心化才是历史发展的趋势。区块链具有去中心化、不可篡改、分布式存储等特点，是迄今为止在去中心化和解决信任问题方面最具革命性的探索，将人与人之间的信任转化为人与机器之间的信任。

7.1 区块链的发展环境

2019 年 1 月，国家互联网信息办公室发布《区块链信息服务管理规定》，为区块链信息服务提供了有效的法律依据，这也意味着我国对于区块链的监管更加成熟。同年 10 月，中共中央政治局就区块链技术发展现状和趋势进行第十八次集体学习。中共中央总书记习近平在主持学习时强调，区块链技术的集成应用在新的技术革新和产业变革中起着重要作用，我们要把区块链作为核心技术自主创新的重要突破口，明确主攻方向，加大投入力度，着力攻克一批关键核心技术，加快推动区块链技术和产业创新发展。在政策方面，上至工业和信息化部、中国人民银行、中国证券监督管理委员会、中国银行业监督管理委员会等国家级机构，下至各地方政府的相关机构和部门，都非常重视区块链技术在我国的商业应用模式和落地的探索，并给予了大力的指导和扶持，通过官方文件的下发、法律法规的制定和发展路线的建议等方式，着力推动区块链落地。

当前国家鼓励发展“新基建”，国家发改委也对“新基建”重新作出定义，通信网络、新技术、算力等构成新一代信息基础设施，区块链也正式纳入信息化“新基建”，如图 7-1 所示。

各地都在建设智慧城市，智慧城市需要借助人工智能、大数据、区块链、5G 和物联网等新一代信息技术，每种信息技术领域都有规范很大的产业链。区块链协议与技术领域呈现出非常激烈的竞争局面，大型科技公司都在布局区块链，从第 5 章可以知道 BATJ(Baidu、

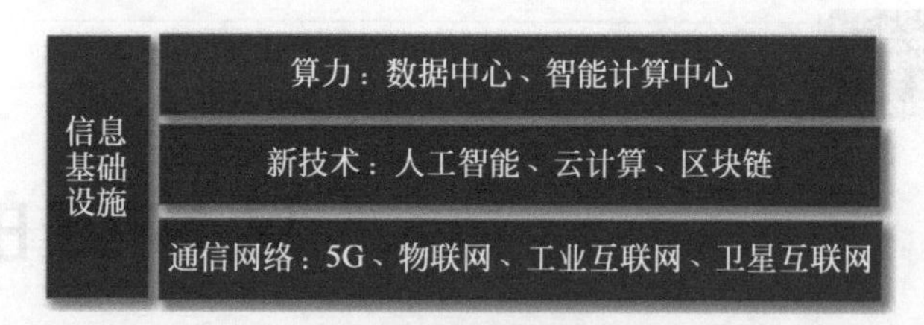

图 7-1　新基建

Alibaba、Tencent、JD)都推出了相应的 BaaS 平台，帮助中小企业降低区块链使用门槛。

在中国更加严格的法律法规监管下，从区块链的基本认知到区块链技术，再到应用落地，其中最重要的就是产业区块链化。产业区块链化将进一步推动区块链产业化，促进生产力提升。产业区块链的核心是对整个互联网底层进行重构，用算法和程序建立信任，让价值在互联网上自由流动，重新定义现实世界中的各个实体产业。

通过区块链的技术与思想，结合新技术升级，改造实体经济与数字经济，提高效率，降低成本，为实体经济赋能。这从本质上来说是对工业时代模式的升级，工业时代强调做大的经济模式，通过扩大单一产品的规模，降低产品的平均成本，但由于个性化时代的到来，当前的矛盾不是生产能力不足，而是供给需求与信息的不对等，大规模、批量化的生产满足不了碎片化的需求，而数字经济可以通过信息的获取和处理应对“多样性”的挑战，从分工与合作、供给与需求、经济结构的复杂性、思想文化以至时代变革等角度发挥作用，从而降低成本、提高效益。由于技术等诸多原因导致信息技术应用不平衡，需要一种新的生产关系来加速普遍生产力与信息作为生产资料的作用。区块链正是生产关系的革命，所以我们说产业区块链化是出路，区块链不仅将赋能实体经济，也将赋能数字经济。

7.1.1　区块链服务网络

区块链服务网络(Blockchain-based Service Network，BSN)是一个跨云服务、跨门户、跨底层框架，用于部署和运行区块链应用的全球性公共基础设施网络，由国家信息中心、中国移动、中国银联等共同发起，具有跨公网、跨地域、跨机构的属性，通过一系列区块链环境协议将属于各方的云资源和数据中心连接而成，以互联网理念为开发者提供公共区块链资源环境，极大降低区块链应用的开发、部署、运维、互通和监管成本，以推动区块链技术快速发展和普及。

BSN 由遍布全球的公共城市节点组成。在公共城市节点上，应用发布方和使用方可以使用统一身份证书发布、管理和加入数量不限的区块链应用，不再需要建设独立的区块链运行环境。所有应用通过负载均衡机制使平均资源消耗降至最低，运行成本仅为传统区块链云服务的 20%。BSN 已适配的联盟链底层框架有 Hyperledger Fabric、FISCO BCOS、国密 Fabric、CITA 和百度 XuperChain 等。

截至 2020 年 4 月 25 日，在中国移动、中国电信、中国联通、亚马逊 AWS、百度云等云服务商的大力支持下，BSN 已经在全球建立或正在建立 128 个公共城市节点，包括国内节点 120 个、国外节点 8 个，分布在除南极洲外的六大洲。根据规划，BSN 发展联盟 2021 年在对现有 BSN 功能、性能和服务体验进行优化的同时，发布全新技术服务。一张覆盖全球的跨云服务、跨门户、跨底层框架的区块链基础设施网络正在快速形成。

未来类似于 BSN 的区块链服务网络将让区块链的互通更加便利。

7.1.2　区块链技术发展

自区块链技术诞生以来，区块链的性能问题一直是倍受业界关注和讨论的核心问题，同时也可能是区块链行业发展的壁垒。

在当前的区块链技术方案中，始终无法突破单机的存储和计算瓶颈，甚至连单机的多核计算和多盘存储都不能很好地利用，整体性能和扩展性存在一定局限。性能支撑是用户体验的基础，因此区块链支撑 DApp 的良好运转，必须解决计算和存储的弹性扩展问题。

区块链的创新发展离不开以下几方面技术的突破。

- 网络速度：区块链的点对点交互通过网络传输，网络传输速度越快，区块链的性能越高，区块链的应用越广泛。5G 以及未来的 6G 将会使网络速度得到飞速提升；
- 更安全的密码：现在用的密码一般是 256 位，在量子计算面前都很脆弱，一旦量子计算取得突破，现有的安全将不复存在，因此需要更可靠的安全密码；
- 智能合约更简洁：现有的智能合约对于一般用户还是有些复杂；
- 链间标准协议：区块链多链与跨链间交互在未来都会出现，需要制定一系列标准协议来保证链间的通信；
- 云计算能力：区块链与云平台的深度结合将充分挖掘云服务的计算潜力，同时将云原生的优势赋能区块链网络，但仍有很多挑战，这将是一个持续的技术课题。

随着区块链应用的不断深化，性能与容量的提升驱动着多链扩展，业务场景的复杂多样需要跨链协同。针对同构及异构区块链之间的跨链操作及其一致性问题，应开展以下研究：开展同构区块链多链操作研究，保证一致性并提升可扩展性；开展异构区块链跨链协同研究，研发跨链通用协议与接口，实现跨链信任延伸。

7.2　区块链＋

区块链目前在金融、医疗、司法、零售、物联网、教育等领域得到部分应用，未来将会在更广泛的领域逐渐落地，未来这些行业的区块链应用有可能打通，让“区块链＋”成为行业的标配应用。

7.2.1　区块链＋云平台

在区块链云平台的商业场景规模化过程中，如何加强区块链云平台的先天优势，是一个需要持续发力探索的领域，例如区块链与边缘计算、云安全、人工智能等有很好的先天互补优势。

1. 区块链＋边缘计算

边缘设备处理分析和数据，是可信溯源等区块链场景的技术基础，可提升上链过程中的安全、可信和自动化程度，同时大量具有计算能力的设备加入区块链，会有效提升网络规模与算力；边缘计算将数据分析能力扩展至网络边缘的设备，从而避免将数据返回至云端进行处理的麻烦。区块链可以保护拥有唯一标识的每个网络节点，这个标识可以验证物联网设备的身份和源自这些设备的数据的完整性。

例如，嵌入式传感器可以提供部件的不可更改的历史记录，覆盖从生产制造和装配到供应链的整个过程，还可能包括影响使用寿命或维修计划的关键事件，这些信息可以在区块链上以安全的方式与供应链合作伙伴、OEM 和监管机构进行共享。

共享的物联网和区块链账本可以保存关于使用情况、维修、保修和更换部件的记录。在召回事件中，账本可以找到可能会出问题的部件的具体批次，避免大范围的召回工作。

有了关于良好部件、已完成的维护和资质的证明，就可以提高实际历史记录的透明度，这种透明度会增强自信心和安全性。

2. 区块链＋云安全

随着区块链应用的不断发展，区块链产品和应用系统也必然面临更大的安全威胁。云端安全技术可以加强公开节点抗攻击的能力，云端加密框架和验证模型能够对接区块链网络中的数据入口，通过强制数据加密和签名验证的策略，增强上链可信度。

3. 区块链＋人工智能

人工智能提高了生产力，区块链改善了生产关系。人工智能可对链上数据进行分析、训练、模型化和再利用，同时链上数据可通过分散控制和数据多方共享，充分保证人工智能数据来源的可信。

7.2.2 区块链＋5G

5G 作为新一代移动通信技术，具备高速率、低延时和海量接入的特性。而区块链作为新一代互联网架构，其去中心化、交易信息隐私保护、历史记录防篡改、可追溯等特性可推动 5G 应用的高效发展。

区块链与人工智能、物联网、5G 技术的结合，有望推动智慧城市、数字社会、资产上链等领域的发展。区块链技术可对现实物理资产进行确权，通过智能合约等技术，使得通证化的物理资产在链上更灵活、更自由地流转，丰富市场层次，充分激发生产力。5G 和以 NB-IoT 为代表的物联网技术将会突破现有物联网的局限，广泛应用在物流、农业、自动化管理等各个领域，在生产效率、成本和安全性方面带来巨大创新优势。人工智能技术将使得工业生产、资产流转等效率更高，资源得到更优质的配置。而 5G 则作为上述技术的基础设施，在高速的数据传输下使得人与人、人与物、物与物之间的更高效、可靠的连接成为可能。

在物联网领域，5G 的万物互联可以实现实时并快速地传输硬件数据，区块链技术同时能为物联网中设备与设备间的大规模协作提供去中心化的解决思路。

5G 技术允许设备与设备之间进行通信，形成 D2D(Device to Device)网络；而区块链技术同样为分布式网络提供一种解决方案。未来 5G 技术与区块链技术在车联网等领域的应用，将使这些分布式网络中的设备协作成为可能。

7.3 数字货币

7.3.1 数字经济

区块链技术的应用使信息互联网向价值互联网的新时代转变。区块链并不仅仅是一项改善生产关系、提升生产力的技术，其更大的价值是有助于建立未来社会发展的良好生态环境。

区块链开创了一种在不可信的竞争环境中低成本建立信任的新型计算范式和协作模式，凭借其独有的信任建立机制，实现了穿透式监管和信任逐级传递。区块链源于加密数字货币，目前正在向垂直领域延伸，蕴含着巨大的变革潜力，有望成为数字经济信息基础设施的重要组件，正在改变诸多行业的发展图景。

区块链实际上能解决当前很多领域所存在的问题，如金融领域的跨境支付、物流方面的供应链管理、文娱方面的版权。在产业化应用方面，区块链在国内金融、法律、医疗、能源、娱乐、公益等领域都有应用。

在金融领域，大部分银行都已经开展区块链相关研究，并与合作伙伴在不同的场景下建立区块链应用。例如供应链金融场景中，银行联合物流公司探索使用区块链建立更加安全的供应链金融产品；资产证券化场景中，银行、券商、律所、交易所、监管部门等组成区块链联盟，使资产证券化业务更加透明、高效。推动区块链和实体经济深度融合，探索通过区块链技术解决中小企业贷款融资难、银行风控难、部门监管难等问题。

在实体产业领域，很多初创公司和互联网巨头都已经在布局区块链，探索在商品溯源、物联网等场景下应用区块链的方式。在商品溯源场景中，零售商试图将商品从原产地生产开始、直到消费者使用的整个商品生命周期都放到区块链上，利用区块链的相关特性来提升消费者对商品是正品的信心；在物联网场景中，区块链被应用到家庭互联、车联网等，深刻改变传统物联网的生态系统；在政府相关领域，很多区块链公司将其技术优势与政府部门的现实工作难点、痛点结合起来，正在提高政府部门的服务效率；在政务信息公开场景中，区块链技术打通政府各部门之间的信息壁垒，既加强了部门间信息的流通，也提高了信息的安全性；在公益慈善场景中，区块链记录善款的发放，追踪善款的使用，使得公众的善意能够真正落到实处。

未来区块链在各行业都将得到广泛应用，推动实体产业的科技进步。

7.3.2 DCEP

中国是最早研究央行数字货币的国家之一。2014年，时任央行行长的周小川便提出构建数字货币的想法，央行也成立了全球最早从事法定数字货币研发的官方机构——央行数字货币研究所，开始研究法定数字货币。

2017年底，经国务院批准，央行组织部分实力雄厚的商业银行和有关机构共同开展数字人民币体系(Digital Currency Electronic Payment，DCEP)的研发。央行推出的数字货币是基于区块链技术设计的全新加密电子货币体系，将采用双层运营体系，即央行先把DCEP兑换给银行或者其他金融机构，再由这些机构兑换给公众。

2019年底，DCEP基本完成顶层设计、标准制定、功能研发、联调测试等工作，开始合理选择试点验证地区、场景和服务范围，稳妥推进数字化形态法定货币的出台和应用。

2021年，央行发布了新的政策，六大国有银行在上海、北京开放民众申请数字人民币钱包，申请通过的民众便可在支持的商家进行消费。同年7月，央行发布《中国数字人民币的研究进展白皮书》，阐释了DCEP的研发背景、目标愿景、设计框架、工作进展及相关政策。

2022年1月，国务院印发《“十四五”数字经济发展规划》，提出到2025年，数字经济迈向全面扩展期，数字经济核心产业增加值占 GDP 比重达到 10%。同年 2 月，央行、市场监管总局、银保监会、证监会联合印发《金融标准化“十四五”发展规划》，提出稳妥推进法定数字货币标准研制，探索建立完善法定数字货币基础架构标准，研究制定法定数字货币信息安全标准，保障流通过程中的可存储性、不可伪造性、不可重复交易性、不可抵赖性等。同年 12 月，央行启动第四批数字人民币试点工作，将第一批试点的深圳、苏州、雄安、成都分别扩展至广东、江苏、河北、四川全省，并增加山东济南、广西南宁和防城港、云南昆明和西双版纳傣族自治州作为试点地区，形成了覆盖“5 省＋4 直辖市＋17 城”的试点格局。截至 2023 年 1 月，数字人民币试点范围已覆盖数亿人。

DCEP 的成功推广是区块链应用的重要里程碑。

7.4 产业联盟链

区块链技术的竞争格局大致可分为以下三大阵营：

- 以比特币、以太坊、EOS 为代表，立足公链，在共识机制与核心技术上创新，这类项目面对政策和商用两条困径，进展步履维艰；
- 以 R3、Hyperledger 为代表的行业联盟和以微软、IBM 为代表的传统软件服务公司，提供高效能的灵活产品和服务，在聚合效应明显的行业（如注重安全、隐私、协作的金融领域）优势明显；
- 以 BATJ 为代表的互联网公司，尽管并无区块链基因，但它们有流量、用户、品牌，布局区块链既能稳固既得利益，又能利用已有生态优势，更胜一筹。

根据市场节奏把更多行业联盟链的技术，如数字身份、跨链、云的集成等能力逐渐加入开放联盟链，进一步降低开发者的开发门槛。和公有链不同的是，联盟链是行业中的主要玩家自己联合构建的品牌，上面全是行业内企业之间的流转数据。

行业联盟链有比较高的商业价值，如果和金融服务、市场监管、政府服务打通，将形成跨行业的价值流动。行业联盟链覆盖的是头部客户，如上市公司或者和上市公司差不多体量的头部客户，在行业里有很大影响力。

成立于 2015 年的 R3 区块链联盟目前已经吸纳了数十家国际银行及金融机构，创始成员包括巴克莱银行、高盛、摩根大通、道富银行、瑞银集团等 9 家知名企业。银行联盟链可以实现银行间的实时结算和清算，几乎全部由系统自动运行，不仅大大提高了工作效率，还降低了成本。

区块链有助于促进跨境金融安全。传统跨境支付需要依赖环球同业银行金融电信协会(SWIFT)建立的国际专网，而区块链利用了基于共同验证的安全机制，使得可以直接使用互联网来实现跨境汇款，无须经过 SWIFT 这样的中心化机构。从网络安全的角度来说，这种机制能够有效避免国际黑客组织或外国情报组织对中心节点的攻击和监视，更好地维护跨境金融安全。

联盟链和私有链都属于许可链。随着跨链技术的发展，多种区块链会并行发展，相对来说，联盟链是行业应用的主流，得到各行业的大企业支持，应用将会更广泛。

7.5 习　　题

1. 区块链技术作为数字世界的一种生产关系，其目的是解决信任问题，请思考区块链技术如何影响生产力的发展。

2. 区块链技术未来对各行业将有什么促进作用？可结合行业实例进行说明。

第8章

区块链实战

本章思维导图

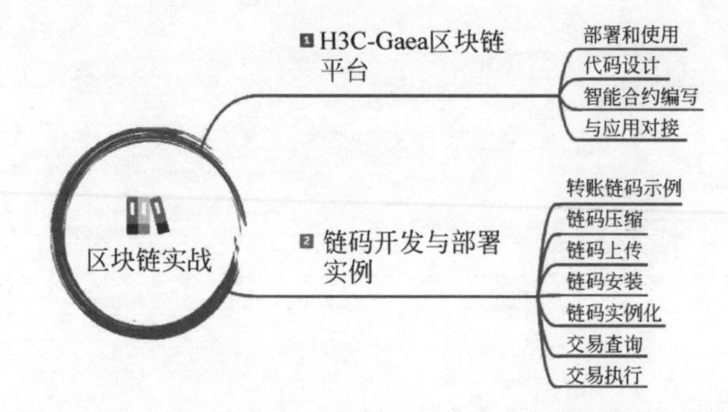

前7章分别介绍了区块链的基础知识、进化过程、应用领域，本章着重介绍区块链的开发。

从开发角度讲，只需要关注两方面：区块链底层平台(公链中的以太坊或联盟链)和区块链应用开发(这里的应用开发就是指所谓的智能合约)。

本章只关注联盟链，其中新华三集团推出的H3C Gaea区块链平台是较有代表性的一个BaaS平台。

Gaea区块链平台除了具有BaaS的基本按需部署、快速构建区块链即服务平台、管理区块链资源等功能外，还开发了一系列便利的功能。目前最新发布的Gaea区块链平台1.0版本具有如下特性：

- 支持单机或者K8S集群环境运行；
- 支持网络规模、组织规模、通道规模的可设置、可动态调整；
- 支持状态数据库类型LevelDB和CouchDB；
- 支持Go、Java、NodeJS多种语言链码；
- 支持平台与区块链节点间通信SSL加密；
- 支持RAFT、solo共识；
- 支持各个组织的user-dashboard隔离；
- 支持链码模拟执行和链码升级；
- 支持基于CA的用户管理。

总体而言，Gaea区块链平台以保证数据安全为基础，以简化流程、提高多方协同效率为目标，将节省运营成本作为其关键价值。目前Gaea区块链平台已将底层开源，不仅能够使众多开发者享有更低的开发门槛与更公平的规则，同时也体现了接受所有开发者审阅的强大自信。

8.1　H3C Gaea 区块链平台[①]

8.1.1　部署和使用

1. 系统部署

1）硬件要求

Gaea 平台使用的服务器为 Ubuntu 系统 16.04 版本。所需服务器的数量与具体需要部署的区块链规模相关，建议的最低配置如表 8-1 所示。

表 8-1　服务器硬件要求

设备类型	规　　格
Ubuntu 服务器	基本配置不低于：Intel Xeon E5 4 核 CPU，32GB DDR4 内存，1TB 高速硬盘，1+1 冗余电源

Gaea 平台为商业软件，需要 License 授权后才可用。

如果部署 K8S 网络，一般为一个 Master 主机、多个 Node 主机、主机数目与需要部署的区块链规模相关。如果部署单机网络，则只需要一台服务器。

部署 Gaea 时建议部署在一台单独的主机上，如果设备有限，也可以与 License 或者其他网络主机部署在一起。

区块链的主要特性为数据存储分布式，生产环境一般不采用单机网络(SOLO)模式，仅在实验或者学习区块链网络时采用。生产环境一般采用 K8S(Kubernetes)网络模式。

2）软件安装

Gaea 服务器是指最后部署、运行 Gaea 节点并存储账本的服务器。当采用 K8S 网络模式时，需要先部署好 K8S 环境，如表 8-2 所示。

表 8-2　K8S 环境部署要求

<table>
<tr><th>服务器</th><th>基础软件</th><th colspan="2">建议版本</th></tr>
<tr><td rowspan="3">宿主服务器</td><td>Docker-compose</td><td colspan="2">1.21.0</td></tr>
<tr><td>Docker</td><td colspan="2">18.03.1-ce</td></tr>
<tr><td>make</td><td colspan="2">GNUMake 4.1</td></tr>
<tr><td rowspan="3">Gaea 服务器</td><td>nfs-common</td><td>apt-getinstallnfs-common 即可</td><td>用于创建单机模式区块链网络</td></tr>
<tr><td>K8S 相关软件</td><td>1.15(含)以上</td><td rowspan="2">用于创建 K8S 集群模式区块链网络</td></tr>
<tr><td>keepalived 配置</td><td>最新版本即可</td></tr>
</table>

3）部署容器

Gaea 系统采用容器方式部署，易部署，易升级，相互之间互不干扰。需要部署的容器镜像如表 8-3 所示(以当前最新版本为例)。

① 本节的视频二维码见第 175 页和第 181 页。

表 8-3 需部署的容器镜像及版本

服务器	镜像	版本
宿主服务器	h3c/Gaea-operator-dashboard	最新
	h3c/Gaea-user-dashboard	最新
	h3c/oauth2-server-sso	0.0.4
	mongo	3.4.10
	nginx	1.0.0
	h3c/blockchaindata	1.0
	itsthenetwork/nfs-server-alpine	9
Gaea 服务器	hyperledger/Fabric-CA	1.4.2
	hyperledger/Fabric-Orderer	1.4.2
	hyperledger/Fabric-Peer	1.4.2
	hyperledger/Fabric-ccenv	最新
	hyperledger/Fabric-couchdb	2.1.1
	hyperledger/Fabric-baseos	amd64-0.4.14
	bobrik/socat(单机模式下需要）	最新

4）一键启动

将获取到的 Gaea 区块链平台安装部署压缩包，解压到宿主服务器中。进入解压后的目录，可以看到 master、images、gaea-deploy、sso 和 tools 几个子目录。

进入 gaea-deploy 目录，执行 bash offline_deploy. sh 命令。offline_deploy. sh 脚本将会在宿主机服务器中离线安装 make、gcc、docker、docker-compose 等工具，并生成平台所需的公私钥证书文件(需要根据窗口提示按回车键)。

此时在 gaea-deploy 目录中执行 make start 命令，即可启动 Gaea 区块链部署平台。

5）预制操作

(1) 如果创建单机模式的区块链网络，需要执行以下操作。

首先，需要在 Gaea 网络所在的 Docker 主机上启动 2375 监听端口，配置服务地址的主机 IP 端口为 2375。启动 2375 端口的命令如下。

当 Docker 与 Gaea 部署于同一主机时，执行如下命令：

```
Dockerrun - d - v/var/run/Docker.sock:/var/run/Docker.sock - p
0.0.0.0:2375:2375bobrik/socatTCP - LISTEN:2375,forkUNIX - CONNECT:/var/run /Docker.sock
```

当 Docker 与 Gaea 部署于不同主机时，执行如下命令：

```
Dockerd - Htcp://0.0.0.0:2375 - Hunix:///var/run/Docker.sock -- api - cors - header = '*'--
default - ulimit = nofile = 8192:16384 -- default - ulimit = nproc = 8192:16384 - D&
```

然后，到 Worker 目录下执行 setup. sh，在此脚本中挂载 NFS 目录。

(2) 将区块链镜像文件部署到 Gaea 服务器中。

首先，将步骤 4)“一键启动”中解压后的区块链安装部署文件中的 images 目录复制到 Gaea 服务器中(Gaea 服务器用于运行区块链网络节点)。如果区块链网络节点与 Gaea 平台部署在同一台主机中就不需要复制。

然后，进入 images 目录，执行 bash loadall. sh，loadall. sh 脚本将会把当前目录中的镜像文件加载到执行该命令的服务器中，创建区块链网络时需要用到这些镜像文件。

(3) 如果创建 K8S 集群模式的区块链网络，需要执行以下操作。

首先，确保 Gaea 平台与 K8S 集群各主机时间同步，然后直接进入平台操作。

其次，安装好 K8S 集群环境。

最后，安装 Keepalive。

2. 平台操作

Gaea 网络管理平台

新华三 Gaea 区块链平台有两个后台服务，分别是区块链网络管理平台（监听 8071 端口）和区块链业务管理平台（监听 8081 端口）。

读者们在购买本书后会得到 Gaea 系统的 48 小时免费试用权限，学习完本章后可以验证实验并得到区块链平台链码部署的机会，具体说明见前言。

1) 区块链网络部署

进入 Gaea 区块链平台“区块链网络管理”页面，如图 8-1 所示。

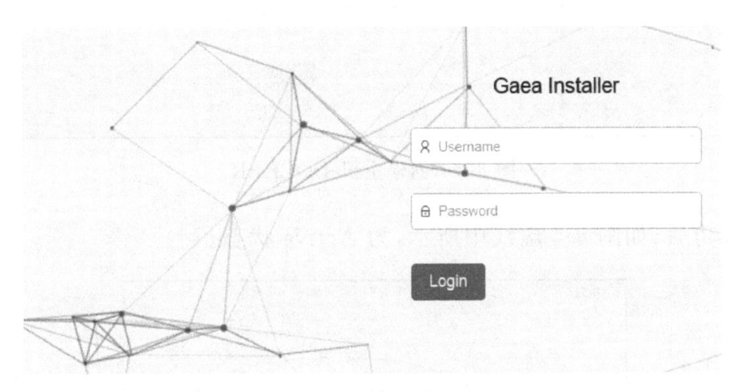

图 8-1 网络管理平台登录

(1) 添加 host 主机。

在 Gaea 网络管理平台的“主机管理”页面中，可以进行添加主机的操作，如图 8-2 所示。

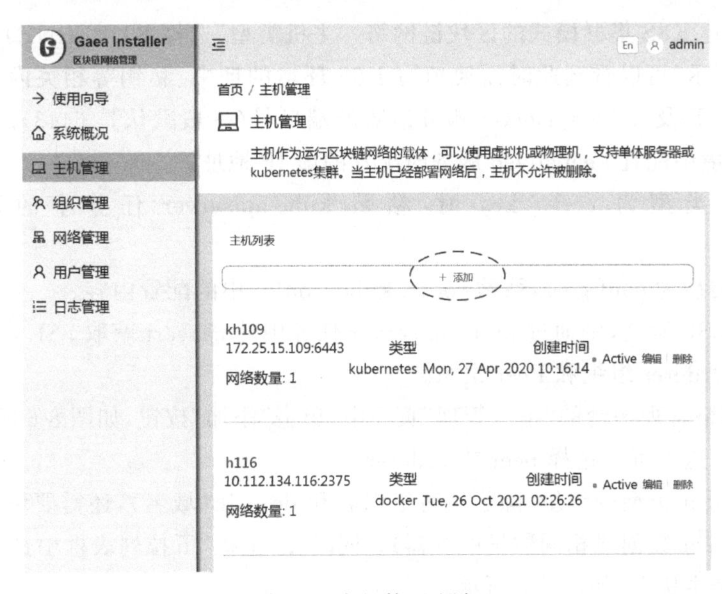

图 8-2 主机管理-添加

① 如果创建单机模式的区块链网络，这里选择 DOCKER，如图 8-3 所示。

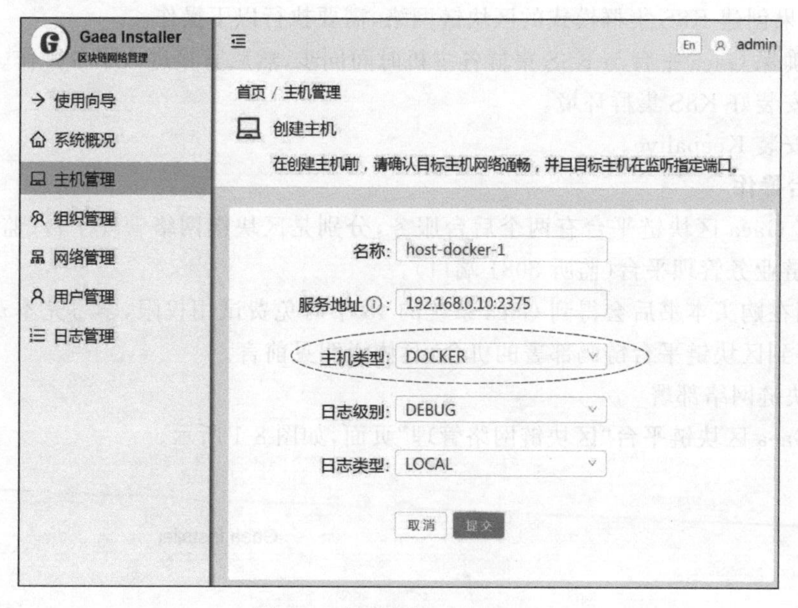

图 8-3　创建主机-DOCKER

主机创建成功后，如图 8-4 虚线中所示，为 Active 状态。

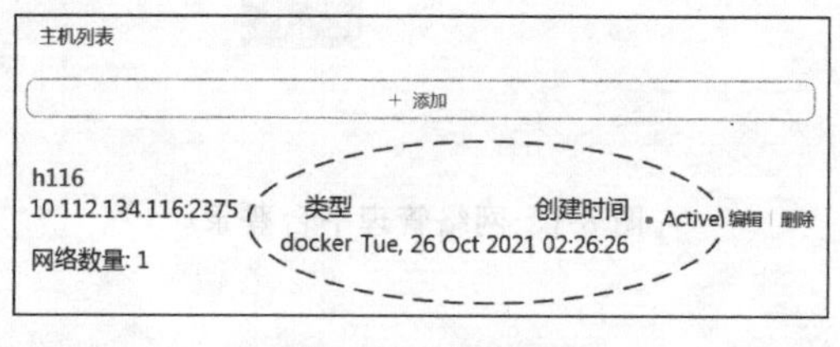

图 8-4　主机状态

② 如果创建 K8S 集群模式的区块链网络，“主机类型”选择 KUBERNETES。

如图 8-5 所示，可以看到此时需要填写 K8S 环境的证书、私钥等相关内容。服务地址填写 Master 的 IP 及 kube-apiserver 服务监听的端口号（一般默认是 6443）。虚拟 IP 地址是指在 K8S 环境中配置 keepalived 服务时配置的虚 IP 地址。

选择凭证类型为 cert _ key 时，粘贴 kube-apiserver 任务中的证书内容和 CertificateKey。

选择凭证类型为 config 时，粘贴 root/. kube/config 中的配置内容。

如果使用 SSL 验证，则通过 kube-apiserver 任务中的 ca. cert 获取 SSL CA 证书。

（2）创建 Orderer 组织和 Peer 组织。

在 Gaea 网络管理平台的“组织管理”页面中，单击“添加”按钮，如图 8-6 所示。

“选择类型”这里可以选择 peer 或 orderer。

如果创建 peer 类型的组织，除了填写组织名和 domain（域名），还需要填写 peer 数（平台将根据这个 peer 数创建相同数量的容器）。同时在“主机”下拉列表框中选择该组织节点将要部署在哪个主机上，如图 8-7 所示。

创建主机

在创建主机前，请确认目标主机网络通畅，并且目标主机在监听指定端口。

名称：名称

服务地址：192.168.0.1:2375

主机类型：KUBERNETES

虚拟ip地址：192.168.0.10

凭证类型：cert_key

证书内容：证书内容

Certificate Key：Certificate Key

额外参数：

NFS 服务地址：192.168.0.1

使用 SSL 验证：

SSL CA证书：SSL CA证书

日志级别：DEBUG

日志类型：LOCAL

图 8-5　创建主机-KUBERNETES

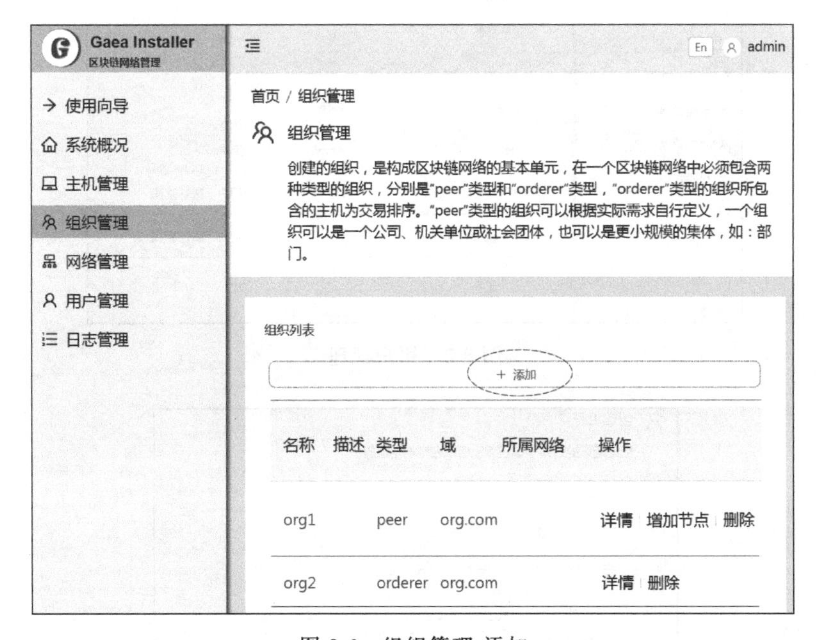

图 8-6　组织管理-添加

填写好后单击“提交”按钮即可。在创建 peer 组织的同时，平台会通过 Fabric-CA 自动为该组织注册并创建默认名称为 Admin@“组织名称”.“组织 domain”的用户信息。如图 8-8 所示，在“用户管理”页面可以看到所有用户的信息。在登录“区块链业务平台”的时候需要用该用户名登录(默认密码为 666666)。

如果选择 orderer 类型，除了填写组织名和 domain(域名)，还需要添加 orderer 主机名称。可以填写多个主机名，以回车键隔开，每个 orderer 主机对应一个 orderer 容器，同时需要在“主机”下拉列表框中选择主机，如图 8-9 所示。

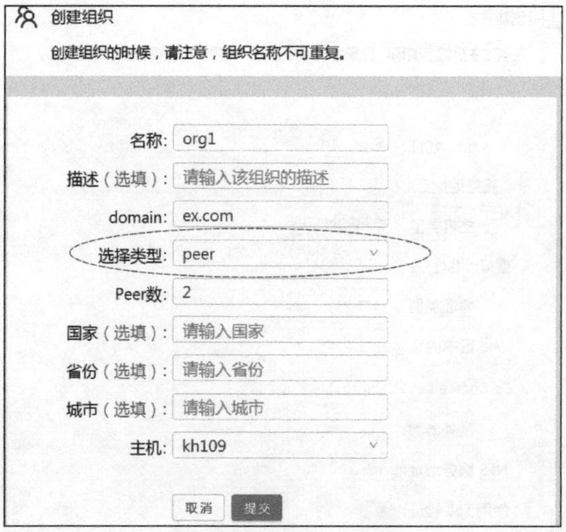

创建组织

创建组织的时候，请注意，组织名称不可重复。

名称: org1
描述（选填）: 请输入该组织的描述
domain: ex.com
选择类型: peer
Peer数: 2
国家（选填）: 请输入国家
省份（选填）: 请输入省份
城市（选填）: 请输入城市
主机: kh109

取消　提交

图 8-7　创建 peer 组织

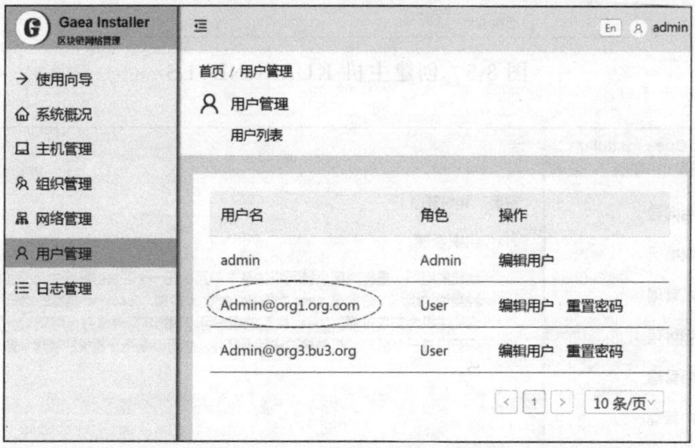

Gaea Installer
区块链网络管理

En　admin

使用向导
系统概况
主机管理
组织管理
网络管理
用户管理
日志管理

首页 / 用户管理

用户管理

用户列表

用户名	角色	操作
admin	Admin	编辑用户
Admin@org1.org.com	User	编辑用户　重置密码
Admin@org3.bu3.org	User	编辑用户　重置密码

1　10 条/页

图 8-8　用户管理

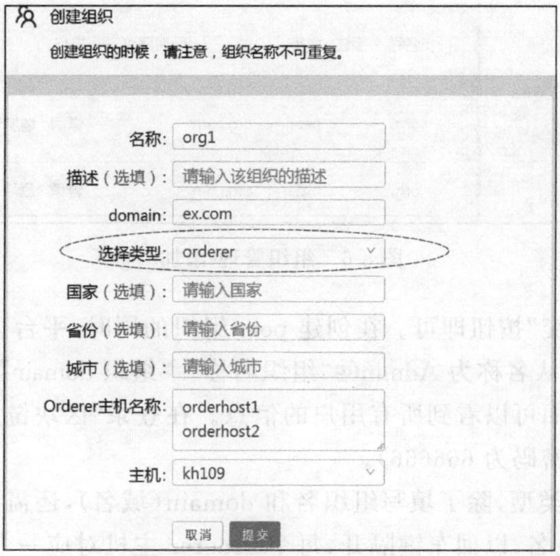

创建组织

创建组织的时候，请注意，组织名称不可重复。

名称: org1
描述（选填）: 请输入该组织的描述
domain: ex.com
选择类型: orderer
国家（选填）: 请输入国家
省份（选填）: 请输入省份
城市（选填）: 请输入城市
Orderer主机名称: orderhost1
orderhost2
主机: kh109

取消　提交

图 8-9　创建 orderer 组织

如图 8-10 所示,可以在"组织管理"页面中看到所有已创建完成的 peer 组织和 orderer 组织。

组织列表

＋ 添加

名称	描述	类型	域	所属网络	操作
org1		peer	org.com		详情 增加节点 删除
org2		orderer	org.com		详情 删除

图 8-10　组织管理列表

(3) 新建网络。

在 Gaea 网络管理平台的"网络管理"页面中,单击"新建网络"按钮,如图 8-11 所示。

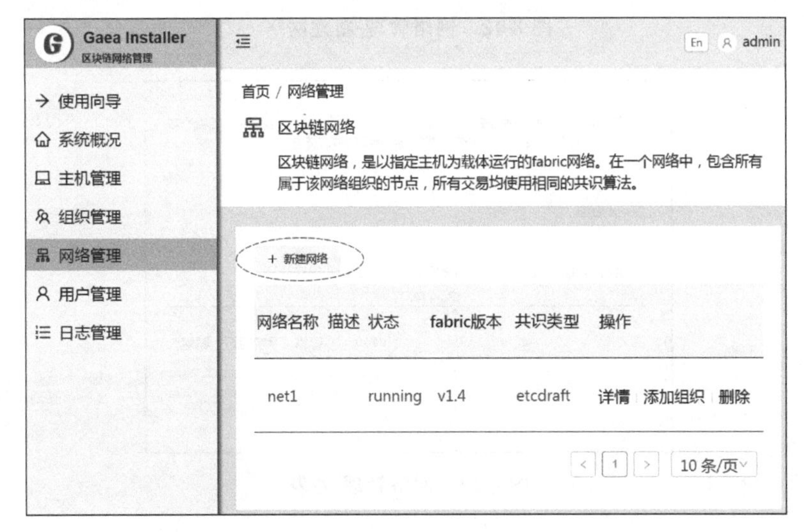

图 8-11　"网络管理"页面

此时进入"新建网络"页面,如图 8-12 所示。

Fabric 网络支持多种共识算法(Solo、Kafka、etcdraft、PBFT),其中 solo 一般为单机模式部署时使用,K8S 模式部署时建议选择 etcdraft 或 PBFT。选择 Kafka 模式会另外启动 Zoo 和 Kafka 的容器来执行共识算法,有需要时可以选择使用。

数据库类型可以选择 leveldb 或 couchdb。当选择 couchdb 类型时,创建网络时会另外启动 couchdb 的容器,只有 couchdb 支持富查询。

在图 8-12 所示的页面填写网络名称、选择 Fabric 版本后,选择之前已创建的组织和主机,单击"提交"按钮即可。稍等几秒就会在该组织对应的主机上看到运行的 Fabric 节点的容器。

如图 8-13 所示为创建成功后的页面,显示 mynet 网络处于 runing 状态。

单击"详情"可以看到该网络的详细信息,如图 8-14 所示。

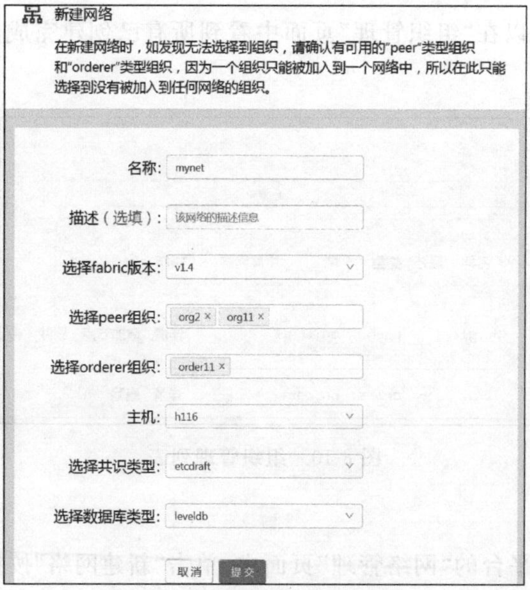

新建网络

在新建网络时，如发现无法选择到组织，请确认有可用的"peer"类型组织和"orderer"类型组织，因为一个组织只能被加入到一个网络中，所以在此只能选择到没有被加入到任何网络的组织。

名称：mynet

描述（选填）：该网络的描述信息

选择fabric版本：v1.4

选择peer组织：org2 × org11 ×

选择orderer组织：order11 ×

主机：h116

选择共识类型：etcdraft

选择数据库类型：leveldb

取消 提交

图 8-12 网络管理-新建网络

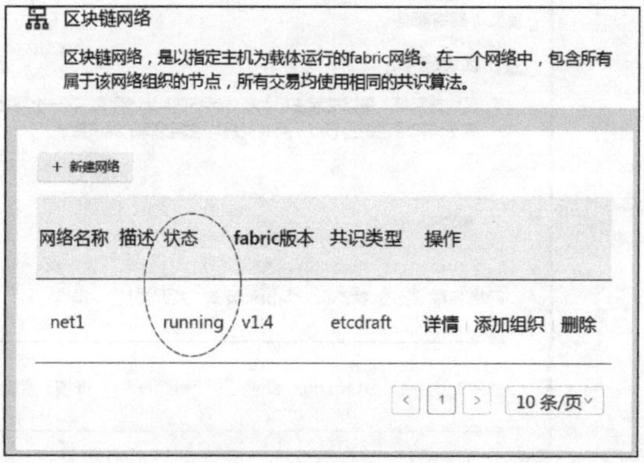

区块链网络

区块链网络，是以指定主机为载体运行的fabric网络。在一个网络中，包含所有属于该网络组织的节点，所有交易均使用相同的共识算法。

+ 新建网络

网络名称	描述	状态	fabric版本	共识类型	操作
net1		running	v1.4	etcdraft	详情 添加组织 删除

< 1 > 10 条/页

图 8-13 网络管理-列表

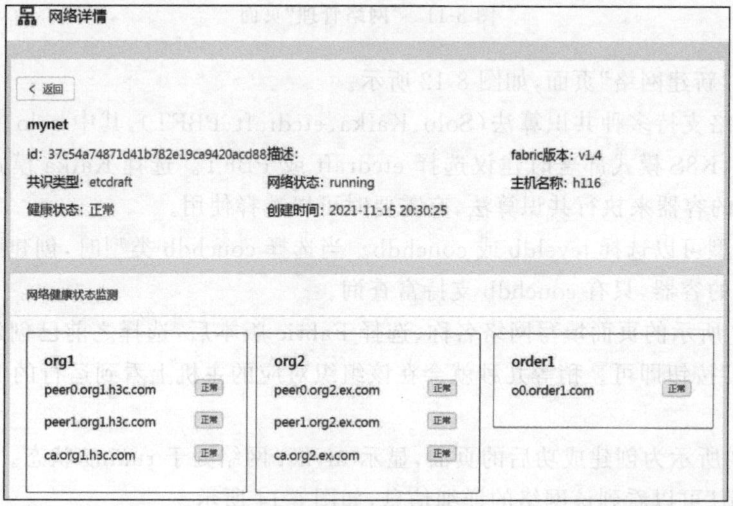

网络详情

< 返回

mynet

id: 37c54a74871d41b782e19ca9420acd88 描述: fabric版本: v1.4

共识类型: etcdraft 网络状态: running 主机名称: h116

健康状态: 正常 创建时间: 2021-11-15 20:30:25

网络健康状态监测

org1
peer0.org1.h3c.com 正常
peer1.org1.h3c.com 正常
ca.org1.h3c.com 正常

org2
peer0.org2.ex.com 正常
peer1.org2.ex.com 正常
ca.org2.ex.com 正常

order1
o0.order1.com 正常

图 8-14 网络管理-详情

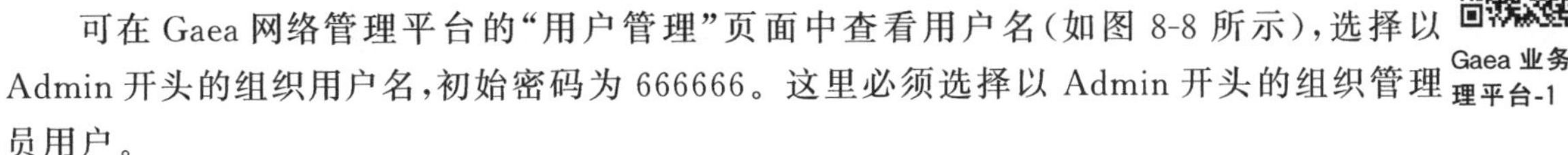

Gaea 业务管理平台-1

Gaea 业务管理平台-2

2）区块链业务部署

登录 Gaea 区块链平台的“区块链业务管理”页面。

可在 Gaea 网络管理平台的“用户管理”页面中查看用户名（如图 8-8 所示），选择以 Admin 开头的组织用户名，初始密码为 666666。这里必须选择以 Admin 开头的组织管理员用户。

图 8-15 为 Gaea 业务管理平台登录页面。

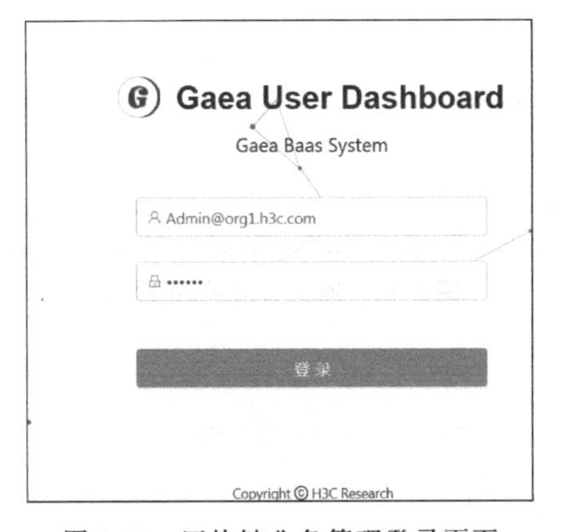

图 8-15　区块链业务管理登录页面

（1）创建通道并添加节点。

在 Gaea 业务管理平台的“通道管理”页面中，单击“创建通道”按钮，如图 8-16 所示。

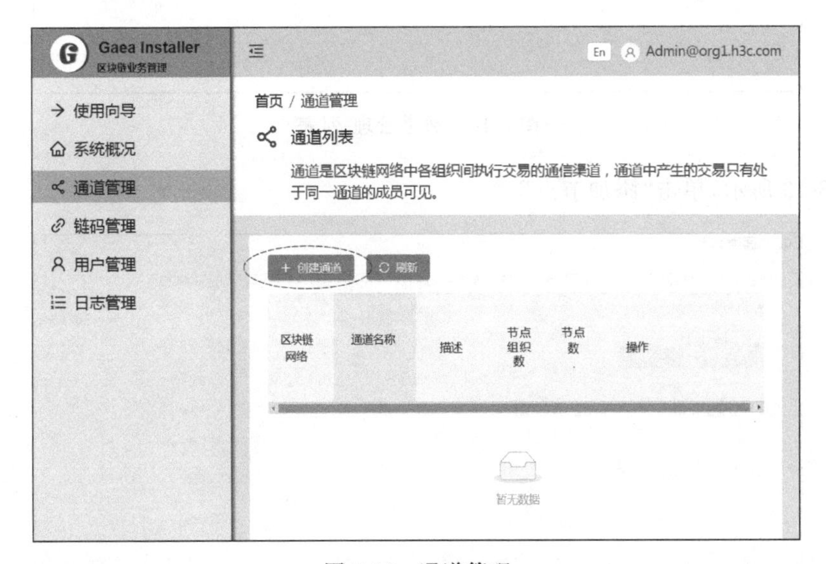

图 8-16　通道管理

单击“创建通道”按钮后，需要填写通道名称，并选择排序组织和节点组织，如图 8-17 所示。在这里可以选择刚创建的 orderer 组织和 peer 组织。

创建通道后，该通道内的节点数为 0（如图 8-18 所示），即该通道内并未加入任何组织的节点。接着需要将节点添加到通道内。

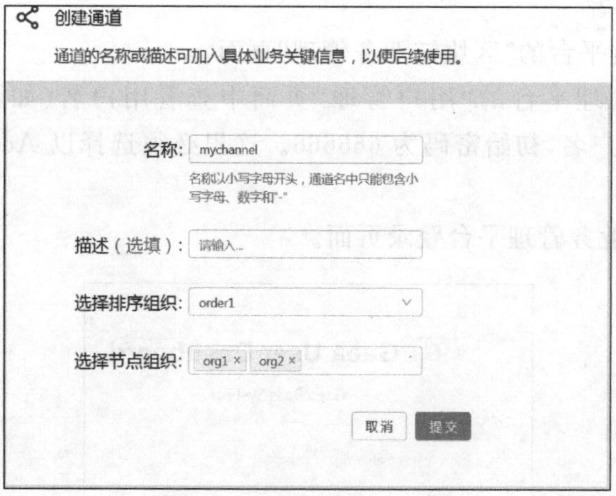

图 8-17　通道管理-创建通道

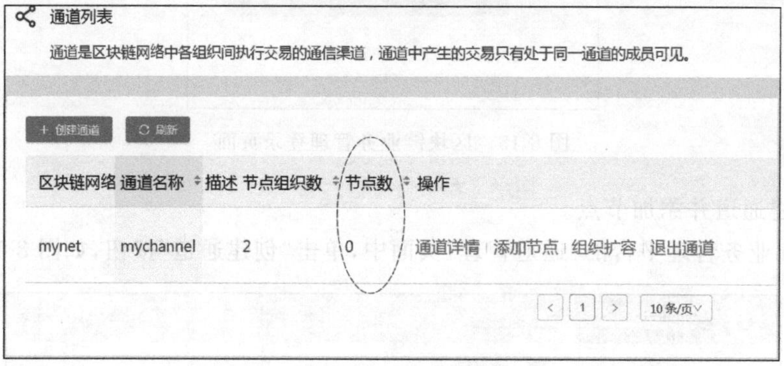

图 8-18　通道管理-列表

如图 8-19 所示，单击“添加节点”。

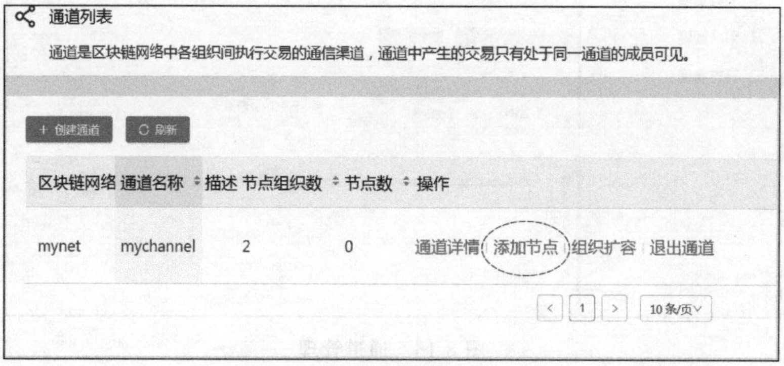

图 8-19　通道管理-添加节点

进入如图 8-20 所示的页面，在这里选择安装链码的节点，勾选“节点名称”前面的复选框即为选中。在“角色”下拉列表框中可选择该节点充当的角色。chaincodeQuery 表示节点可以调用链码查询，endorsingPeer 表示节点可以作为背书节点，ledgerQuery 表示允许查询该节点账本。

图 8-20 通道管理-添加节点

创建完毕后，就会看到我们创建的通道 mychannel，它属于网络 mynet。通道 mychannel 中包含了两个组织，而当前的登录用户所属的组织中有两个 peer 节点（如图 8-21 所示）。通道中如果有其他组织，则需要登录其他组织的管理员账户，将其节点加入通道中。

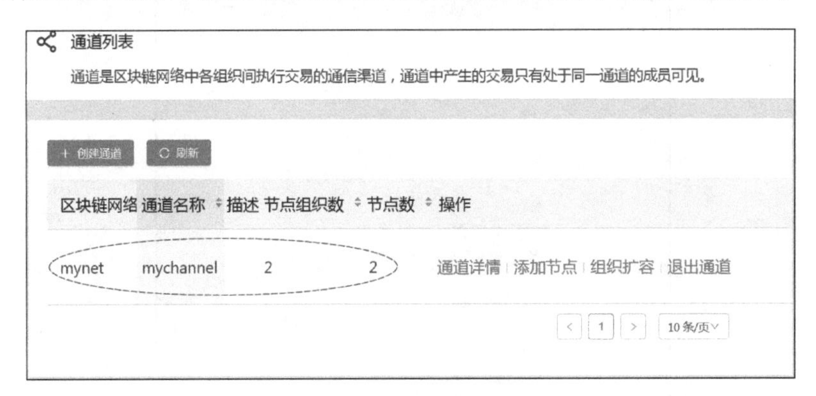

图 8-21 通道管理-列表

（2）上传链码。

在 Gaea 业务管理平台的“链码管理”页面中，单击“上传链码”按钮，如图 8-22 所示。

进入“上传链码”页面（如图 8-23 所示）后可以看到，“语言选择”默认为 golang，也可以选择 Node 或 Java。根据选择的语言不同，实例化链码时需要的镜像容器也不同。

如果选择 golang 语言，需要 ccenv 的 images 文件；如果选择 Java 语言，则需要 Javaenv 的 images 文件；如果选择 Node 语言，则 peer 容器会根据 Node 链码中的 package. json 文件在线安装 node_modules 包（要求 peer 容器能从 npm 源在线下载依赖包）。

“MD5 值”是指该页面中选择上传的链码文件的 MD5 值，可以用 MD5 工具生成，或者通过一些网站在线获取文件的 MD5 值。

上传的链码要求是将文件夹压缩为. zip 格式的文件，文件夹内直接放链码文件，不要再

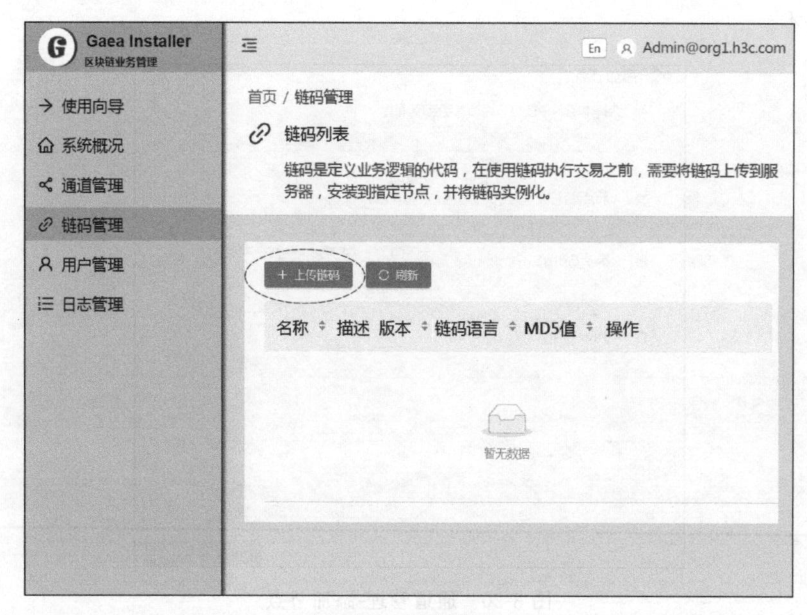

图 8-22　链码管理

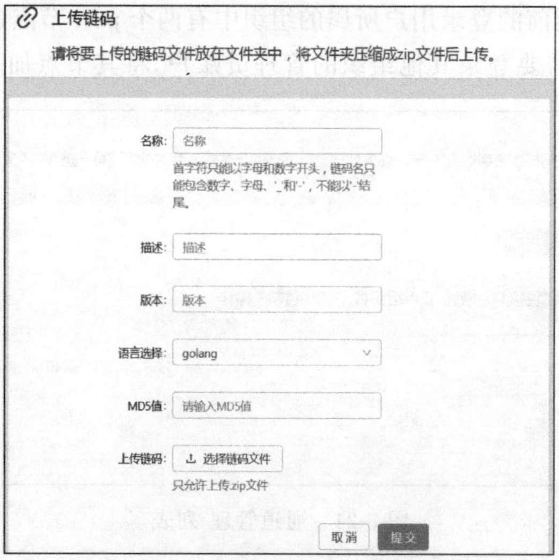

上传链码
请将要上传的链码文件放在文件夹中，将文件夹压缩成zip文件后上传。
名称：名称
首字符只能以字母和数字开头，链码名只能包含数字、字母、'_'和'-'，不能以'-'结尾。
描述：描述
版本：版本
语言选择：golang
MD5值：请输入MD5值
上传链码：选择链码文件
只允许上传zip文件
取消　提交

图 8-23　链码管理-上传链码

嵌套文件夹，否则系统解析处理链码文件时可能会出现找不到链码文件的错误。

上传链码成功后，界面如图 8-24 所示。

(3) 安装链码。

在 Gaea 业务管理平台的“链码管理”页面中，单击“安装”按钮，如图 8-25 所示。

选择想要安装链码的节点(这里只可以选择本组织内的节点)，选择后单击“提交”按钮即可，如图 8-26 所示。

在安装完成后，即可单击“详情”按钮(在“安装”按钮左侧)，查看链码已安装的节点信息，如图 8-27 所示。

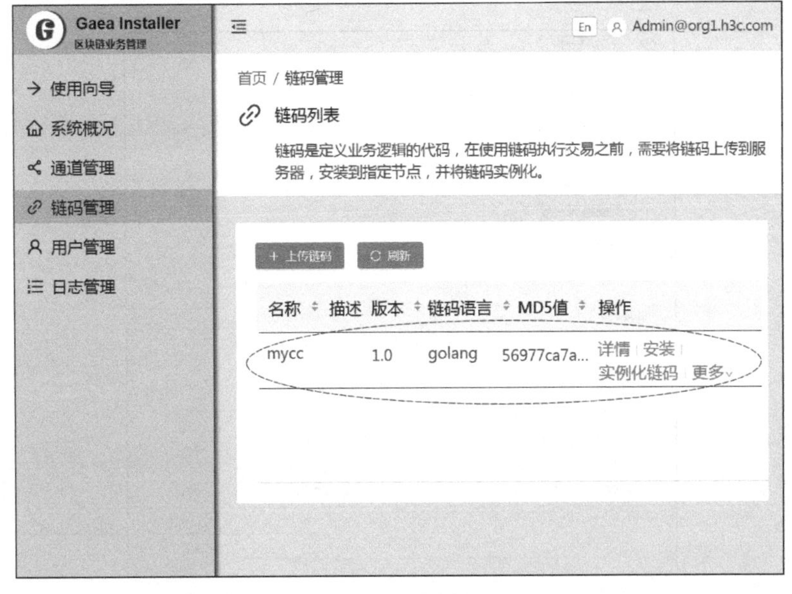

图 8-24　链码管理

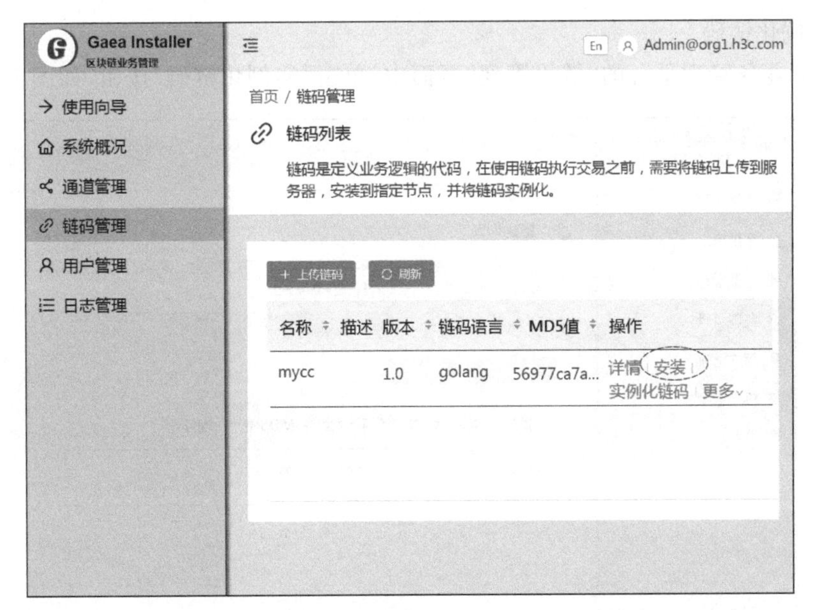

图 8-25　链码管理-安装入口

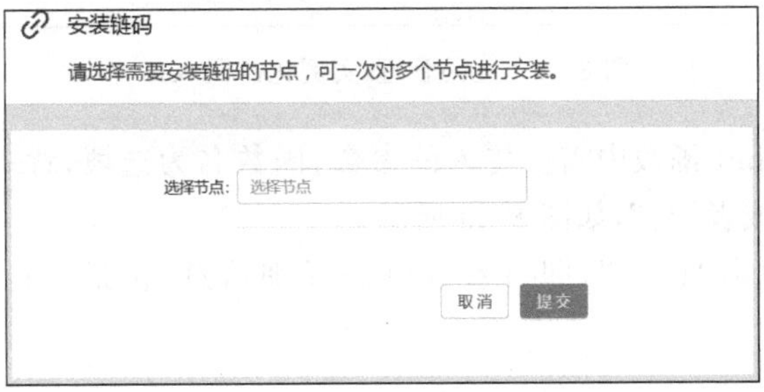

安装链码

请选择需要安装链码的节点，可一次对多个节点进行安装。

选择节点：选择节点

取消　提交

图 8-26　链码管理-安装

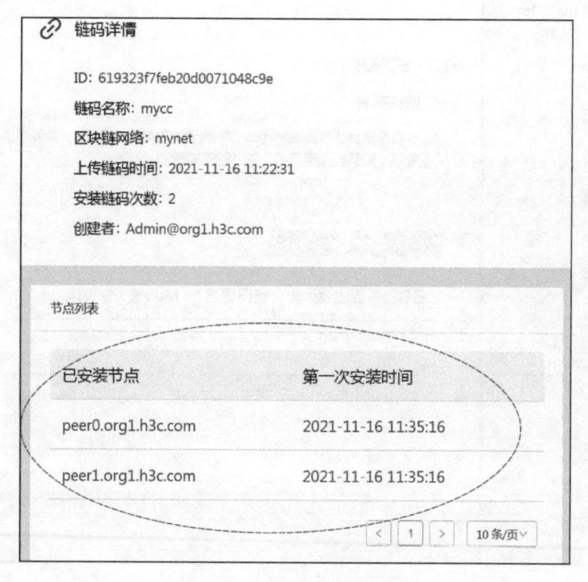

图 8-27　链码管理-详情

(4) 实例化链码。

在 Gaea 业务管理平台的“链码管理”页面中，单击“实例化链码”按钮，如图 8-28 所示。

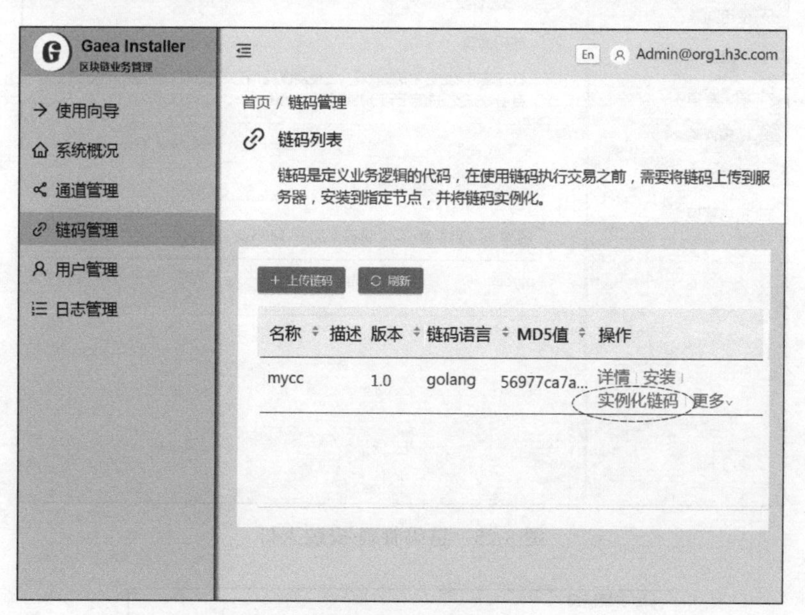

图 8-28　链码管理-实例化链码入口

参数为该链码的 init 函数中需要传入的参数，函数名为选填，背书策略可以自定义，也可以选择默认的“或”或者“与”，如图 8-29 所示。

实例化成功后，单击“详情”，即可看到链码详细信息，包括该链码实例化的结果，如图 8-30 所示。

图 8-29　链码管理-实例化链码

图 8-30　链码管理-详情

(5) 链码的升级。

将编写好的新版本链码打包为.zip 文件，先使该链码执行完步骤(2)“上传链码”和步骤(3)“安装链码”的操作。注意：上传该升级链码时其名称需要与待升级链码的名称一致，版本则应该不一致以进行区分。

然后单击原已实例化链码的“升级”按钮，执行升级操作，如图 8-31 所示。

此时目标链码为需要升级的链码的名称，已自动关联。链码版本为上传链码名称时指定的新版本号，已自动关联，只可以进行选择(升级链码时可以修改原链码实例化时指定的背书策略)，如图 8-32 所示。

图 8-31　通道管理-升级入口

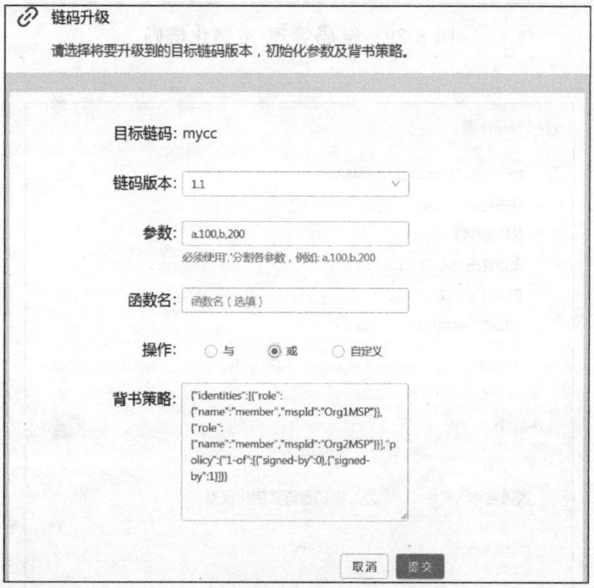

图 8-32　链码升级

如图 8-33 所示，升级链码成功后显示的链码，版本已经发生了变化。此时区块链平台中，该通道对应账本仍然保留之前的账本数据，而执行时的链码已经变成了升级后的链码。通过此方法，可以在业务流程更改或者需要新增、删除接口时，通过升级链码的方式替换掉原本的链码，使修改后的链码生效。

(6) 查询交易信息。

在 Gaea 业务管理平台的“系统概况”页面中，如图 8-34 所示，可以查询交易量、交易信息、块信息、通道概况及链码概况。可以通过平台实时查看链码中的交易情况和数据。

图 8-35 为查看到的块中交易的详情，包括背书的组织、读写集、链码名称等交易详细信息。

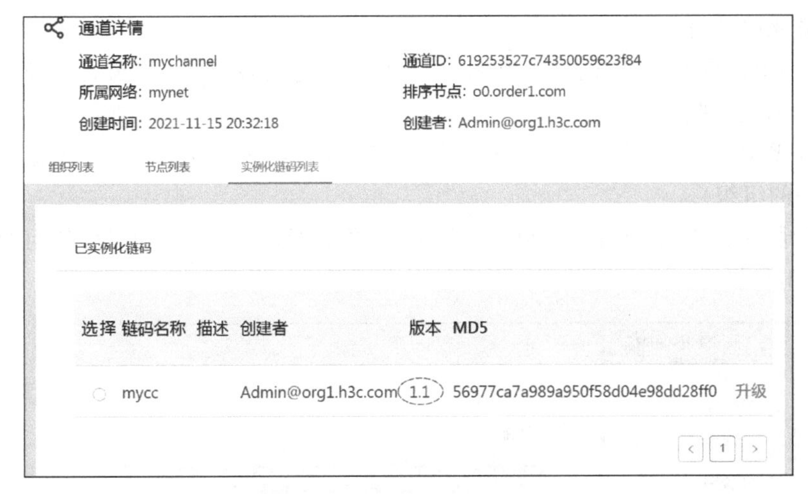

图 8-33　链码状态-版本

图 8-34　系统概况-块信息

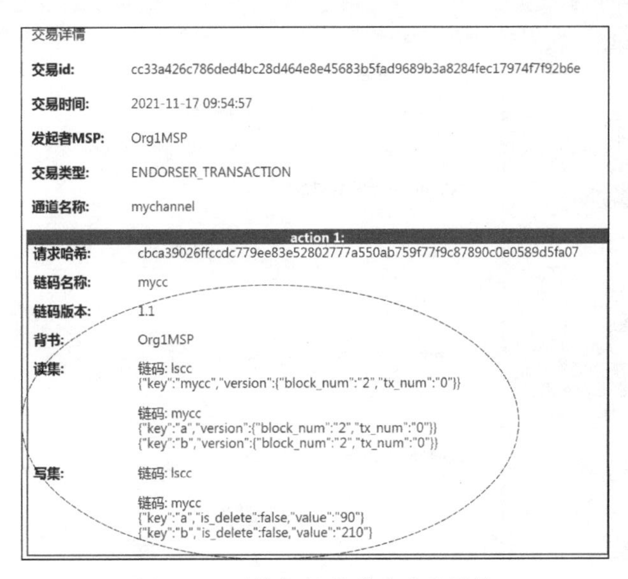

图 8-35　系统概况-块信息查询结果

3) 网络、组织扩容

在网络通道已创建好、链码已经实例化、进行了多笔交易之后，如果有其他组织想要参与进来，该如何实现呢？

首先，需要参照第 2)步“创建组织”，创建好 peer 类型的组织信息(目前不支持扩容 orderer 类型的组织)。

然后，如图 8-36 所示，在区块链网络管理的“网络管理”页中，单击“添加组织”，可以完成网络中的组织扩容。

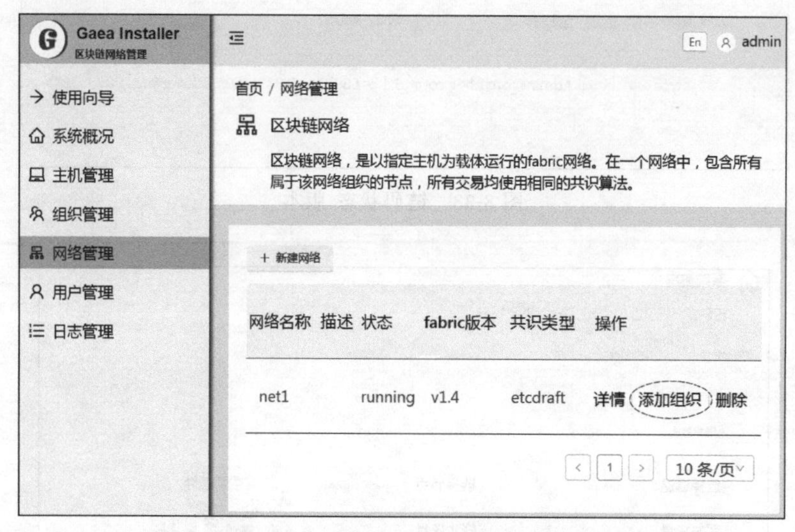

图 8-36　网络管理-添加组织入口

如图 8-37 所示，选择要添加的 peer 组织，在这里可以选择想要扩容到该网络中的组织。选择后单击“提交”按钮即可。

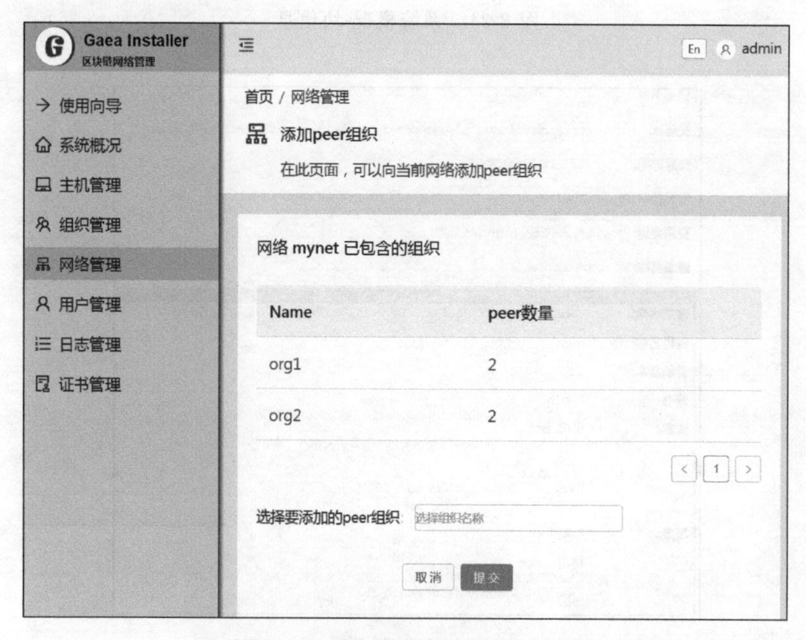

图 8-37　网络管理-添加 peer 组织

提交后，即可在"网络管理"的"网络详情"页面中查看该扩容组织的状态信息，平台将会在 Fabric 服务器上启动该扩容组织对应的容器，容器启动成功后，组织信息会变成正常状态，如图 8-38 所示。但此时该组织尚不属于任何通道，还无法进行记账。

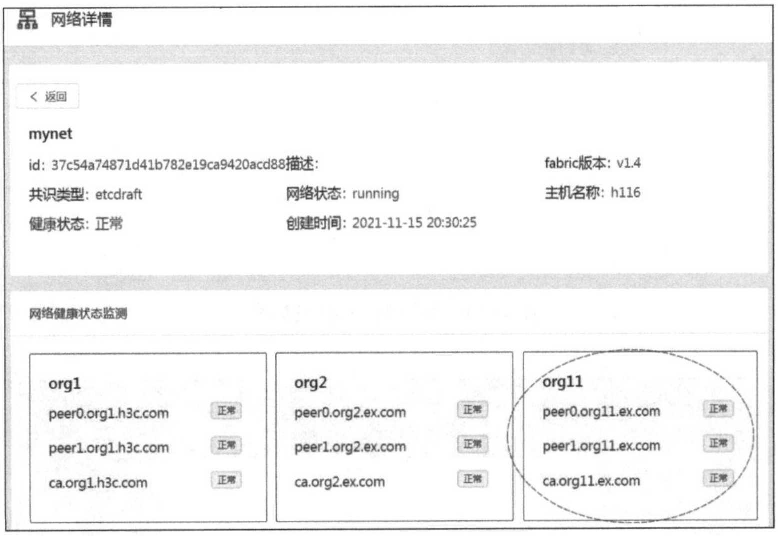

网络详情

< 返回

mynet

id: 37c54a74871d41b782e19ca9420acd88	描述:	fabric版本: v1.4
共识类型: etcdraft	网络状态: running	主机名称: h116
健康状态: 正常	创建时间: 2021-11-15 20:30:25	

网络健康状态监测

org1		org2		org11	
peer0.org1.h3c.com	正常	peer0.org2.ex.com	正常	peer0.org11.ex.com	正常
peer1.org1.h3c.com	正常	peer1.org2.ex.com	正常	peer1.org11.ex.com	正常
ca.org1.h3c.com	正常	ca.org2.ex.com	正常	ca.org11.ex.com	正常

图 8-38　网络详情-新扩容组织状态

在"区块链网络管理"平台中完成对网络的组织扩容后，登录"区块链业务管理"平台，进入"通道管理"页面，如图 8-39 所示，单击"组织扩容"，就会进入通道的组织扩容页面。

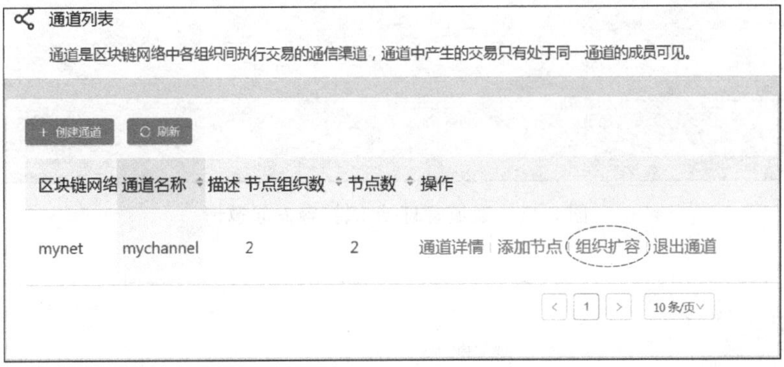

通道列表

通道是区块链网络中各组织间执行交易的通信渠道，通道中产生的交易只有处于同一通道的成员可见。

+ 创建通道　　刷新

区块链网络	通道名称	描述	节点组织数	节点数	操作
mynet	mychannel		2	2	通道详情 | 添加节点 | 组织扩容 | 退出通道

< 1 >　10条/页

图 8-39　通道管理-组织扩容入口

如图 8-40 所示，单击"发起邀请"按钮。

此时平台会提示"请选择组织"，邀请的组织必须属于该网络且不在该通道中。如图 8-41 所示，可以邀请刚刚加入该网络的组织 org11。

发起邀请后，并不会马上成功，因为区块链平台是联盟链，账本数据由多家组织共同维护、使用，邀请其他组织时需要大部分组织的同意，此时需要进入组织扩容页面（如图 8-42 所示），在此页面单击方框内的"同意"按钮（当有组织发起邀请后，通道内的所有组织都会收到消息，包括邀请发起者）。

当平台收集到 50%以上的组织同意的签名后，会执行扩容操作，此时通道扩容成功。

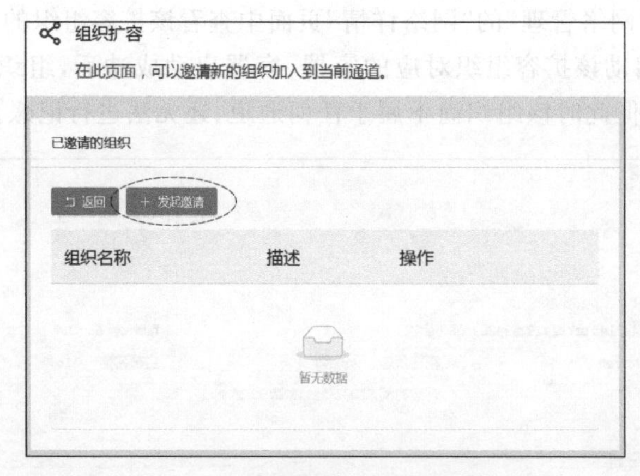

图 8-40　通道管理-组织扩容

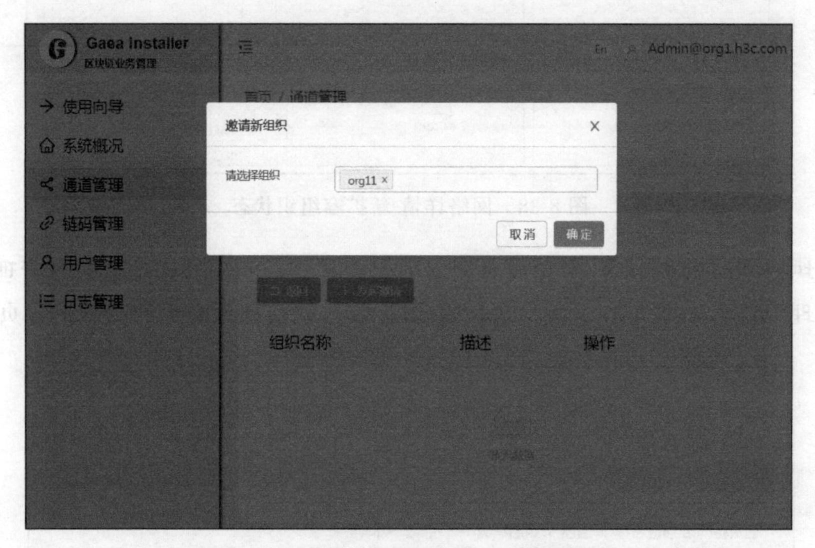

图 8-41　通道管理-组织扩容发起邀请

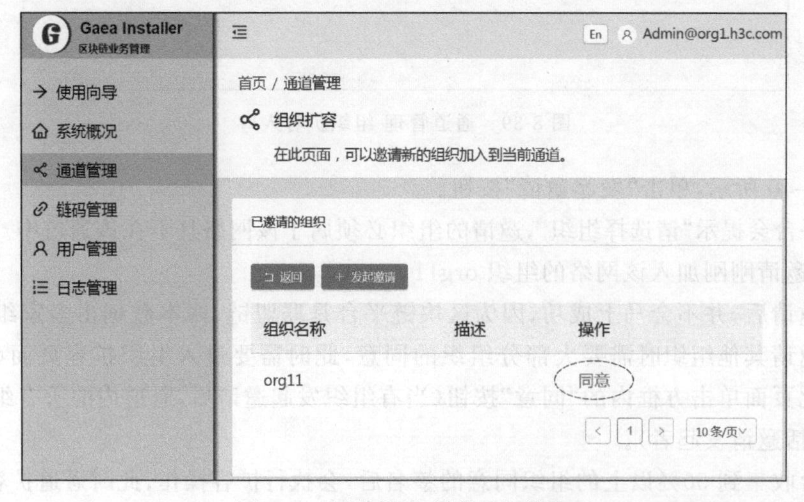

图 8-42　通道管理-同意组织扩容

扩容成功后，新加入的组织的 peer 节点中就会拉取同样的账本数据，并且能够发起交易，跟其他组织具备同样的权限。

8.1.2 代码设计

Gaea 系统分为两个平台，分别是区块链网络管理平台（监听 8071 端口）和区块链业务管理平台（监听 8081 端口）。

区块链网络管理平台的后台框架是 Flask，区块链业务管理平台的后台框架是 Egg，前端框架都是 Ant-design。这里主要介绍后台框架的架构设计。

1. Gaea 网络管理平台

Gaea 网络管理平台的后台框架是 Flask。Flask 是一个使用 Python 编写的轻量级 Web 应用框架，其 WSGI 工具采用 Werkzeug，模板引擎则使用 Jinja2。

Flask 的基本模式为：在程序里将一个视图函数分配给一个 URL，当用户访问这个 URL 时，系统就会执行给该 URL 分配的视图函数，获取函数的返回值并将其显示到浏览器上，其工作过程见图 8-43。

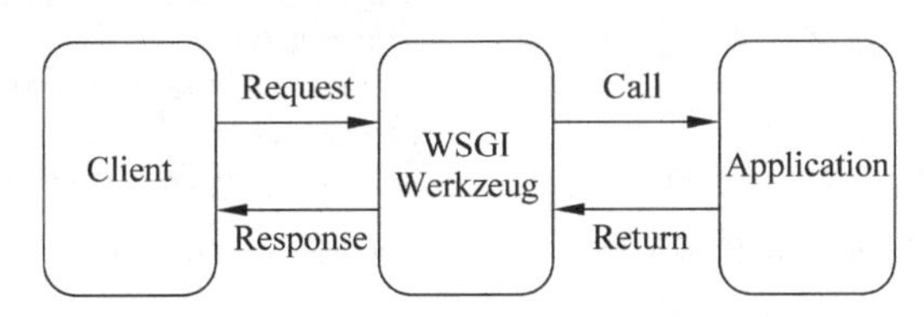

图 8-43 Flask 工作过程

之所以选择 Flask 来开发，原因如下：

- Flask 因为其灵活、轻便且高效的特点被业界认可，同时拥有 Werkzeug、Jinja2 等开源库，拥有内置服务器和单元测试，适配 RESTful API，支持安全的 cookies，而且官方文档完整，便于学习掌握。
- Flask 拥有灵活的 Jinja2 模板引擎，提高了前端代码的复用率，这样可以提高开发效率，有利于后期开发与维护。在现有标准中，Flask 算是微小型框架。
- 对于数据库访问、验证 Web 表单和用户身份认证等一系列功能，Flask 框架是不支持的。这些功能都是以扩展组件的方式实现，然后再与 Flask 框架集成。开发者可以根据项目的需求进行相应的扩展，或者自行开发，有很大的灵活性。这与大型框架恰恰相反，大型框架本身已做出了大部分决定，难以灵活改变方案。

网络管理平台主要分为如下几个功能模块：

- 路由管理；
- 数据库；
- 业务逻辑处理；
- 一般通用功能。

接下来看看这几个模块完成了哪些功能。

1）路由管理

使用普通的路由设置是不够的，由于程序的复杂度较高，需要对程序进行模块化的处理。新华三的网络管理平台采用了 Flask 内置的一个用于模块化处理的类，即 Blueprint。

Flask 使用 Blueprint 让应用实现模块化。Blueprint 具有如下属性：

- 一个应用可以有多个 Blueprint，可以将一个 Blueprint 注册到任何一个未使用的 URL 下，如“/”、“/sample”或者子域名；
- 在一个应用中，一个模块可以注册多次；
- Blueprint 可以具有自己独立的模板、静态文件或者其他通用操作方法，它并不必须实现应用的视图和函数；
- 在一个应用初始化时，就应该注册需要使用的 Blueprint。

以下为部分示例代码。< src/dashboard. py >的代码如图 8-44 所示。

```
app.register_blueprint(bp_index)
app.register_blueprint(bp_host_view)
app.register_blueprint(bp_host_api)
```

图 8-44 src/dashboard. py 代码示例

< src/resources/index. py >的代码如图 8-45 所示。

< src/resources/host_api. py >的代码如图 8-46 所示。

```
bp_index = Blueprint('bp_index', __name__)

@bp_index.route('/', methods=['GET'])
@bp_index.route('/index', methods=['GET'])
@login_required
def show():
    request_debug(r, logger)
    hosts = list(host_handler.list(filter_data={}))
    hosts.sort(key=lambda x: x["name"], reverse=False)
```

图 8-45 src/resources/index. py 代码示例

```
bp_host_api = Blueprint('bp_host_api', __name__,
                        url_prefix='/{}'.format("api"))


@bp_host_api.route('/hosts', methods=['GET'])
def hosts_list():
    logger.info("/hosts_list method=" + r.method)
    request_debug(r, logger)
    col_filter = dict((key, r.args.get(key)) for key in r.args)
```

图 8-46 src/resources/host_api. py 代码示例

通过上面的代码可以看到，dashboard. py 文件中，在 Flask 的实例化对象 app 中注册了两个 Blueprint 实例，分别为 bp_index 和 bp_host_view。在 index. py 文件及 host_api. py 文件中可以再定义各自模块的相对独立的路由。

项目中不仅是这两个路由对象，相对独立的资源都可以注册一个 Blueprint。

2）数据库

网络管理平台有许多数据需要存储，数据库模块选择了 MongoDB 数据库。

MongoDB 是一种基于分布式文件存储的，可以应用于各种规模的企业、各行业以及各类应用程序的开源数据库。作为适用于敏捷开发的数据库，MongoDB 的数据模式可以随着应用程序的发展而灵活地更新。与此同时，它也为开发人员提供了传统数据库的功能：二级索引、完整的查询系统以及严格一致性等。MongoDB 能够使企业具有敏捷性和可扩展性，各种规模的企业都可以通过使用 MongoDB 来创建新的应用，提高与客户之间的工作效率。

mongoengine 是一个对象文档映射器，使用 pIPinstallmongoengine 安装后，即可在 Flask 框架中使用。

以下为部分示例代码。<…/models/modelv2. py >的代码如图 8-47 所示。

该文件中定义了 BlockchainNetwork 和 BlockchainNetworkSchema 两个类，具体存储网络的数据内容。但是为什么定义两个类，一个继承于 Document，一个继承于 Schema 呢？这其实是由于需要对这个数据块进行序列化和反序列化操作。Schema 是 marshmallow 模块中的一个类。

BlockchainNetwork 类基于引用自 mongoengine 类的 Document，定义了 network 这样

```
from mongoengine import Document, StringField, \
    BooleanField, DateTimeField, IntField, \
    ReferenceField, DictField, ListField, CASCADE, DENY

class BlockchainNetwork(Document):

    id = StringField(required=True, primary_key=True)
    name = StringField(default="")
    description = StringField(default="")
    fabric_version = StringField(default="v1.1")
    orderer_orgs = ListField(StringField(), required=True)
    peer_orgs = ListField(StringField(), required=True)
    healthy = BooleanField(default=False)
    create_ts = DateTimeField(default=datetime.datetime.utcnow())
    status = StringField(choices=BLOCKCHAIN_NETWORK_STATUS)
    host = ReferenceField(HostModel, reverse_delete_rule=DENY)
    consensus_type = StringField(default="kafka")
    db_type = StringField()
    gm = BooleanField(default=False)
```

```
class BlockchainNetworkSchema(Schema):
    id = fields.String()
    name = fields.String()
    description = fields.String()
    fabric_version = fields.String()
    orderer_orgs = fields.List(fields.String())
    peer_orgs = fields.List(fields.String())
    healthy = fields.Boolean()
    create_ts = fields.DateTime()
    host_id = fields.Method("get_host_id")
    consensus_type = fields.String()
    status = fields.String()
    db_type = fields.String()
    gm = fields.Boolean()

    def get_host_id(self, network):
        return str(network.host.id)
```

图 8-47　…/models/modelv2. py 代码示例

一个数据结构，并定义了每个数据项的数据类型及初始数据。通过如图 8-48 所示的方法，将数据存入 MongoDB 数据库中。

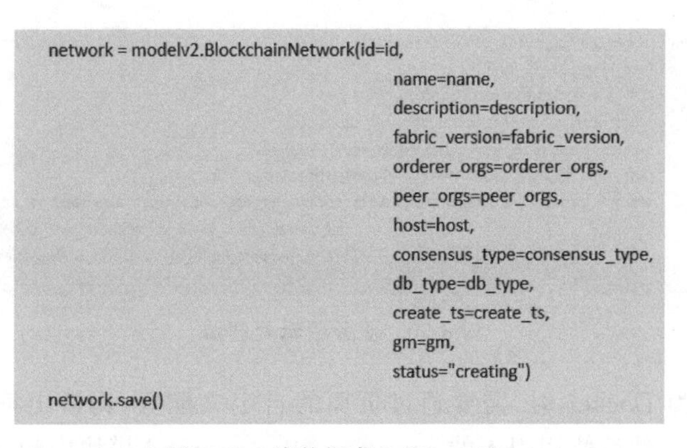

```
network = modelv2.BlockchainNetwork(id=id,
                                    name=name,
                                    description=description,
                                    fabric_version=fabric_version,
                                    orderer_orgs=orderer_orgs,
                                    peer_orgs=peer_orgs,
                                    host=host,
                                    consensus_type=consensus_type,
                                    db_type=db_type,
                                    create_ts=create_ts,
                                    gm=gm,
                                    status="creating")
network.save()
```

图 8-48　将数据存入 MongoDB

使用时，执行“network＝modelv2. BlockchainNetwork. objects. get(id＝net_id)”，即可通过 id 查询到 BlockchainNetwork 的数据对象，并对该数据对象进行进一步的修改、删除等操作。也可以使用如下方法对已存储在 MongoDB 数据库中的数据项进行更新：

```
org_obj = modelv2.BlockchainNetwork.objects.get(id = org_id)
org_obj.update(set__name = ins)
```

如果需要删除某一个数据项，可以通过如下方法实现：

```
network = modelv2.BlockchainNetwork.objects.get(id = blockchain_network_id)
network.delete()
```

而 BlockchainNetworkSchema 类用于数据的反序列化，将数据项通过 json 格式返回给前端用户查看，如图 8-49 所示。

```
def _schema(self, doc, many=False):
    network_schema = modelv2.BlockchainNetworkSchema(many=many)
    return network_schema.dump(doc).data
```

图 8-49　数据的反序列化

当然，除了 BlockchainNetwork 还有其他数据结构，例如 ServiceEndpoint 用于存储 Peer 及 Orderer 的类型、域名等各数据项的详细信息，Organization 用于存储组织名、类型及与网络的关联信息，OperatorLog 用于存储操作日志信息，User 存储用户数据，Host 存储主机数据。限于篇幅，这里不再详细展示数据定义项。

3）业务逻辑处理

Gaea 的区块链 BaaS 平台支持 Docker 类型和 K8S 类型的主机，对网络相关资源进行一般的增、删、改、查、更新等操作时，均需要针对不同的主机类型进行定制的处理。

如图 8-50 所示，在创建网络的过程中，首先获取主机 host 的数据对象，而创建组织对象时，由于 host. type 的不同，会调用不同的类方法。当 host. type 为 Docker 时，调用<…/Docker/blockchain_network. py>中的 create_Orderer_org 方法；而当 host. type 为 K8S 时，调用<…/K8S/blockchain_network. py>中的 create_Orderer_org 方法。这是由于在 __init__ 中将 host_agents 初始化为一个字典结构对象，如图 8-51 所示。

```
for orderer_org in network_config['orderer_org_dicts']:
    host_id = orderer_org['host_id']
    host_handler.refresh_status(host_id)
    host = host_handler.get_active_host_by_id(host_id)
    host.update(add_to_set__clusters=[net_id])
    pbft_node_id_base = len(orderer_org['ordererHostnames'])*2
    self.host_agents[host.type].create_orderer_org(orderer_org, consensus_type, host, net_id,
                                                    net_name, fabric_version,   request_host_ports,
                                                    portid, gm, pbft_node_id_base, pbft_node_table)
```

图 8-50　业务逻辑处理器

当 host. type 为 Docker 时，需要通过页面的自定义配置，构造出符合规范的 Docker-compose. yaml 文件，然后使用引入的 compose. cli. command 模块中的方法，指定文件路径及服务器的 IP 和端口，将容器启动起来，如图 8-52 所示。

```
class BlockchainNetworkHandler(object):
    """ Main handler to operate the cluster in pool
    """
    def __init__(self):
        self.host_agents = {
            'docker': NetworkOnDocker(),
            'kubernetes': NetworkOnKubenetes()
        }
```

图 8-51　网络创建初始化

```
from compose.cli.command import get_project as compose_get_project

composefile_dict['services'].update(sevices_dict)
        deploy_dir = '{}/deploy/'.format(net_dir)
        if not os.path.exists(deploy_dir):
            os.makedirs(deploy_dir)
        composefile = '{}/docker-compose.yaml'.format(deploy_dir)

        with open(composefile, 'w') as f:
            yaml.dump(composefile_dict, f)

        project = compose_get_project(project_dir=deploy_dir,
                                      host = host.worker_api,
                                      project_name=net_id[:12])

        containers = project.up(detached=True, timeout=5)

        portid[0] = index

        return containers
```

图 8-52　host. type 为 Docker 时的自定义配置

当 host. type 为 K8S 时，所需的 K8S 相关部署资源需要配置，yaml 文件较多、较复杂不过与配置 Docker 主机类型时的总体思路基本一致，需要根据平台中用户的配置，构造所需的 yaml 文件后，然后调用 Flask 支持的、通用的 K8S 模块的相关接口，实现对 K8S 主机上 pod 容器的调度，如图 8-53 所示。

```
class K8sNetworkOperation():
    """
    Object to operate cluster on kubernetes
    """
    def __init__(self, kube_config):
        client.Configuration.set_default(kube_config)
        self.extendv1client = client.AppsV1Api()
        self.corev1client = client.CoreV1Api()
        self.appv1beta1client = client.AppsV1Api()
        self.support_namespace = ['Deployment', 'Service',
                                  'PersistentVolumeClaim', 'StatefulSet', 'ConfigMap']
        self.create_func_dict = {
            "Deployment": self._create_deployment,
            "Service": self._create_service,
            "PersistentVolume": self._create_persistent_volume,
            "PersistentVolumeClaim": self._create_persistent_volume_claim,
            "Namespace": self._create_namespace,
            "StatefulSet": self._create_statefulset,
            "ConfigMap": self._create_configmap
        }

........
........
```

```
def _create_deployment(self, namespace, data, **kwargs):
    try:
        resp = self.extendv1client.create_namespaced_deployment(namespace, data,
                                                                 **kwargs)
        logger.debug(resp)
    except ApiException as e:
        logger.error(e)
    except Exception as e:
        logger.error(e)
```

图 8-53　host. type 为 K8S 时的用户配置

4）一般的通用功能

在网络管理平台中还需要实现其他通用功能，如 yaml 文件的 dump 和 load 操作、日志功能、yaml 文件的更新操作、License 管理等。

2. Gaea 业务管理平台

Gaea 业务管理平台的后台框架是 Egg，使用 node. js 语言。Egg 是阿里巴巴公司研发的、基于 KOA 的企业级应用开发框架，按照约定进行开发，奉行约定优于配置的原则，团队协作成本低。Egg 框架有如下特性：

- 提供定制上层框架的能力；
- 提供高度可扩展的插件机制；
- 内置多进程管理。

Egg 框架的目录结构有约定的规范，如图 8-54 所示。

app/controller/目录下的文件用于解析用户的输入，处理后返回相应的结果。app/service/目录下的文件用于编写业务逻辑层，可选，建议使用。app/middleware/目录下的文件用于编写中间件，可选。app/public/目录下的文件用于放置静态资源，可选。app/extend/目录下的文件用于框架的扩展，可选。config/config.{env}.js 用于编写配置文件（{fenv}指当前环境，具体为 default、local、prod、test、stage 中的某一个）。config/plugin.js 用于配置需要加载的插件。

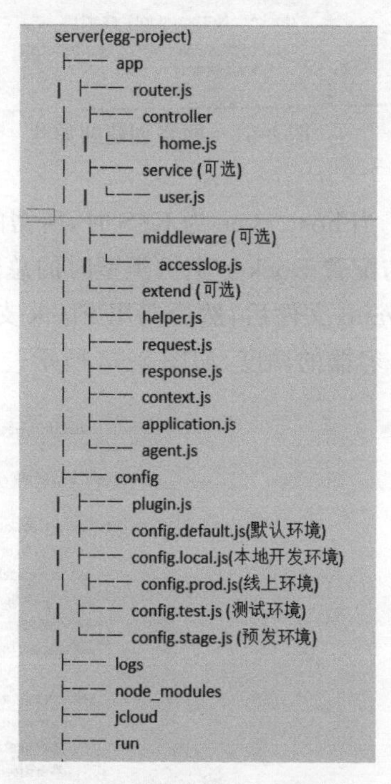

```
server(egg-project)
├── app
| ├── router.js
| ├── controller
| | └── home.js
| ├── service (可选)
| | └── user.js
| ├── middleware (可选)
| | └── accesslog.js
| └── extend (可选)
| ├── helper.js
| ├── request.js
| ├── response.js
| ├── context.js
| ├── application.js
| └── agent.js
├── config
| ├── plugin.js
| ├── config.default.js(默认环境)
| ├── config.local.js(本地开发环境)
| ├── config.prod.js(线上环境)
| ├── config.test.js (测试环境)
| └── config.stage.js (预发环境)
├── logs
├── node_modules
├── jcloud
├── run
```

图 8-54　Egg 框架的目录结构

业务管理平台主要分为如下几个模块：

- 路由管理；
- 数据库；
- 通道、链码、用户等业务功能模块；
- FabricSDK 操作。

1）路由管理

与网络管理平台相似，业务管理平台也包括路由管理模块，由于框架及语言的不同，路由的使用方法也有不同。代码示例如图 8-55 所示。

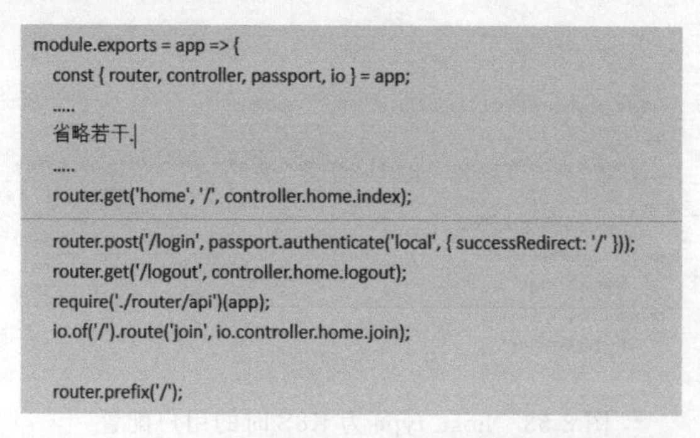

```
module.exports = app => {
  const { router, controller, passport, io } = app;
  .....
  省略若干.
  .....
  router.get('home', '/', controller.home.index);

  router.post('/login', passport.authenticate('local', { successRedirect: '/' }));
  router.get('/logout', controller.home.logout);
  require('./router/api')(app);
  io.of('/').route('join', io.controller.home.join);

  router.prefix('/');
```

图 8-55　路由使用方法

这是在项目启动时平台构造的初始路由，定义了根路径、/login、/logout 等框架基本路由，可以看到“require('./router/api')(app)”；这条语句，这是引入 app.js 文件，可以在该文件中定义框架需要用到的、各个业务功能相关的后台路由，如图 8-56 所示。

```
module.exports = app => {
    app.router.get('/api/currentUser', app.controller.user.currentUser);
    app.router.get('/api/chain', app.controller.chain.list);
    app.router.post('/api/chain', app.controller.chain.apply);
    app.router.get('/api/chain/:id', app.controller.chain.query);
    app.router.get('/v2/channels', app.controller.channel.getChannels);
    app.router.get('/v2/channels/:channel_id', app.controller.channel.getChannel);
    app.router.post('/v2/channels',app.controller.channel.create);
    app.router.get('/v2/peers',app.controller.channel.getPeers);
    app.router.put('/v2/peers/role', app.controller.channel.changePeerRole);
    app.router.post('/v2/channels/:channel_id/peerJoin',app.controller.channel.join);
......
......
```

图 8-56　定义后台路由

URL 格式符合规范，app.router 后面的 get/put/post 定义了该路由的 http 方法，后面的 app.controller.即为该路由对应访问的方法函数。

2）数据库

业务管理平台与网络管理平台类似，也采用了 MongoDB 数据库。使用方法类似，需要先定义数据结构，如图 8-57 所示。

```
module.exports = app => {
    const mongoose = app.mongoose;
    const Schema = mongoose.Schema;

    const ChannelSchema = new Schema({
        name: { type: String },
        description: { type: String },
        orderer_url: { type: String },
        peer_orgsName: { type: Array },
        creator_id: { type: String },
        creator_name: { type: String },
        version: { type: String },
        blockchain_network_id: { type: String },
        peers_inChannel: { type: Array },
        date: { type: Date },
    });

    return mongoose.model('Channel', ChannelSchema);
};
```

图 8-57　定义数据结构

如图 8-57 所示，我们定义了一个 Channel 类型的数据结构。在使用时，即可针对该数据项进行基本的增、删、改、查、更新等操作。如图 8-58 所示是对 Channel、ChainCode 类型的数据结构的查询操作。

```
const channelInfo = await ctx.model.Channel.findOne({ _id: channelId });
const chainCode = await ctx.model.ChainCode.findOne({ _id: chaincodeId });
```

图 8-58　Channel 类型的数据结构

3）通道、链码、用户等业务功能模块

业务管理平台的核心功能是通过 Fabric 提供的 SDK 来执行 Fabric 支持的相关操作，包括但不限于：通道的创建，将 peer 节点加入通道中，上传链码，将链码安装到 peer 节点上，实例化链码，链码升级，链码的调用，以及网络扩容、组织扩容、通道扩容等功能。

下面以通道的创建为例，说明如何在 Egg 框架中执行业务逻辑操作。

首先在 controller/channel. js 文件中，通过 create()接口解析用户的输入，然后调用 service 层的 create 接口，如图 8-59 所示。

```
async create() {
    const { ctx } = this;
    if((typeof(ctx.req.body.channel.name)!=='string')||
        (typeof(ctx.req.body.channel.description)!=='string')||
        (typeof(ctx.req.body.channel.orderer_url)!=='string')||
        ((Array.isArray(ctx.req.body.channel.peer_orgs)) === false)) {
            ctx.log.error('some params type validate failed when create, please check');
            throw new Error("channel inputdates' type validate failed");
        }

        const channel = await ctx.service.channel.create();
        ctx.log.debug(JSON.stringify(channel));
        ctx.status = channel.success ? 200 : 400;
        ctx.body = {
          channel,
        };
    }
```

图 8-59　controller/channel. js 解析用户输入

而对于所有的业务逻辑处理，MongoDB 数据库的操作均在 service 层进行。

用户及其他基本数据项的解析如图 8-60 所示。

```
const orgName = userName.split('@')[1].split('.')[0];
const networkId = channel.blockchain_network_id;
const fabricFilePath = `${config.fabricDir}/${networkId}`;

const channelConfigPath = `${fabricFilePath}/${channel._id}/channel-artifacts`;
const channelName = channel.name;
const fabricVersion = channel.version;
```

图 8-60　用户及其他基本数据项的解析

Channel 数据项的创建操作如图 8-61 所示。

```
var channel = await ctx.model.Channel.create({
    name,
    description,
    orderer_url,
    peer_orgsName,
    version: fabricVersion,
    creator_id: ctx.user.id,
    creator_name: ctx.user.username,
    blockchain_network_id: networkId,
    date,
});
```

图 8-61　Channel 数据项的创建

network 数据结构的构造如图 8-62 所示。

```
const channelsConfig = {};
channelsConfig[`${config.default.channelName}`] = channels;
network = Object.assign(network, {
  config: {
    version: '1.0',
    'x-type': 'hlfv1',
    name: `${chain.name}`,
    description: `${chain.name}`,
    orderers,
    certificateAuthorities,
    organizations,
    peers,
    channels: channelsConfig,
  },
});

return network;
```

图 8-62　network 数据结构的构造

利用所有处理后的数据项进行 FabricSDK 的接口调用，同步等待执行结果，如图 8-63 所示。

```
await ctx.createChannel(network, channelName, channelConfigPath, orgName, userName,
            channel.version);
```

图 8-63　FabricSDK 接口调用

service 层会将获取的执行结果及返回的数据返回给 controller 层，controller 层再将数据及代码返回给用户。

4）FabricSDK 操作

通过对 FabricSDK 的调用，实现区块链 Fabric 容器中对应资源的使用，是业务平台的核心目的。目前 Fabric 支持 NodeJS 和 Python 两种版本的 SDK。由于 NodeJS 发展时间更早、更为成熟，本书采用了 NodeJS 版本的 SDK。

在 package.json 中指定 Fabric 的版本，目前最新版本的 Gaea 采用了 Fabric 1.4.4 版本，如图 8-64 所示。

```
{
  "name": "user-dashboard",
  "version": "1.0.0",
  "description": "Cello User Dashboard",
  "private": true,
  "dependencies": {
    "fabric-ca-client": "1.4.4",
    "fabric-client": "1.4.4",
    "fabric-network": "1.4.4"
  },
```

图 8-64　package.json 指定 Fabric 版本

createchannel 调用 service 层的 ctx.createChannel（见图 8-63）后，会执行文件<../src/app/lib/Fabric/v1_4.js>，在该文件中，Gaea 会调用 SDK 提供的接口，如图 8-65 所示。

getClientForOrgCA 接口中调用的 loadFromConfig 等几个接口都是在 FabricSDK 文件中定义的。具体接口定义见 SDK 文档 https://hyperledger.github.io/Fabric-SDK-Node/ release-1.4/index.html。

```
const hfc = require('../../../packages/fabric-1.4/node_modules/fabric-client');

  async function getClientForOrgCA(id, orgName, network, username) {
    const ctx = app.createAnonymousContext();
    ctx.req.request_id = id;
    const client = hfc.loadFromConfig(network.config);
    client.loadFromConfig(network[orgName]);

    await client.initCredentialStores();
```

图 8-65 Gaea 调用 SDK 接口

通过 getClientForOrgCA 接口可以获取验证了用户权限的 client 对象，如图 8-66 所示。

```
async function createChannel(id, network, channelName, channelConfigPath, username, orgName)
{
        try {
                const ctx = app.createAnonymousContext();
                ctx.req.request_id = id;
                const client = await getClientForOrgCA(id, orgName, network, username);
                ctx.log.debug('Successfully got the fabric client for the organization "%s"', orgName);
                // read in the envelope for the channel config raw bytes
                const                                   envelope                                   =
fs.readFileSync(path.join(`${channelConfigPath}/${channelName}.tx`));
                var channelConfig = client.extractChannelConfig(envelope);
                const signature = client.signChannelConfig(channelConfig);

                const request = {
                  config: channelConfig,
                  signatures: [signature],
                  name: channelName,
                  txId: client.newTransactionID(true), // get an admin based transactionID
                };
                const result = await client.createChannel(request)
                ctx.log.debug('create channel result: ', result);
                if (result) {
                  if (result.status === 'SUCCESS') {
                    ctx.log.debug('Successfully created the channel.');
                    const response = {
                      success: true,
                      message: 'Channel \'' + channelName + '\' created Successfully',
```

图 8-66 通过 getClientForOrgCA 获取 client 对象

client.extractChannelConfig 从 configtxgen 工具生成的 ConfigEnvelope 对象中提取 protobuf ConfigUpdate 对象，然后可以使用 Client 类的 signChannelConfig()方法对返回的对象进行签名。收集完所有签名后，ConfigUpdate 对象和签名就可以用于 createChannel()方法。

client.createChannel(request)将创建通道的请求发送给了 Orderer，如果收到状态为 Success 的返回消息，则表明通道创建成功。

其他所有与 Fabric 相关的操作都与此类似，需要根据 Fabric 的流程来进行数据的处理与构造，具体可参考 SDK 文档。

8.1.3 智能合约编写

1. 一个链码的整体逻辑

链码(Chaincode)会对 Fabric 应用程序发送的交易做出响应，执行代码逻辑，与账本进行交互。

链码与 Fabric 之间的逻辑关系如下：

- Hyperledger Fabric 中，Chaincode 默认运行在 Docker 容器中。
- Peer 通过调用 Docker API 来创建和启动 ChainCode 容器。
- Chaincode 容器启动后与 Peer 之间创建 gRPC 连接，双方通过发送 ChaincodeMessage 来进行交互通信。
- Chaincode 容器利用 core. chaincode. shim 包提供的接口来向 Peer 发起请求。

每个 Chaincode 程序都必须实现 Chaincode 接口，接口中的方法会在响应传来的交易时被调用。

```
type Chaincodeinterface{
    Init(stub ChaincodeStubInterface) pb.Response
    Invoke(stub ChaincodeStubInterface) pb.Response
}
```

Init(初始化)方法会在 Chaincode 接收到 Instantiate(实例化)或者 Upgrade(升级)交易时被调用，进而使得 Chaincode 顺利执行必要的初始化操作，包括初始化应用的状态。

Invoke(调用)方法会在响应 Invoke 交易时被调用以执行交易。

2. 基本的链码结构

(1) 引入必要的包。

```
import (
    "fmt"
    "github.com/hyperledger/Fabric/core/chaincode/shim"
    pb"github.com/hyperledger/Fabric/protos/Peer"
)
```

fmt 是 golang 系统提供的通用输入输出包，后面两个包 shim 和 Peer 是必需的。

第二个包 shim 是 Fabric 系统提供的上下文环境，包含了 Chaincode 和 Fabric 交互的接口，在 Chaincode 中，执行赋值、查询等操作都需要通过 shim。

(2) 声明一个结构体，即 Chaincode 的主结构体。

该结构体需要实现 Fabric 提供的接口 github. com/hyperledger/Fabric/protos/Peer，其中必须实现 Init()和 Invoke()两个方法。

```
type DemoChaincodestruct{}
```

(3) 实现 Init()和 Invoke()方法，其中利用 shim. ChaincodeStubInterface 结构实现与账本之间的交互逻辑。

Init()方法实现链码初始化或升级时的处理逻辑，编写时可以灵活使用 stub 中的 API。

```
func(t * DemoChaincode)Init(stub shim.ChaincodeStubInterface) pb.Response{
    return stub.Success(nil)
}
```

Invoke()方法实现链码运行中被调用或查询时的处理逻辑，编写时可以灵活使用 stub

中的 API。

```
func (t * DemoChaincode) Invoke(stub shim.ChaincodeStubInterface) pb.Response
    return stub.Success(nil)
}
```

（4）主函数需要调用 shim.Start()方法，只有存在该方法，才会启动对应的链码容器，才会有环境来执行链码中的其他方法。

```
Func main(){
    err := shim.Start(new(DemoChaincode))
    if err!= nil{
        fmt.Printf("Error starting DemoChaincode: %s",err)
    }
}
```

8.1.4 与应用对接

Gaea 区块链平台通过 Fabric-CA 进行用户的注册管理，并使用 Token 来验证用户身份及 API 操作权限。

Token 中包含了用户身份信息。对于该文档中的所有 API 接口，在调用时均需在请求的 Headers 中包含 Token 信息，如图 8-67 所示。

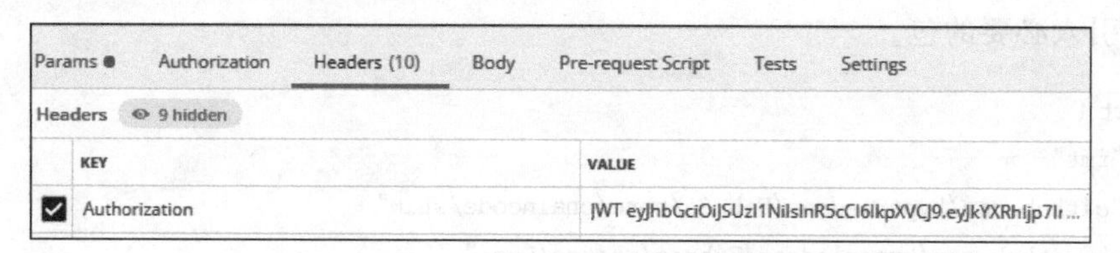

图 8-67 PostManHeaders 示例

1. 获取 Token

（1）URL：https://IP：port/v2/token。

（2）方法：POST。

（3）请求参数：body。格式如下：

```
{
    "username": username@org1.ex1.com,
    "password": "userpassword"
}
```

（4）返回参数。

成功时返回：

Code:200

Body: { " token ":" JWTeyJhbGciOiJSUzI1NiIsInR5cCI6IkpXVCJ9. eyJkYXRhIjp7ImlkIjoiNWU1Y2I3MGI4YWMzZTEwMDVkY2E3YTNiIiwidXNlcm5hbWUiOiJBZG1pbkBvcmcxLmV4Mi5jb20ifSwiZXhwIjoxNTg0MzQxOTUyLCJpYXQiOjE1ODM5MDk5NTJ9. tEeABkcJ3v - owK9 - oBj17kJseuBEJaSegJ5WMMTb4Xj9binsxx4o5uUjxFk33OVqPQNBlDBYW _ U - K32OXYnSYk4UMLAIOdbaQPyeraKszStrtk2xE4LrDlgq6ChAu9yurqN4kmXFUZViY2C0x _ vK8aFqQDUhIdZ4BgZsYvDa78EFao0V0GjR64ScHeQBSQ6u4zy9epc2zxIteYilVXG1TUaV3OQWumY7SZzxP - u6V - xFITxvlR5ID2xTIBODN8d _ tf7sHbdeefWq17UQouUpKZzfcDktzLF7pZ7 - Z _ eiJoc3R _ - zWa8 -

```
wD2TCOqa4YkC6bSBo9l_Ua1d071lg1lfDg",
"success": true}
```

失败时返回：

```
Code:400
Body:
{
"message":"Pleasecheckiftheusernameandpasswordisright",
"success":false
}
```

(5) 该接口获取用户 Token 值，以备后续调用 Gaea 区块链平台 API 时使用。首次需要用组织 admin 的账户(即 Gaea 区块链平台创建区块链时的组织用户)登录，后续可用该 Token 创建的各用户名登录。建议该用户与 Gaea 区块链业务管理平台的用户一一绑定。调用 Gaea 平台 API 之前需要通过 Gaea 用户的 Token 来操作，成功时返回 token，失败时返回 400。username 的格式如前文所示，为：创建的 username@组织名.组织域名。

2. 智能合约

部署好区块链网络、安装好实例化链码之后，不仅可以通过 Gaea 区块链平台调用链码，也可以通过对接其他应用系统来执行链码，而应用调用链码的方式为 RestAPI 方式。

Gaea 平台对外提供的用于与区块链网络对接、实现数据上链和查询的调用方法如下方所示，API 的 URL 地址是固定的，用户只需要以实际的 IP 地址及 channelid 来替换即可调用。body 中的参数以实际需要调用的链码为准。

调用时请参考如下格式。

(1) URL：http://IP：port/v2/channels/：channel_id/chaincodeOperation

注：URL 中的 channel_id 需要用实际 channel 的 ID 来替换。

(2) 方法：POST。

(3) body

```
{
    "chaincode_operation":{
        "operation":"",          //invoke 或 query,当链码仅仅执行查询操作时为 query,其他时候
                                 //为 invoke
        "functionName":"",       //实际链码中定义的链码接口,如 3.2.1 节中定义的接口函数
                                 //invoke,query 和 delete
        "args":"",               //调用接口时需要的入参
        "chaincodeId":""         //上传的每个链码都有一个唯一的 id,即 chaincodeId
        }
}
```

说明：operation 指操作，分为 invoke 和 query；functionName 指函数名称，每个 API 对应一个；args 指函数的参数；chaincodeId 为将智能合约上传后自动生成的一个唯一标识。

注意：args 需要按照参数顺序来赋值，请严格按照顺序赋值。如有参数需要为空值，请增加空字符串来占位。

8.2 链码开发与部署实例

Gaea 链码部署

以一个实现 A、B 账户之间转账的链码为例，演示链码开发、上传、安装、实例化到最后

实际使用的全流程。

在执行如下链码开发和部署的实例操作前，请确保已经根据 8.1.1 节中的“2. 平台操作”创建了网络和通道，并已将节点组织增加到通道中。

8.2.1 转账链码示例

如下链码主要实现这样的功能：在链码实例化的时候，会初始化两个账户，并分别赋予账户指定的余额数；链码有三个功能函数 invoke、query 和 delete。

invoke 函数实现转账功能，可以实现 A 账户将部分余额 X 转账给 B 账户；query 函数实现查询余额的功能，可以从区块链中读取某个账户的余额；delete 函数则可以从区块链中删除某个指定的账户，但是请注意，这里的删除并不是真正意义地完全清除干净该账户，由于区块链的特性，数据是以链的方式向后递增，因此这里并不会删除某个历史区块，而是删除了键值数据库(worldstate)中的数据，同时，delete 函数也是一笔交易，会以区块的形式递增地存储在区块链中。

完整的链码如下所示：

```
package main                //包名.必须有一个包名为 main,否则会导致 Go 编译时无法生成 EXE
                            //文件,实例化会失败
import (
/* 引入包,注意 shim 和 peer 是必须要引入的. shim 中定义了账本操作的接口,所有调用函数都需
要通过 shim 包来调用; 而 peer 是 Fabric 源码中的 protos 下的 peer 包,这里定义了很多数据结构和
函数,链码中用 Response 作为统一的返回值结构. */
    "fmt"
    "strconv"
    "github.com/hyperledger/fabric/core/chaincode/shim"
    pb "github.com/hyperledger/fabric/protos/peer"
)

//main()函数。每个链码中都需要有一个 main()函数,在 main()函数中需要包含 shim.Start,这是链码
//容器启动的关键函数.用户链码调用了该函数后,会向 peer 发起消息、进行注册,开始链码与 peer
//之间的交互
func main() {
    err := shim.Start(new(example02.SimpleChaincode))
    if err != nil {
      fmt.Printf("Error starting Simple chaincode: %s", err)
    }
}

// 简单链码的简单实现
type SimpleChaincode struct { //声明一个结构体
}

//为结构体添加 Init 方法.该方法会在链码被实例化的时候调用
func (t *SimpleChaincode) Init(stub shim.ChaincodeStubInterface) pb.Response {
    fmt.Println("ex02 Init")
//这里首先从实例化的调用方法中获取参数,并声明几个 string 和 int 类型的变量
    _, args := stub.GetFunctionAndParameters()
```

```
    var A, B string             // 记账对象
    var Aval, Bval int          // 持有资产
    var err error

    if len(args) != 4 {
        return shim.Error("Incorrect number of arguments. Expecting 4")
    }

    // 初始化链码
    A = args[0]
    Aval, err = strconv.Atoi(args[1])
    if err != nil {
        return shim.Error("Expecting integer value for asset holding")
    }
    B = args[2]
    Bval, err = strconv.Atoi(args[3])
    if err != nil {
        return shim.Error("Expecting integer value for asset holding")
    }
    fmt.Printf("Aval = %d, Bval = %d\n", Aval, Bval)

//可以看出,以上操作是将参数分别赋值给声明的变量,其中A和B为账户,
//Aval和Bval分别是A、B账户的值

    // 将状态写入账本
    err = stub.PutState(A, []byte(strconv.Itoa(Aval)))
    if err != nil {
        return shim.Error(err.Error())
    }

    err = stub.PutState(B, []byte(strconv.Itoa(Bval)))
    if err != nil {
        return shim.Error(err.Error())
    }
//stub.PutState()就是将数据存入账本的接口函数.这里需要注意,PutState接口的函数原型有两个参数,
//一个为string类型,作为key,另一个为[]byte类型
    return shim.Success(nil)
}

/* 为结构体添加Invoke()方法,该方法在链码实例化成功后,在使用过程中被调用.这里以大写字母开头的Invoke相当于是一个链码调用的总入口,函数调用时会先进入这里,通过stub.GetFunctionAndParameters()来获取具体调用的函数名,再通过if-else判断找到具体的函数内容来执行. */
func (t *SimpleChaincode) Invoke(stub shim.ChaincodeStubInterface) pb.Response {
    fmt.Println("ex02 Invoke")
    function, args := stub.GetFunctionAndParameters()
    if function == "invoke" {
        // 实验A给B转账
        return t.invoke(stub, args)
    } else if function == "delete" {
```

```
        //从状态中删除某个记账对象
        return t.delete(stub, args)
    } else if function == "query" {
        return t.query(stub, args)
    }

    return shim.Error("Invalid invoke function name. Expecting \"invoke\" \"delete\" \"query
\"")
}

//invoke函数实现了将A账户中的金额X转账给B账户的功能
func (t * SimpleChaincode) invoke (stub shim. ChaincodeStubInterface, args [ ] string) pb.
Response {
    var A, B string              // 记账对象
    var Aval, Bval int           // 持有资产
    var X int                    // 交易资产额
    var err error

    if len(args) != 3 {
        return shim.Error("Incorrect number of arguments. Expecting 3")
    }

    A = args[0]
    B = args[1]

    // 从账本中获取当前资产状态
    Avalbytes, err : = stub.GetState(A)
    if err != nil {
        return shim.Error("Failed to get state")
    }
    if Avalbytes == nil {
        return shim.Error("Entity not found")
    }
    Aval, _ = strconv.Atoi(string(Avalbytes))

    Bvalbytes, err : = stub.GetState(B)
    if err != nil {
        return shim.Error("Failed to get state")
    }
    if Bvalbytes == nil {
        return shim.Error("Entity not found")
    }
    Bval, _ = strconv.Atoi(string(Bvalbytes))

    // 执行转账计算操作
    X, err = strconv.Atoi(args[2])
    if err != nil {
        return shim.Error("Invalid transaction amount, expecting a integer value")
    }
    Aval = Aval - X
    Bval = Bval + X
```

```
        fmt.Printf("Aval = %d, Bval = %d\n", Aval, Bval)
    //从 A 的余额里减去 X,并将其加到 B 账户中

        //将修改后的 A、B 账户存回账本中
        err = stub.PutState(A, []byte(strconv.Itoa(Aval)))
        if err != nil {
            return shim.Error(err.Error())
        }

        err = stub.PutState(B, []byte(strconv.Itoa(Bval)))
        if err != nil {
            return shim.Error(err.Error())
        }

        return shim.Success(nil)
    }

    //删除账户
    func (t * SimpleChaincode) delete(stub shim.ChaincodeStubInterface, args []string) pb.
    Response {
        if len(args) != 1 {
            return shim.Error("Incorrect number of arguments. Expecting 1")
        }

        A := args[0]

        err := stub.DelState(A)
        if err != nil {
            return shim.Error("Failed to delete state")
        }

        return shim.Success(nil)
    }

    //query 操作,查询某个账户的余额
    func (t * SimpleChaincode) query(stub shim.ChaincodeStubInterface, args []string) pb.Response
    {
        var A string              // Entities
        var err error

        if len(args) != 1 {
            return shim.Error("Incorrect number of arguments. Expecting name of the person to
    query")
        }

        A = args[0]

        Avalbytes, err := stub.GetState(A)
        if err != nil {
            jsonResp := "{\"Error\":\"Failed to get state for " + A + "\"}"
            return shim.Error(jsonResp)
```

```
    }

    if Avalbytes == nil {
        jsonResp := "{\"Error\":\"Nil amount for " + A + "\"}"
        return shim.Error(jsonResp)
    }

    jsonResp := "{\"Name\":\"" + A + "\",\"Amount\":\"" + string(Avalbytes) + "\"}"
    fmt.Printf("Query Response: %s\n", jsonResp)
    return shim.Success(Avalbytes)
}
```

从上面这个链码示例中可以看到一个完整、可用的链码必须包含的基本结构。方法Invoke()中调用的方法名及方法内容都可以自定义，但是从链码的交互调度和可操作性来看，它必须要满足如下结构要求：首先，必须定义一个包名，即import要用的包，这也是Go语言的基础语法要求；其次，要有main函数，并需要在main函数中执行shim.Start()接口，链码作为一个功能完备的Go程序，需要一个入口，main函数不可或缺，而shim.Start()是链码容器启动及与peer交互的开始；然后，需要定义一个struct类型的结构体，链码中的Init()和Invoke()方法以及它们调用的链码具体功能实现，都是这个结构体的方法；最后，必须有Init()方法和Invoke()方法，这两个方法一个是实例化时调用的接口，一个是用户链码后续日常调度方法时的接口，链码其他具体的实现放在Invoke()方法中即可。

8.2.2 链码压缩

链码编码完成后，将其放入一个目录中，并对该目录进行压缩（目录不要嵌套，Go文件直接保存在该目录中，否则可能导致找不到链码文件）。

目前新华三Gaea区块链平台要求链码必须压缩为.zip格式。

要求目录不要嵌套，并不是说目录里绝对不能有其他目录文件，而是说Go的入口执行文件需要保存在当前目录中，链码较复杂的情况下请参考Go语言的包管理规则来合理进行规划。

将8.2.1节中的转账链码保存到chaincode_example02.go文件中，将该Go文件保存到chaincode_example02文件夹中，并对该文件夹进行压缩，得到chaincode_example02.zip文件，如图8-68所示。

chaincode_example02	2020/10/17 17:22	文件夹	
chaincode_example02.zip	2020/10/17 17:22	WinRAR ZIP arch...	2 KB

图8-68 链码压缩示例

8.2.3 上传

将压缩后的链码文件上传到区块链平台中。这一步操作只需要执行一次，而不需要将每个组织都上传，同一网络内所有组织均可以看到该链码。

由于链码等同于企业间的合同，是联盟内组织一起商定的合约，为了保证安全，上传链码的时候需要同时提交一个链码的MD5值。这个MD5值有两个作用，一方面为了防止由于网络传输出错等原因而导致上传的文件发生错误，平台会将上传文件的MD5值与提交的MD5值进行校验，不匹配则上传失败；另一方面，当各个组织安装链码时，也会将从平台获取的链码与该MD5值进行校验，避免平台中的链码被人为修改。

MD5是一个通用的算法，用户可以在线获取某个文件的MD5值，也可以通过一些工具来获取。

将8.2.2节压缩得到的chaincode_example02.zip链码文件上传到平台。注意：两个文件只要有少许差别，其MD5值就会截然不同，所以MD5值需要根据自己压缩的文件自行生成。

如图8-69所示，链码名称及版本可以自定义，这里语言选择golang。填写完成后，单击"提交"按钮即可。

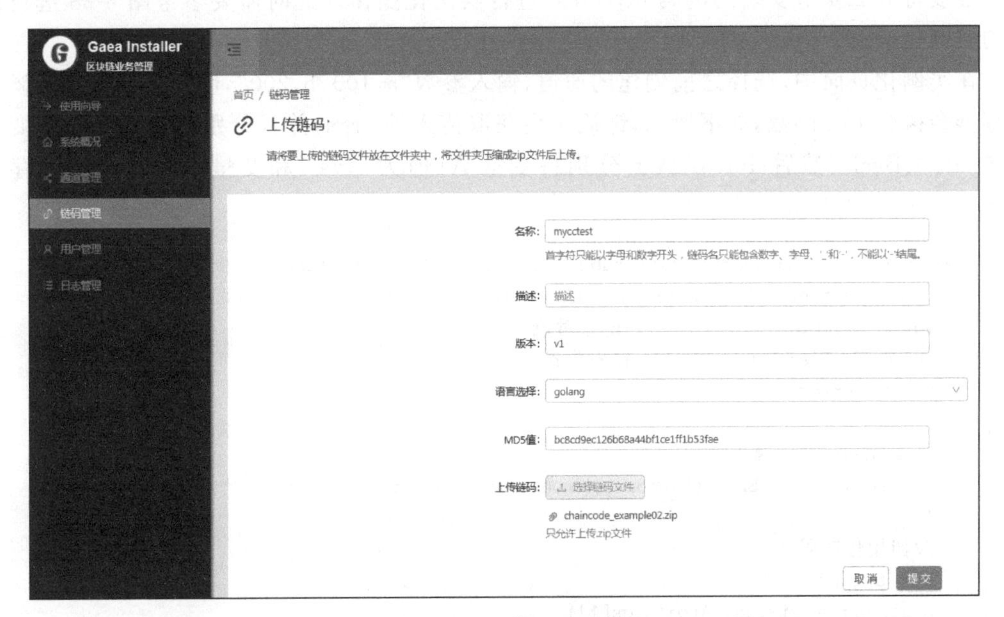

图8-69　上传链码示例

8.2.4　安装

将上述链码上传成功后，即可在链码管理页面中查看该链码。

此时需要参考图8-25开始进行链码的安装。

根据图8-25所示的入口，进入"安装链码"页面后，需要选择节点。此时该通道内的所有节点均可选择，如图8-26所示。单击"选择节点"文本框，将弹出本组织中尚未安装该链码的所有节点。可以多选，甚至可以选中所有节点，在这些节点上均安装链码。

选择哪些节点是自己决定的，但是只有安装了链码的组织节点能够参与背书(因为背书需要执行交易，以校验交易结果是否正确)。

操作如图8-70所示。

8.2.5　实例化

当链码上传成功后，需要对该链码执行实例化操作。实例化成功后，就会在主机上启动

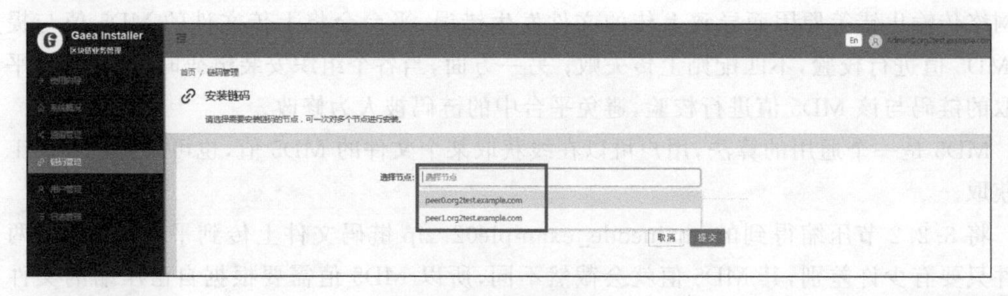

图 8-70 链码安装

对应的链码容器,后续所有的链码交易都会在该链码容器中执行。

继续将 8.2.4 节安装的链码 mycctest 进行实例化操作。此时需要参考图 8-28 进行链码的实例化操作。

在实例化页面中,选择之前创建的通道,输入参数"a,100,b,200",因为实例化的时候链码容器会执行 Init 函数,如下所示,链码里会获取传入的 args,并且分别赋值给声明的变量 A、Aval、B、Bval。然后,Init 函数会分别将变量 A(值为 Aval)和变量 B(值为 Bval)存入账本。

```
func (t * SimpleChaincode) Init(stub shim.ChaincodeStubInterface) pb.Response {
    _, args := stub.GetFunctionAndParameters()
    var A, B string             // 记账对象
    var Aval, Bval int          //持有资产
    var err error

    if len(args) != 4 {
        return shim.Error("Incorrect number of arguments. Expecting 4")
    }
    //初始化链码
    A = args[0]
    Aval, err = strconv.Atoi(args[1])
    …
    B = args[2]
    Bval, err = strconv.Atoi(args[3])
    …
    err = stub.PutState(A, []byte(strconv.Itoa(Aval)))
    …
    err = stub.PutState(B, []byte(strconv.Itoa(Bval)))
    …
}
```

操作如图 8-71 所示。

如果本组织内没有任何节点安装链码,则在指定背书策略时,需要注意该组织不能被指定为必须背书的组织,否则会导致实例化失败。

8.2.6 交易查询

在 Gaea 业务管理平台的"通道管理"页面中,单击"通道详情"链接,如图 8-72 所示。

进入通道详情页面,选择"实例化链码列表"选项卡,如图 8-73 所示。

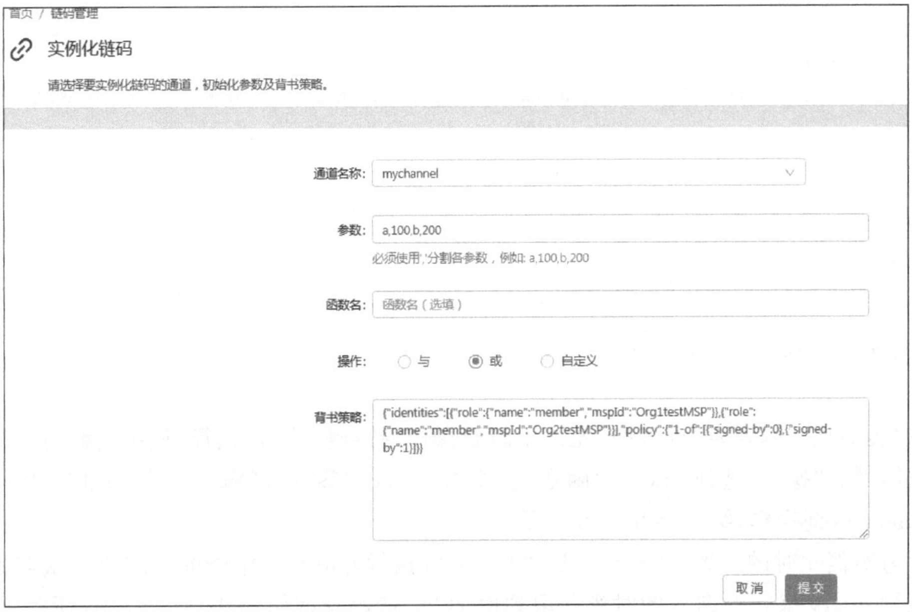

首页 / 链码管理
实例化链码
请选择要实例化链码的通道，初始化参数及背书策略。
通道名称: mychannel
参数: a,100,b,200
必须使用','分割各参数，例如: a,100,b,200
函数名: 函数名（选填）
操作: 与 或 自定义
背书策略: {"identities":[{"role":{"name":"member","mspId":"Org1testMSP"}},{"role":{"name":"member","mspId":"Org2testMSP"}}],"policy":{"1-of":[{"signed-by":0},{"signed-by":1}]}}
取消
提交

图 8-71　实例化链码示例

Gaea Installer
通道列表
区块链网络
通道名称
描述
节点组织数
节点数
操作
mynet
mychannel
2
2

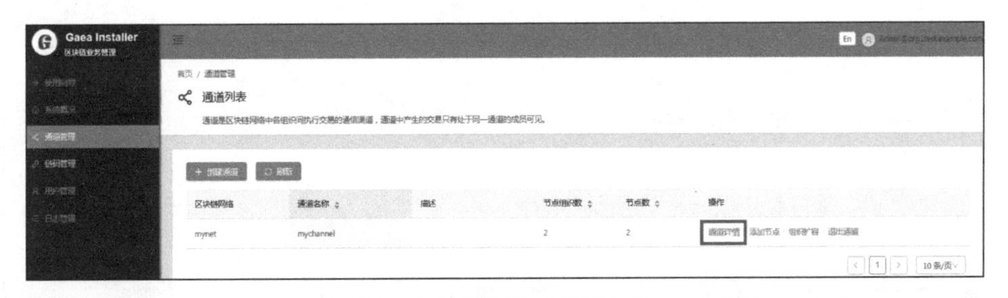

图 8-72　通道管理-通道详情

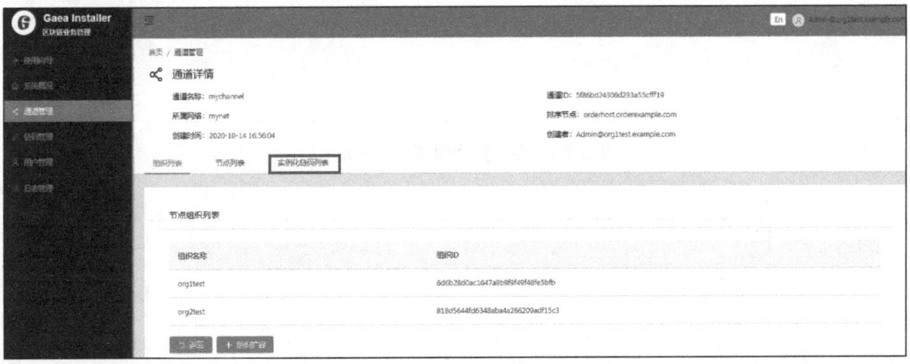

Gaea Installer
通道详情
通道名称: mychannel
所属网络: mynet
创建时间: 2020-10-14 16:56:04
创建者: Admin@org1test.example.com
节点组织列表
组织名称
组织ID
org1test
org2test

图 8-73　通道管理-实例化链码列表

链码中的 query 接口如下，可以看到，首先只需要一个参数，并将该参数赋值给变量 A，再将 A 存在账本中的数据读取出来，并将数据返回。

```
func (t * SimpleChaincode) query(stub shim.ChaincodeStubInterface, args []string) pb.Response
{
var A string                    //记账对象
```

```
var err error
if len(args) != 1 {
    return shim.Error("Incorrect number of arguments. Expecting name of the person to query")
}

A = args[0]

//将状态写入账本
Avalbytes, err := stub.GetState(A)
…
return shim.Success(Avalbytes)
}
```

在“实例化链码列表”页签中，先选中想要操作的链码，单击“选择”栏中链码对应的单选按钮框即可。“操作”选择 query，“函数名”输入 query，“参数值”输入 a，如图 8-74 所示。如果是 query 查询操作，结果会在下方显示。

因为实例化时的入参为“a,100,b,200”，所以执行 query 操作查询 a 的值时获取到数值 100，执行 query 操作查询 b 的时候获取到值 200。链码查询如图 8-74、图 8-75 所示。

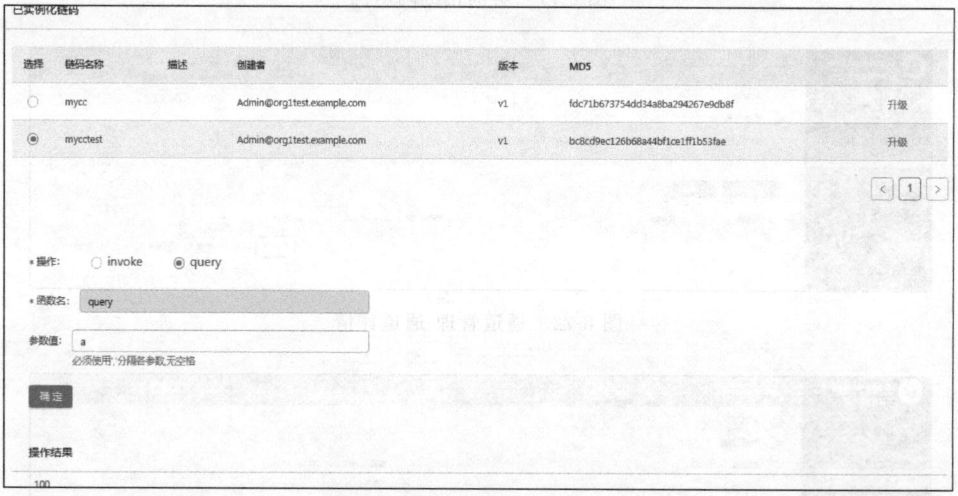

图 8-74　通道管理-链码查询(1)

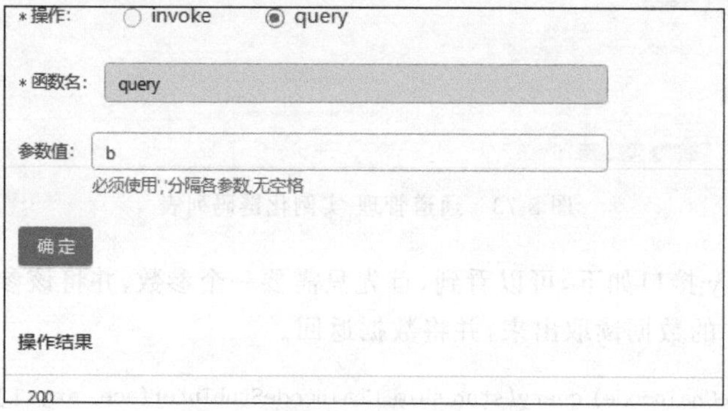

图 8-75　通道管理-链码查询(2)

8.2.7 交易执行

查询到正确的值后，尝试进行 invoke 操作。

从转账示例中，分析得知 invoke 主要进行了以下操作：

(1) 校验参数个数必须为 3，并将 3 个参数分别赋值给了提前声明的变量 A、B、X。

(2) 分别对变量 A、B 执行查询账本的操作，将值取出后，赋值给变量 Aval 和 Bval。

(3) 执行 Aval＝Aval－X 及 Bval＝Bval＋X 的操作。

(4) 将修改后的 Aval、Bval 分别作为值存入 A、B 账户中。

```
func (t * SimpleChaincode) invoke(stub shim.ChaincodeStubInterface, args [ ]string) pb.
Response {
    var A, B string            //记账对象
    var Aval, Bval int         //持有资产
    var X int                  //交易资产额
    var err error
    if len(args) != 3 {
        return shim.Error("Incorrect number of arguments. Expecting 3")
    }
    A = args[0]
    B = args[1]
    Avalbytes, err := stub.GetState(A)
    …
    Aval, _ = strconv.Atoi(string(Avalbytes))
    Bvalbytes, err := stub.GetState(B)
    …
    Bval, _ = strconv.Atoi(string(Bvalbytes))
    X, err = strconv.Atoi(args[2])
    …
    Aval = Aval - X
    Bval = Bval + X
    err = stub.PutState(A, [ ]byte(strconv.Itoa(Aval)))
    …
    err = stub.PutState(B, [ ]byte(strconv.Itoa(Bval)))
    …
    return shim.Success(nil)
}
```

由此链码逻辑可知，invoke 主要实现的就是从账户 A 给账户 B 转账的操作。

"操作"选择 invoke，"函数名"输入"invoke"，"参数值"输入"a，b，9"，单击"确定"按钮后，会弹出"执行成功"或"执行失败"的提示信息，如图 8-76 所示。

注意：这里的操作选择 invoke 不是因为函数名是 invoke，而是因为该函数是一笔交易，修改了账本数据，要将其作为账本数据添加到区块链中；而 query 操作仅仅执行查询操作，不会生成交易 id，更不会增加区块到账本中。

执行完成后，再执行查询操作进行检查，看看是否执行成功，如图 8-77 所示。

查询结果显示，a 的余额变成了 91，而 b 的余额变成了 209，说明 a 给 b 转账 9 操作成功。

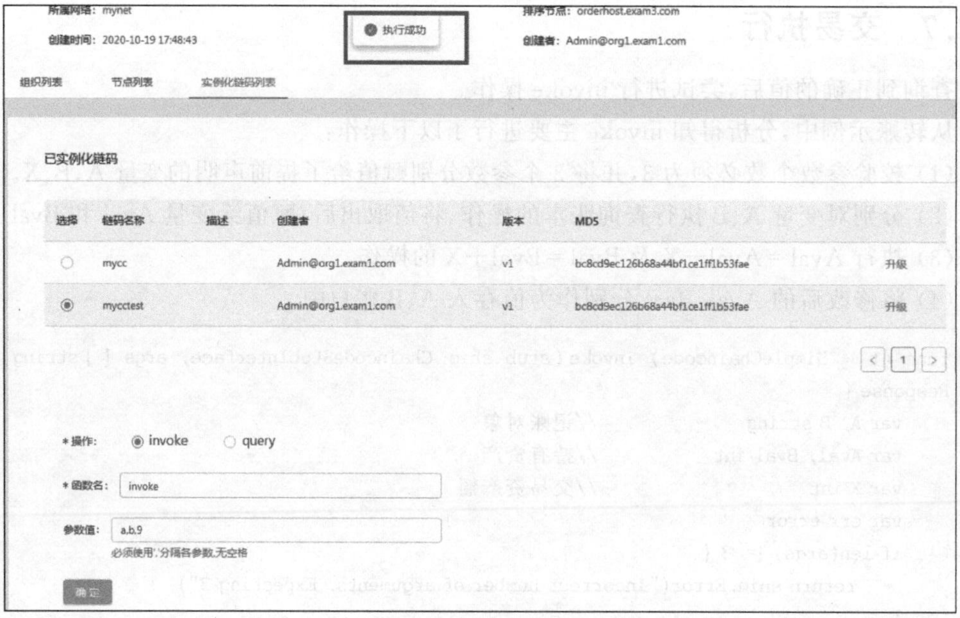

图 8-76　通道管理-链码操作

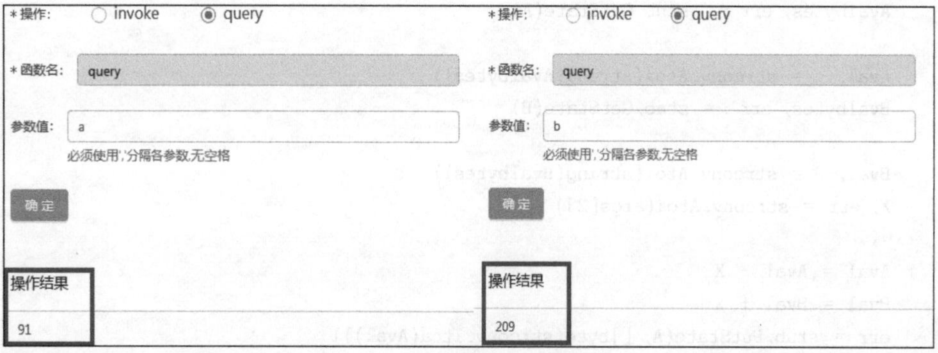

图 8-77　通道管理-链码查询(3)

8.3　习　　题

1. 在 Fabric 网络的部署过程中，需要执行哪些操作？

2. 假设有 Org1、Org2、Org3、Org4 四家公司，这四家公司均加入了同一个网络、同一个 channel。经几家公司商定，背书策略为：需要 Org1、Org2 同时签名，或者 Org3、Org4 同时签名，或者 Org1、Org3 同时签名。请问如何配置背书策略？

3. 执行链码实例化、链码 invoke 调用、链码升级这三个操作，分别会执行链码中的哪个方法？链码升级成功后，账本中的内容会发生什么变化？

4. 请思考并回答：编写链码时，链码的哪些部分是固定不可缺少的？这几个部分的作用分别是什么？

5. 一家物流公司的快递信息想要上链，简单的上链数据定义如下：

```
{
    快递单号          string
    收件人姓名        string
    收件人电话        string
    收件人地址        string
    寄件人姓名        string
    寄件人电话        string
    …
}
```

请思考：如果最终实现的链码只需要通过快递单号来查询订单信息，在部署 Fabric 网络时应该使用什么数据库？如果最终实现的链码不仅需要通过快递单号来查询订单信息，还需要通过收件人电话、寄件人电话等信息来查询历史记录，那么需要使用什么数据库？为什么？

6. 请详细描述从 client 端发起交易到最终账本记账成功的整个交易执行的流转过程。

附录A

区块链常用英文短语

表 A-1　区块链常用英文短语

英文缩写	英文全称	中文含义
BaaS	Backend as a Service	后端即服务
BaaS	Blockchain as a Service	区块链即服务
	Consensus	共识
CAP	Consistency、Availability、Partition tolerance	一致性,可用性,分区容错性
CFT	Crash Fault Tolerance	基于故障容错,非拜占庭容错
CRC32	A cyclic redundancy check 32	循环冗余校验
DAG	Directed Acyclic Graph	有向无环图
DApp	Decentralized Application	去中心化应用
DCEP	Digital Currency Electronic Payment	数字货币和电子支付
DLT	distributed ledger technologies	分布式账本
	double-spend attack	双花攻击
	double-spends	双重支付
DPDK	Data Plane Development Kit)	数据平面开发套件
DPoS	Delegated Proof of Stake	委任权益证明
ECC	Elliptic Curves Cryptography	椭圆曲线加密算法
EOS	Enterprise Operation System	企业操作系统
EVM	Ethereum Virtual Machine	以太坊虚拟机
IaaS	Infrastructure as a service	基础设施即服务
ICO	Initial Crypto-Token Offering	首次加密代币发行
IoT	Internet of Things	物联网
KISS	Keep It Simple & Stupid	简单就是美(懒人原则)
MPT	Merkle Patricia Tree	经过改良的、融合了 Merkle 树和前缀树两种树结构优点的数据结构
MSP	Membership Service Provider	联盟链成员的证书管理
MVCC	Multiversion Concurrency Control	多版本并发控制
OS	Operation System	操作系统
P2P	peer-to-peer	点对点
P2PK	Pay-to-Public-Key	支付到公钥
P2PKH	Pay-to-Public-Key-Hash	支付到公钥哈希
P2SH	Pay-to-Script Hash	支付到脚本哈希
PaaS	Platform as a Service	平台即服务
PBFT	Practical Byzantine Fault Tolerance	实用拜占庭容错算法
PoS	Proof of Stake	权益证明机制

续表

英文缩写	英文全称	中文含义
PoW	Proof of Work	工作证明
PKI	Public Key Infrastructure	公钥基础设施
QPS	Queries-per-Second	每秒查询率
RAFT	Replicated And Fault Tolerant	管理复制日志的一致性算法
RPC	Remote Procedure Call	远程过程调用
RLP	Recursive Length Prefix Encoding	递归长度前缀编码
SaaS	Software as a Service	软件即服务
	smart contract	智能合约
	smart contract code	智能代码合约
	smart legal contracts	智能法律合约
SPV	Simplified Payment Verification	简单支付验证
SWIFT	Society for Worldwide Interbank Financial Telecommunications	环球同业银行金融电讯协会
TPS	Transaction Processing Systems	事务处理系统
UTXO	Unspent Transaction Output	未花费的交易输出,比特币交易生成及验证的一个核心概念

附录B

比特币相关术语

比特币地址：如同物理地址或者电子邮件地址，是比特币支付时唯一需要提供的信息。

账户：在总账中的记录，由其地址索引，总账包含有关该账户的状态的完整数据。

bit：bit 是比特币的一个常用单位，1 000 000bits 等于 1 个比特币。

比特币：首字母大写的 Bitcoin 用来表示比特币的概念或整个比特币网络本身，而首字母小写的 bitcoin 则表示一个记账单位。

块链：块链是一个按时间顺序排列的比特币交易公共记录，由所有比特币用户共享。

区块：一个区块是块链中的一条记录，包含并确认待处理的交易。平均每约 10 分钟就有一个包含交易的新区块通过挖矿的方式添加到块链中。

BTC：用于标示一个比特币的常用单位。

交易：一笔交易是一个文档，授权与区块链相关的一些特定的动作。

交易确认：一笔交易已经被网络处理且不太可能被撤销。当交易被包含到一个区块时会收到一个确认，后续的每个区块都会增加一个确认。

密码学：在比特币中，用来保证任何人都不可能使用他人钱包里的资金，或破坏块链。

双重消费(双重花费)：将比特币同时支付给两个不同的收款人。

哈希率：衡量比特币网络处理能力的测量单位。

工作证明：在区块中的散列值必须比某个目标值小，散列值是伪随机的。在分布式系统中任何人都可以产生区块，为了防止网络中区块泛滥，需要进行大量试验和验证，使得产生一个区块非常艰难。

随机数：为了满足工作证明的条件来进行调整。

比特币挖矿：利用计算机硬件为比特币网络做数学计算、进行交易确认和提高安全性的过程。作为对他们服务的奖励，矿工可以得到他们所确认的交易中包含的手续费，以及新创建的比特币。

对等式网络：允许单个节点与其他节点直接交互，从而实现整个系统像有组织的集体一样运作。

私钥：一个证明用户有权从一个特定的钱包消费比特币的保密数据块，是通过一个密码学签名来实现的。

密码学签名：一个让用户可以证明自身所有权的数学机制。对于比特币来说，一个比特币钱包和它的私钥通过一些“数学魔法”关联到一起。

比特币钱包：实体钱包在比特币网络中的等价物。包含了用户的私钥，可以让用户消费块链中分配给钱包的比特币。

附录C

以太坊相关术语

计算上不可行：一个处理被称为计算上不可行，如果有人有兴趣完成该处理但是需要一段长得不切实际的时间（如几十亿年）。通常，2^{80} 个计算步骤被认为是计算上不可行的下限。

散列：一个散列函数（或散列算法）是一个处理，依靠这个处理，一个文档（比如一个数据块或文件）被加工成看起来完全随机的小片数据（通常为 32 字节），从中没有意义的数据可以被复原为文档，并且最重要的性能是散列一个特定的文档的结果总是一样的。

加密：与被称为钥匙的短字符串的数据相结合，对文档（明文）所进行的处理。加密会产生一个输出（密文），这个密文可以被其他掌握这个钥匙的人"解密"回原来的明文，但是对于没有掌握钥匙的人来说解密是费解的且计算上不可行。

序列化：将一个数据结构转换成一个字节序列的过程。

幽灵（Ghost）：幽灵是一个协议，通过这个协议，区块不仅可以包含它们父块的散列值，也可以包含散列父块的父块的其他子块（称为叔块）的陈腐区块。

叔块：是父区块的父区块的子区块，但不是自身的父区块，或更一般地，是祖先的子区块，但不是自己的祖先。

账户随机数：每个账号的交易计数，防止重放攻击。

EVM 代码：以太坊虚拟机代码，以太坊的区块链可以包含的编程语言的代码。

消息：一种由 EVM 代码从一个账户发送到另一个账户的"虚拟交易"。

合约：一个包含并且受 EVM 的代码控制的账户。合约不能通过私钥直接进行控制，除非被编译成 EVM 代码，一旦合约被发行就没有所有者。

以太（Ether）：以太坊网络的内部基础的加密代币，用来支付交易和以太坊交易的计算费用。

附录D

开源区块链及其网址

表 D-1　开源区块链及其网址

开源区块链体系	网　址
比特币(BitCoin)	https://github.com/bitcoin/bitcoin
Ethereum	https://github.com/ethereum/go-ethereum
EOS	https://github.com/EOSIO/eos
Hyperledger Fabric	https://github.com/hyperledger/fabric
Corda	https://github.com/corda/corda
Quorum	https://github.com/jpmorganchase/quorum
Bitshares	https://github.com/bitshares
瑞波(Ripple)	https://github.com/ripple/rippled
Factom	https://github.com/FactomProject/FactomCode
百度超级链	https://github.com/xuperchain/xuperchain
京东智臻链	https://github.com/blockchain-jd-com/jdchain

参考文献

[1] 百度搜索公司,百度区块链实验室,百度营销研究院. 百度区块链白皮书 V1. 0[EB/OL]. (2018-09-26)[2023-03-28]. https://www. 360docs. net/doc/269743729. html.

[2] 京东数科智臻链. 2020 年京东区块链技术实践白皮书[EB/OL]. (2020-11-30)[2023-03-28]. https://blockchain. jd. com/whitebook.

[3] 腾讯区块链. 2019 腾讯区块链白皮书[EB/OL]. (2019-11-21)[2023-03-28]. https://www. doc88. com/p-74287819738717. html.

[4] 区块链服务网络发展联盟. 区块链服务网络技术白皮书 v1. 0. 0[EB/OL]. (2020-04-01)[2023-03-28]. https://max. book118. com/html/2022/0410/5211120132004212. shtm.

[5] 安德烈亚斯 M. 安东诺普洛斯. 精通比特币[M]. 南京:东南大学出版社,2018.

[6] 廖雪峰. Git 教程[EB/OL]. [2023-03-28]. https://www. liaoxuefeng. com/wiki/896043488029600.

[7] 蔚 1. 一起学:以太坊智能合约开发[EB/OL]. (2018-07-03)[2023-03-28]. https://blog. csdn. net/valada/article/details/80892582.

图书资源支持

感谢您一直以来对清华版图书的支持和爱护。为了配合本书的使用,本书提供配套的资源,有需求的读者请扫描下方的“书圈”微信公众号二维码,在图书专区下载,也可以拨打电话或发送电子邮件咨询。

如果您在使用本书的过程中遇到了什么问题,或者有相关图书出版计划,也请您发邮件告诉我们,以便我们更好地为您服务。

我们的联系方式:

地　　址:北京市海淀区双清路学研大厦 A 座 714

邮　　编:100084

电　　话:010-83470236　010-83470237

客服邮箱:2301891038@qq.com

QQ:2301891038(请写明您的单位和姓名)

资源下载:关注公众号“书圈”下载配套资源。

资源下载、样书申请

书圈

图书案例

清华计算机学堂

观看课程直播